煤炭职业教育“十四五”规划教材
高等职业教育“新形态”一体化教材
陕西省2022年优秀教材二等奖(职业教育类)

煤矿流体机械运行维护

第二版

主　编　王亚娟　骞　杉　刘金娃
副主编　李　悬　崔　锦　王鹏飞
主　审　吴革新　薛国华　符大利

中国矿业大学出版社
·徐州·

内容提要

全书共分为五部分，第一部分为流体力学基础，主要介绍了流体的基本知识，包括流体静力学、流体动力学管路中的水头损失和通风网路阻力损失计算等内容；第二部分至第五部分主要介绍了矿山流体机械，包括矿山排水设备、通风设备、压气设备及瓦斯抽采设备的原理、结构、性能、调节、操作维护、故障处理和选型设计等内容。

本书可以作为煤炭高等职业院校矿山机械专业、机电专业的教学用书，也可以用作继续教育、职业技能培训等的教学用书。

图书在版编目(CIP)数据

煤矿流体机械运行维护 / 王亚娟，骞杉，刘金娃主编. —2 版. —徐州 : 中国矿业大学出版社，2023.8

ISBN 978-7-5646-5930-1

Ⅰ. ①煤… Ⅱ. ①王… ②骞… ③刘… Ⅲ. ①煤矿机械—运行②煤矿机械—维修 Ⅳ. ①TD4

中国国家版本馆 CIP 数据核字(2023)第 150039 号

书　　名　煤矿流体机械运行维护
主　　编　王亚娟　骞　杉　刘金娃
责任编辑　何晓明　马跃龙
出版发行　中国矿业大学出版社有限责任公司
　　　　　　(江苏省徐州市解放南路　邮编 221008)
营销热线　(0516)83885370　83884103
出版服务　(0516)83995789　83884920
网　　址　http://www.cumtp.com　**E-mail**:cumtpvip@cumtp.com
印　　刷　江苏淮阴新华印务有限公司
开　　本　787 mm×1092 mm　1/16　**印张** 14.25　**字数** 356 千字
版次印次　2023 年 8 月第 2 版　2023 年 8 月第 1 次印刷
定　　价　42.00 元

前　言

党的二十大报告提出："统筹职业教育、高等教育、继续教育协同创新，推进职普融通、产教融合、科教融汇，优化职业教育类型定位。"这为今后职业教育改革发展指明了方向。在此指引下，本版教材对上一版内容进行了更新和完善，融入了岗位技能标准、"1＋X"证书和技能竞赛相关技能内容，体现了"岗、课、赛、证"融通。

在教材编写过程中，根据完成煤矿流体机械运行维护这一典型工作任务对知识和技能的需要，按照"源于煤矿，服务生产"的指导思想，对课程内容进行了重组，打破了以知识传授为主要特征的传统学科体系，而以完成典型工作任务为目标。根据煤矿机电技术人员的职业成长规律和人的认知规律，以煤矿排水、通风、压气和瓦斯抽采系统所需的水泵、通风机、空压机、真空泵为载体，选择了与煤矿机电技术人员岗位密切相关的操作、运行、维护、故障处理、选型设计等任务来构建基于工作过程的学习情境。通过情景教学、实操训练、任务考核和课后作业等多种方式，帮助学生尽快掌握本课程中各种设备的使用、维护等方面的技能，并初步具备设备选型的能力，完成从学生到员工、从外行到内行的角色转变。

本书由陕西能源职业技术学院王亚娟、骞杉、刘金娃担任主编；由陕煤集团黄陵矿业一号煤矿李悬，陕西能源职业技术学院崔锦、王鹏飞担任副主编。全书由五个项目组成。具体编写分工如下：项目一由骞杉编写，项目二由王亚娟编写，项目三由刘金娃编写，项目四由李悬编写，项目五由崔锦、王鹏飞编写。全书由王亚娟统稿、定稿。本书由吴革新教授、薛国华高级工程师和符大利高级工程师三位专家最终审核，尤其是吴革新老师在本书修订改版过程中给予的帮助和对教材方向的把控使得编者受益匪浅。为顺应国家对"立德树人"的要求，书中加入了"课程思政案例"内容，旨在将思政育人与专业教学有机结合。本教材对应着"煤矿流体机械运行维护"这门在线课程，教材所用微课及课程思政案例均出自陕西能源职业技术学院流体机械课程团队。

本教材获得陕西省优秀教材二等奖(职业教育类),对于编者而言既是鼓励也是鞭策。由于编者水平有限,书中难免有疏漏和不足之处,恳请广大读者批评指正。

编　者
2023年6月

课程导学

目　录

项目一　流体静压力测定与管路阻力计算 …… 1

任务一　流体的认识 …… 1

任务二　流体静压力的测量 …… 7

任务三　管路中的水头损失与通风网路阻力损失计算 …… 17

项目二　排水设备的操作与维护 …… 39

任务一　排水设备的操作 …… 39

任务二　排水设备的运行与调节 …… 45

任务三　排水设备的维护与故障处理 …… 62

任务四　排水设备选型设计 …… 83

项目三　通风设备的操作与维护 …… 102

任务一　通风设备的操作 …… 102

任务二　通风设备的运行与调节 …… 107

任务三　通风设备的维护与故障处理 …… 123

任务四　通风设备选型设计 …… 146

项目四　压气设备的操作与维护 …… 159

任务一　压气设备的操作 …… 159

任务二　压气设备的运行与调节 …… 168

任务三　压气设备的维护与故障处理 …… 173

任务四　压气设备选型设计 …… 187

项目五　瓦斯抽采设备的操作与维护 …… 197

任务一　水环式真空泵的操作 …… 197

任务二　水环式真空泵的维护与故障处理 …… 204

任务三　瓦斯抽采设备选型设计 …… 216

参考文献 …… 221

项目一　流体静压力测定与管路阻力计算

任务一　流体的认识

【知识要点】 流体的惯性；流体的压缩性和膨胀性；流体的黏性。

【技能目标】 熟悉流体主要物理性质的计算；掌握流体黏温特性。

任务描述

流体力学是学习煤矿流体机械操作与维护的重要基础。流体力学是研究流体自身平衡规律、运动规律以及这些规律在工程上应用的科学。流体的平衡规律、运动规律与流体的物理性质有密切关系。因此，在研究流体的平衡规律、运动规律之前，必须对流体的主要物理性质有充分的认识。

任务实施

流体与固体一样是由分子组成的。但流体在任何微小剪切力的作用下都会发生连续的剪切变形——流动。因此，能够流动的物质称为流体。流动性是流体的主要特征。

流体分为液体和气体。液体具有一定的体积，与容纳它的容器大小无关，有自由表面；气体在任何情况下，总要膨胀并充满其所占据的空间，其体积随所占据空间的体积变化而变化。

流体的主要物理性质有：惯性、压缩性与膨胀性、黏性等。

一、惯性

惯性是物体所具有的保持原有运动状态不变的物理性质，它取决于物体的质量。质量越大，运动状态越难改变。

1. 密度

对于各种不同流体，同体积内的质量一般是不同的，为了表明某种流体的惯性，通常采用单位体积的质量来表示，称为密度，用 ρ 表示，则：

$$\rho=\frac{m}{V} \tag{1-1}$$

式中　ρ——流体的密度，kg/m^3；

m——流体的质量，kg；

V——流体的体积，m^3。

几种常见流体的密度见表 1-1。

表 1-1　几种常见流体的密度

液体			气体		
名称	密度 ρ /(kg/m³)	动力黏度 μ /(Pa·s)	名称	密度 ρ /(kg/m³)	动力黏度 μ /(Pa·s)
水	998	101	空气	1.205	1.81
原油	856	720	水蒸气	0.747	1.01
汽油	678	29	氢气	0.084	0.90
甘油	1 258	149 000	氧气	1.303	2.00
水银	13 550	156	一氧化碳	1.160	1.82
酒精	795	105	二氧化碳	1.84	1.84
煤油	808	192	甲烷	0.668	1.34

2. 重度

地球表面上的一切流体都处在地心引力作用下，因此，具有质量的流体也必然具有重力。由于重力易于测量，在流体力学中多引用单位体积流体的重力(即重度)来表示上述特征，用 γ 表示，则：

$$\gamma = \frac{G}{V} \tag{1-2}$$

式中　γ——流体的重度，N/m³；

G——流体的重力，N；

V——流体的体积，m³。

因 $G=\gamma V$，由式(1-1)和式(1-2)得：

$$\gamma = \rho g \tag{1-3}$$

式中　g——重力加速度，m/s²，常取 $g=9.81\ \mathrm{m/s^2}$。

二、压缩性与膨胀性

1. 压缩性

如果温度不变，流体体积随所受压力增大而减小的性质，称为流体的压缩性。

2. 膨胀性

如果压力不变，流体的体积随温度的升高而增大的性质，称为流体的膨胀性。

液体的压缩性和膨胀性很小。如当温度为 0 ℃时，水从压强为一个大气压增加到一百个大气压时，每增加一个大气压，水的密度增加约二万分之一。当压强为一个大气压时，在温度较低(10～20 ℃)时，温度每增加 1 ℃，水的密度减小约万分之一点五；在温度较高(90～100 ℃)时，水的密度减小也只有万分之七。因此，在一般给水、排水工程中，可以不考虑液体的压缩性和膨胀性。但在进行管路水锤的计算或在水暖系统中，则要分别考虑液体的压缩性和膨胀性问题。

由于液体的易流动性和不可压缩性或少压缩性，它才可以作为液压传动的介质，迅速和正确地传递力和运动。但是，液体有了易流动性，也就不可避免地带来了渗漏和泄漏问题，在液压系统中必须采用各种密封装置，以防渗漏。密封装置又带来了摩擦阻力，造成能量损失。由于液体的少压缩性，在运动状态变换时，往往产生较大的液压冲击，影响元件的使用寿命和系统的可靠性。这就促使我们采取适当的措施，减少冲击以便使液压元件和液压系统有较高的效能和良好的工作条件。

对于气体来说，其压缩性和膨胀性都是很大的，但是，在压强和温度变化很小的情况下，这种性质有时也可以被忽略。例如，通风系统中的空气压强较小，在计算时可以看作和液体一样是不可压缩流体，这样液体的平衡和运动规律就同样适用于通风系统。

三、黏性

著名的英国科学家牛顿在 17 世纪对流体的黏性进行了研究，他指出，流体的内部存在着由黏性引起的剪切应力，其大小与垂直于流体运动方向的速度梯度成正比。其试验过程如图 1-1 所示。

课程思政案例一

相距为 h 的上下两平行平板之间充满了均质的黏性流体。两平行平板的面积相等，均为 A。将下板Ⅱ固定不动，上板Ⅰ在 F 力的拖动下以匀速 u 做直线运动。

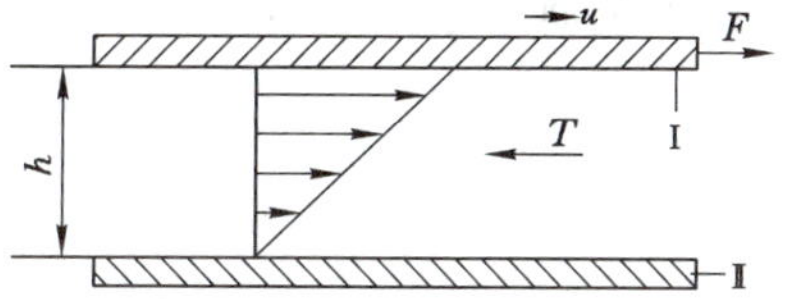

图 1-1　流体黏性试验图

当上板Ⅰ以等速向右运动时，由于流体附着力的作用，直接与板Ⅰ接触的流体层将具有同板Ⅰ相同的速度而随之移动，与板Ⅱ接触的流体层则不动，但中间各层由于其质点间的内摩擦力作用，层与层之间相互影响、相互制约、相对滑动着。在两层流速不同的流体层间，黏性引起的内摩擦力是成对出现的。流速快的对流速慢的有加速的作用，而流速慢的对流速快的有减速的作用。这种在流体层与层之间由于相对运动而产生的内摩擦力以反抗相对运动的性质，叫流体的黏性。黏性是液体运动时产生阻力的根源，它存在于液体的内部，即使在相对速度为零的相对平衡情况下，黏性也存在，只是因为没有相对运动，因而不显现出来；液体发生相对运动时，黏性使液体产生抵抗运动的应力，但只要液体变形停止，液体对于变形的抵抗也就同时消失。

流体的物理性质——黏性

可以得知，两板间各层流体速度的变化如图 1-1 所示，各层间产生的内摩擦力 T，与接触面积 A、相对速度差 $\mathrm{d}u$ 成正比，而与垂直距离 $\mathrm{d}y$ 成反比，即 $T \propto A\dfrac{\mathrm{d}u}{\mathrm{d}y}$，乘以比例系数，则：

$$T = \mu A \frac{\mathrm{d}u}{\mathrm{d}y} \tag{1-4}$$

式中　T——内摩擦力，N；

μ——比例系数，又称动力黏度，Pa · s。

单位面积上的内摩擦力为：

$$\tau = \frac{T}{A} = \mu \frac{\mathrm{d}u}{\mathrm{d}y} \tag{1-5}$$

式中　τ——单位面积上的内摩擦力，Pa。

式(1-5)称为牛顿内摩擦定律。值得注意的是，此定律不适用于某些特殊的流体，如高分子溶液、胶质溶液等。能够满足牛顿内摩擦定律的流体称为牛顿流体，如水、空气和油类等。

度量黏性大小的物理量有三个：动力黏度、运动黏度和恩氏黏度。

1. 动力黏度

表征流体动力特性的黏度称为动力黏度，用 μ 表示。即：

$$\mu=\frac{\tau}{\frac{\mathrm{d}u}{\mathrm{d}y}} \tag{1-6}$$

式中　μ——动力黏度，Pa·s。

式(1-6)的物理意义为：动力黏度在数值上等于速度梯度 $\frac{\mathrm{d}u}{\mathrm{d}y}=1$ 时的内摩擦应力。μ 值越大，流体流动时的阻力越大。

2. 运动黏度

表征流体运动特性的黏度称为运动黏度，用 ν 表示。即：

$$\nu=\frac{\mu}{\rho} \tag{1-7}$$

式中　ν——运动黏度，m^2/s。

从单位上看，运动黏度只包含运动要素，不含动力要素。它反映了流体运动特性。运动黏度越小的流体，其流动性越好。

不同温度下水和空气的动力黏度 μ 和运动黏度 ν 见表 1-2 和表 1-3。

表 1-2　标准大气压下水的物理性质

温度 t /℃	密度 ρ /(kg/m³)	重度 γ /(N/m³)	动力黏度 μ /10^{-3}(Pa·s)	运动黏度 ν /10^{-6}(m²/s)
0	999.8	9 805	1.871	1.785
5	1 000.0	9 807	1.518	1.519
10	999.7	9 804	1.307	1.306
15	999.1	9 798	1.139	1.139
20	998.2	9 789	1.002	1.003
25	997.0	9 777	0.890	0.893
30	995.7	9 764	0.798	0.800
40	992.2	9 730	0.653	0.658
50	988.0	9 689	0.547	0.553
60	983.2	9 642	0.466	0.474
70	977.8	9 589	0.404	0.413
80	971.8	9 530	0.354	0.364
90	955.3	9 468	0.315	0.326
100	958.4	9 399	0.282	0.294

表 1-3　标准压力下空气的物理性质

温度 t /℃	密度 ρ /(kg/m³)	重度 γ /(N/m³)	动力黏度 μ /10^{-3}(Pa·s)	运动黏度 ν /10^{-6}(m²·s)
−50	1.583	15.52	1.461	0.923
−20	1.395	13.68	1.628	1.167
0	1.293	12.68	1.716	1.327
5	1.270	12.45	1.746	1.375
10	1.247	12.24	1.775	1.423
15	1.225	12.01	1.800	1.469
20	1.205	11.82	1.824	1.513
25	1.184	11.61	1.849	1.561
30	1.165	11.43	1.873	1.608
40	1.128	11.06	1.942	1.716
60	1.060	10.40	2.010	1.896
80	1.000	9.81	2.099	2.099
100	0.946	9.28	2.177	2.310
200	0.747	7.33	2.589	3.466

3. 恩氏黏度

工程中还常用恩氏黏度(°E)来表示液体的运动黏度。恩氏黏度是一个实验值。测定恩氏黏度的装置叫恩氏黏度仪。测量时，将 200 cm³ 的被测液体装入容器，加热至某一温度(通常是 50 ℃)并保持恒温。然后让其靠自重流出直径为 2.8 mm 的小孔，记下所需的时间 t_1，再测出 20 ℃的 200 cm³ 蒸馏水流出同一小孔的时间 t_2。则该液体的恩氏黏度为：

$$^{\circ}E = \frac{t_1}{t_2} \tag{1-8}$$

恩氏黏度是一个无量纲数，它与运动黏度的换算关系为：

$$\nu = \left(0.073\,1^{\circ}E - \frac{0.063\,1}{^{\circ}E}\right)\times 10^{-4} \tag{1-9}$$

【例 1-1】　质量为 0.42 kg 的液压油，用量杯测出体积为 480 cm³，试求该液压油的密度和重度。

解　密度：
$$\rho=\frac{m}{V}=\frac{0.42}{480\times10^{-6}}=875\ (\mathrm{kg/m^3})$$

重度：
$$\gamma=\rho g=875\times9.81=8\,583.8\ (\mathrm{N/m^3})$$

【例 1-2】　如图 1-2 所示，把面积为 $A=0.5$ m² 的平板放在厚度为 $h=10$ mm 的油膜上。用 $F=4.8$ N 的水平拉力以 $u=0.8$ m/s 的速度移动。密度 $\rho=856$ kg/m³。求油的动力黏度和运动黏度。

解　根据式(1-4)有：

$$T=\mu A\frac{\mathrm{d}u}{\mathrm{d}y}$$

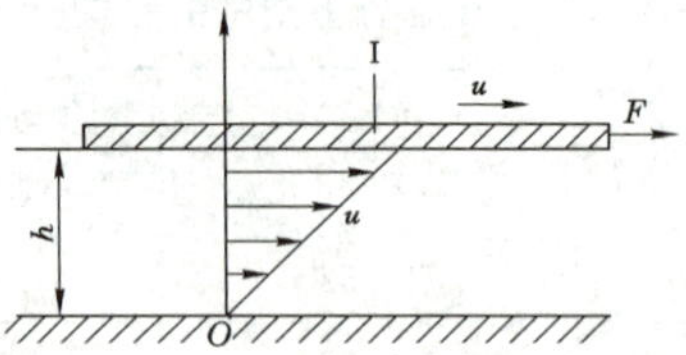

图 1-2　例 1-2 图

得：

$$\mu=\frac{T\mathrm{d}y}{A\mathrm{d}u}$$

式中，$T=F=4.8\ \mathrm{N}$；$\mathrm{d}u=u=0.8\ \mathrm{m/s}$；$\mathrm{d}y=h=0.01\ \mathrm{m}$；$A=0.5\ \mathrm{m}^2$，则：

$$\mu=\frac{T\mathrm{d}y}{A\mathrm{d}u}=\frac{4.8\times0.01}{0.5\times0.8}=0.12\ (\mathrm{Pa\cdot s})$$

$$\nu=\frac{\mu}{\rho}=\frac{0.12}{856}=1.4\times10^{-4}\ (\mathrm{m^2/s})$$

相关知识

流体的黏性主要与温度有关，而与压力的关系不大。表 1-2 和表 1-3 表明：液体的黏度随温度的升高而减小，而气体的黏度随温度的升高反而增大。

通常将流体黏度随温度变化的程度称为流体的黏温性。不同的流体，其黏度随温度改变而变化的程度各不相同。黏度随温度变化小的，其黏温性能较好；反之，黏温性能就较差。

黏温性能差的润滑油不适于在温度变化较大的情况下工作。因为当温度较高时，黏度降低，难以在润滑表面形成油膜，失去润滑作用，使机械零件的摩擦面产生擦伤和胶合等故障，且易于流失；温度较低时黏度又太高，油在润滑系统的管道中输送时产生很大的阻力，不仅要增加功率损失，而且润滑油也不易流到摩擦表面上，易造成机械零件的磨损。

CNG 型对称平衡式空压机的润滑系统就有润滑预热和冷却系统，以保证空压机润滑系统不受环境温度的影响而正常工作。若空压机暴露在较冷的环境温度下，为保证机组能安全启动，并确保有足够的润滑油流到主轴承处，可通过加热器对润滑油进行加热。在空压机运行过程中，通过润滑油冷却器对润滑油进行冷却，以保证良好的润滑。

任务考评

任务考评的内容及评分标准见表 1-4。

表 1-4　任务考评的内容及评分标准

序号	考核内容	考核项目	配分	评分标准	得分
1	流体的主要物理性质	1. 流体的惯性； 2. 流体的压缩性和膨胀性； 3. 流体的黏性	60	错 1、2 均扣 15 分； 错 3 扣 30 分	
2	流体的黏温性及利用	1. 流体的黏温性； 2. 流体的黏温性的利用	40	错 1 扣 15 分； 错 2 扣 25 分	
合计					

复习思考题

1. 流体的密度与重度有什么关系？它们之间有什么不同？

2. 流体的动力黏度与运动黏度有什么不同？它们之间有什么关系？

3. 气体和液体的压缩性有什么不同？

4. 已知油的重度为 7 000 N/m^3，求其密度。

5. 已知水的密度 $\rho=997.0\ kg/m^3$，运动黏度 $\nu=0.893\times10^{-6}\ m^2/s$，求它的动力黏度 μ。

6. 如图 1-3 所示，上下两个圆盘，直径均为 $d=0.15$ m，间隙厚度为 $\delta=0.075$ m，间隙中的液体动力黏度为 $\mu=0.05$ Pa·s。若下盘固定不动，上盘以角速度 $\omega=6\ \pi/s$ 旋转，求所需要的力矩 M。

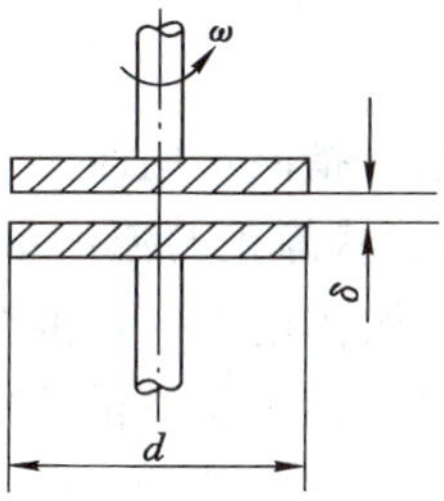

图 1-3　题 6 图

任务二　流体静压力的测量

【知识要点】 流体静压力及特性；流体静力学基本方程式；等压面。

【技能目标】 掌握流体静压力的测量方法。

任务描述

流体静力学是研究流体处于静止状态和相对静止状态下的平衡规律及其在工程上应用的科学。为此，必须学习流体静压力及特性、流体静力学基本方程式和等压面的相关知识，掌握静压力的测量和计算等方面的技能。

相关知识

一、流体静压力及特性

1. 流体静压力

在匀质的、静止或相对静止的液体中取一部分分离体，如图 1-4 所示，用平面 S 将分离体分为上下两部分，若去掉上部分以后，下部分的液体仍要保持平衡，则须在平面 S 上加上原来上部分对下部分的作用力。假设作用在下部分 ΔS 面积上的作用力为 ΔF，则面积 ΔS 上的平均流体静压强为：

$$\bar{p}=\frac{\Delta F}{\Delta S} \tag{1-10}$$

当面积 ΔS 无限缩小到一点时，静压强为：

$$p=\lim_{\Delta S \to 0}\frac{\Delta F}{\Delta S} \tag{1-11}$$

静止流体中某点的压强称为流体的静压力，单位为 Pa。

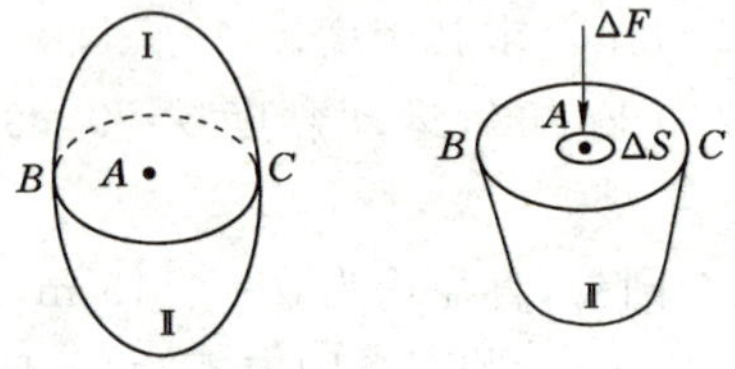

图 1-4　分离体

2. 流体静压力的特征

第一特征：静止流体的静压力垂直指向作用面。

这一特征可以用反证法来证明。从静止的流体中取一分离体，如图 1-5 所示。在静止流体分离体 AB 面上任取一点 a，假如作用在 a 点的应力 p' 的方向向外且不垂直于 AB 面上 a 点的切线方向，则 p 可分解为 AB 面上 a 点的法向应力 σ 和切向应力 τ。有了切应力，流体的静止状态就遭到了破坏，显然与流体静止的前提条件不符。因此，切应力只能等于零，即 p' 必定与 a 点的切线方向垂直。而流体分子引力较小，不能承受拉应力，因此，p' 的作用力的方向只能垂直指向作用面。

第二特征：静止流体中任意一点各个方向的压力值大小均相等，与作用面的方位无关。

为了证明这一特征，如图 1-6 所示，任取一点 A，假设 A 点左边压强 p_1 大于右边压强 p_2，则 A 点流体必向右移动，这就与静止流体的前提不符，故 $p_1=p_2$。用此方法可以证明 A 点处任意方向上的流体静压强均相等。

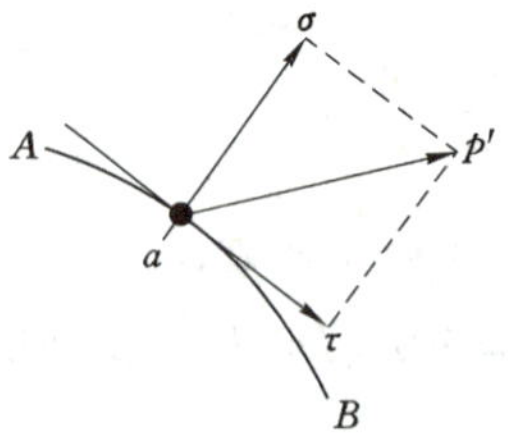

图 1-5　静压力方向

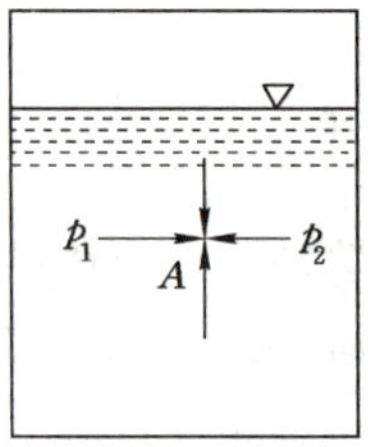

图 1-6　流体内任一点的静压力

二、流体静力学基本方程式

流体静力学基本方程及等压面

重力作用下的平衡流体是经常可见的，也就是一般所言的静止流体，它相对于地球来说是静止的。流体静力学方程式，就是研究静止流体中某一点的流体静压力的大小以及分布规律的数学表达式。设在一容器(图 1-7)中，盛有重度为 γ 的静止匀质液体，从中取一点 A，其在液面下深度为 h，以 A 点为中心取一微小的面积 dS，并作一高度为 h 的圆柱体。设液体表面的

压力为 p_0，A 点的压力为 p。把此圆柱体从液体中分离出来，为了使圆柱体仍保持平衡，在圆柱体周围将有以下平衡力：

① 垂直向上作用于底面的总压力 $p_{总} = p\mathrm{d}S$。

② 垂直向下作用于液面上的总压力 $p_{0总} = p_0 \mathrm{d}S$。

③ 圆柱体的自重 $\mathrm{d}G = \gamma h \mathrm{d}S$，此力垂直向下。

④ 圆柱体周围受水平方向的侧向力。

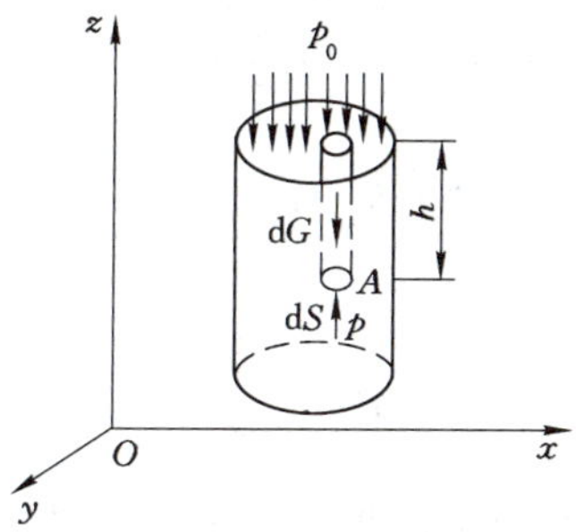

图 1-7　静止液体中深度 h 处的压力

作三向坐标轴，并将作用于圆柱体上的各力均投影在坐标轴上。因为液体是静止的，故作用于圆柱体侧面上的总压力在各坐标轴上的投影之和等于零。$p_{总}$、$p_{0总}$ 和 dG 均垂直于 Ox、Oy 坐标轴，此三个力在 Ox、Oy 两坐标轴上投影也为零。因此，只要 $p_{总}$、$p_{0总}$ 和 dG 在 Oz 轴上的投影为零，圆柱体即能保持平衡，即：

$$p_{总} + p_{0总} + \mathrm{d}G = 0 \tag{1-12}$$

$$p\mathrm{d}S - p_0 \mathrm{d}S - \gamma h \mathrm{d}S = 0 \tag{1-13}$$

$$p = p_0 + \gamma h \tag{1-14}$$

式中　p——深度为 h 处的液体静压力，Pa；

p_0——作用于液面上的压力，Pa；

γ——液体的重度，$\mathrm{N/m^3}$；

h——所研究点与液面之间的垂直距离，m。

式(1-14)称为流体静力学基本方程式，它说明当流体表面压力一定时，静止液体中任一点的静压力 p 与其深度 h 成正比，也就是水越深，压力越高。

流体静力学方程式还可以表示为另一种形式。设水箱(图 1-8)水面的压力为 p_0，水中任意两点 1、2 到某基准面 0—0 的高度为 z_1、z_2，压力为 p_1、p_2，将水中的深度改为高度差后得：

$$p_1 = p_0 + \gamma(z_0 - z_1) \tag{1-15}$$

$$p_2 = p_0 + \gamma(z_0 - z_2) \tag{1-16}$$

上两式除以重度 γ 后得：

$$z_1 + \frac{p_1}{\gamma} = z_0 + \frac{p_0}{\gamma} \tag{1-17}$$

$$z_2 + \frac{p_2}{\gamma} = z_0 + \frac{p_0}{\gamma} \tag{1-18}$$

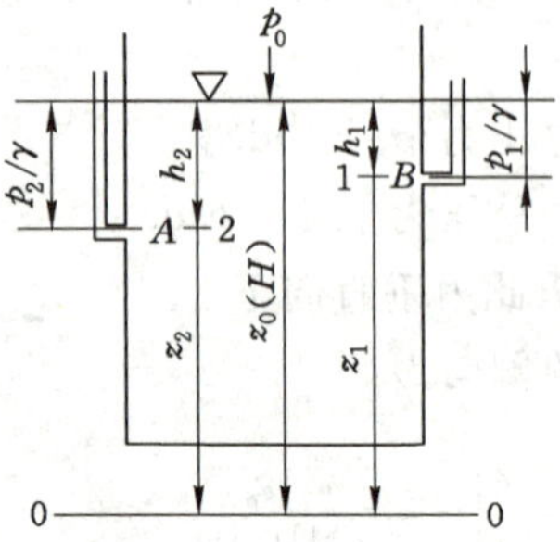

图 1-8　敞开式水箱

两式联立，整理得：

$$z_1+\frac{p_1}{\gamma}=z_2+\frac{p_2}{\gamma} \tag{1-19}$$

由于两点是任意选取的，故可将上述关系推广到整个流体，得出具有普遍意义的规律，即：

$$z+\frac{p}{\gamma}=c(\text{常数}) \tag{1-20}$$

式中　z——单位重量流体所具有的位能，又称单位位置势能；

$\frac{p}{\gamma}$——单位重量流体所具有的压能，又称单位压能；

$z+\frac{p}{\gamma}$——单位重量流体所具有的势能，又称液体的总能量。

如图 1-8 所示，在水箱两侧 A、B 位置各连接有一测压管，两测压管中的液面在同一高度，并与水箱的液面平齐，$z_1+\frac{p_1}{\gamma}=z_2+\frac{p_2}{\gamma}=H$。即静止流体中各点的测压管水头都相等，说明静止流体中任意一点的单位重量流体所具有的总能量(势能)相等。

【例 1-3】　一封闭水箱如图 1-9 所示，液面表面压力为 $p_0=120$ kPa，求液面下 $h=0.4$ m 处 A 点的压力。

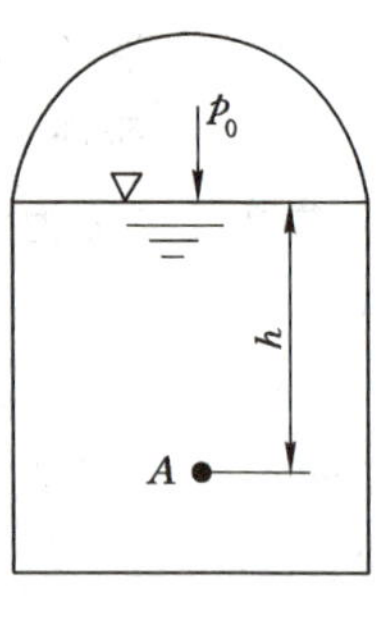

图 1-9　例 1-3 图

解　根据公式 $p=p_0+\gamma h$ 有：

$$p=p_0+\gamma h=120+9.8\times 0.4=123.92\ (\text{kPa})$$

三、等压面

在平衡流体中，压力相等的各点所组成的面，称为等压面。

等压面有两个特征：

① 在平衡的流体中，通过任意一点的等压面，必与该点所受的质量力互相垂直。

② 当两种互不相混的流体处于平衡时，它们的分界面必为等压面。

如果平衡液体的质量力仅为重力(即流体处于静止状态或做匀速直线运动)，液面为一水平面。根据流体静力学基本方程式可知：液面下任意深度的水平面均为等压面；在重力作用下平衡的两种不同流体(液体与气体、液体与液体)的分界面，也为等压面；一般情况下把液体与气体的分界面称为自由面，显然自由面也是等压面。

在具有两个开口而互相连通的容器中，分别注入重度为 γ_1、γ_2 且互不相容的液体，如图 1-10 所示。两液体的分界面 $c—d$ 为等压面，将分界面向右延长至 e，此延长面仍是等压面。在分界面以下各水平面如 1—1、2—2 也为等压面；而在分界面以上的各水平面不是等压面，如 3—3、4—4。又如图 1-11 所示，$a—b$、$b—c$、$c—d$ 不是等压面，只有 $a—c$ 是等压面。

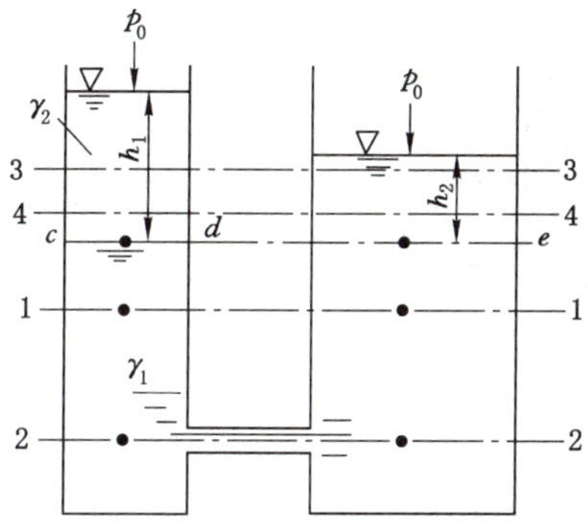

图 1-10 连通器中液体平衡

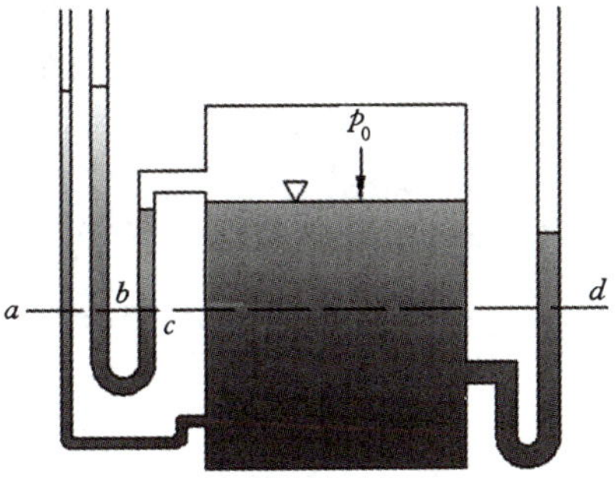

图 1-11 等压面

任务实施

一、压力的测量基准及单位

流体压力的测量基准不同，有绝对压力 p 和相对压力 p_b 之分。

以绝对真空为测量基准测得的压力称为绝对压力；以大气压力为基准测得的压力称为相对压力。如式(1-14)中表面压力为大气压力 p_a 时，γh 为相对压力，也称为计示压力或表压力。

课程思政案例二

绝对压力只可为正值或零，而相对压力既可以为正值、零，也可以为负值。绝对压力、相对压力的关系如下：

$$p = p_a + p_b \tag{1-21}$$

当某处的 $p < p_a$ 时，p_b 为负，该处有真空存在，如水泵入口和虹吸管的顶部就存在着真空。真空的大小用真空度表示，符号为 p_z。其值为：

$$p_z = p_a - p \tag{1-22}$$

绝对压力、相对压力、真空度的关系如图 1-12 所示。

压力的单位有下列三种表示形式：

① 应力单位用单位面积上的力表示，单位为 Pa 或 kPa。

② 液柱高度常用水柱(mH_2O)和水银高度(mmHg)表示压力的大小。

③ 标准大气压(atm)是在北纬 45°海平面上、温度为 15 ℃时测定的大气压数值。

大气压力与前两种单位的关系是：

1 标准大气压(atm)=101 325 Pa=10.33 mH_2O=760 mmHg

1 工程大气压(at)=98 066 Pa=10 mH_2O=735 mmHg

各种压力单位的换算关系见表 1-5。

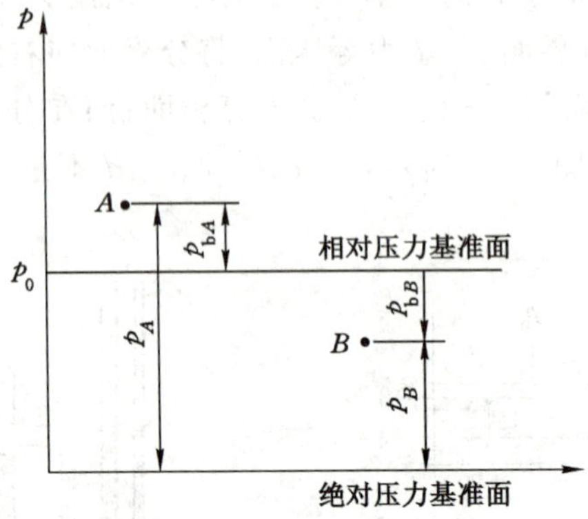

图 1-12　压力关系图

表 1-5　各种压力单位的换算关系

标准大气压	帕	米水柱	毫米汞柱
atm	Pa	mH_2O	mmHg
1	101 325	10.332	760
0.986 9	100 000	10.197	750.06
0.967 9	98 066.5	10	735.58

【例 1-4】 水中某点压力为 8 mH_2O,该点的相对压力为多少？相当于多少工程大气压和标准大气压？

解　该点的相对压力为：

$$p_b = \gamma h = 9.8 \times 8 = 78.4\ (\text{kPa})$$

工程大气压的倍数：

$$\frac{p}{p_a} = \frac{78.4}{98} = 0.8$$

标准大气压的倍数：

$$\frac{p}{p_{atm}} = \frac{78.4}{101.3} = 0.774$$

【例 1-5】 一封闭的水箱如图 1-13 所示，箱内水面到 1—1 面的距离 $h_2=0.2$ m(1—1 面为自由面),1—1 面到 M 点的距离 $h_1=0.5$ m。① 求 M 点的绝对压力和相对压力。② 箱内液面绝对压力 p_0 是多少？③ 箱内液面处若有真空，求出其真空度。

解　1—1 面为等压面，则：

$$p_M = p_a + \gamma h_1 = 98 + 9.8 \times 0.5 = 102.9\ (\text{kPa})$$
$$p_{bM} = \gamma h_1 = 9.8 \times 0.5 = 4.9\ (\text{kPa})$$

或

$$p_{bM} = p_M - p_a = 102.9 - 98 = 4.9\ (\text{kPa})$$

箱内液面的绝对压力为：

$$p_0 = p_M - \gamma(h_1 + h_2) = 102.9 - 9.8 \times (0.2 + 0.5) = 96.04\ (\text{kPa})$$

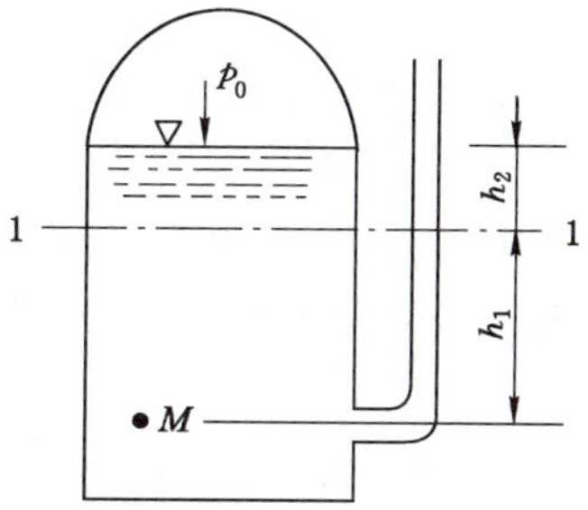

图 1-13　封闭水箱

当 $p_0 < p_a$ 时，有真空度存在，其值为：

$$p_z = p_a - p_0 = 98 - 96.04 = 1.96\ (\text{kPa})$$

或

$$p_z = |\gamma h_2| = 1.96\ (\text{kPa})$$

二、测压计

流体压力的测量仪表有许多种，主要分为液柱式、电测式和机械式三类。本书只介绍液柱式和金属压力表（机械式）的基本原理。

1. 液柱式测压计

（1）测压管

测压管是一根直径不小于 5 mm 的玻璃直管或 U 形管，如图 1-14 所示，可用来测定容器中某点的压力。

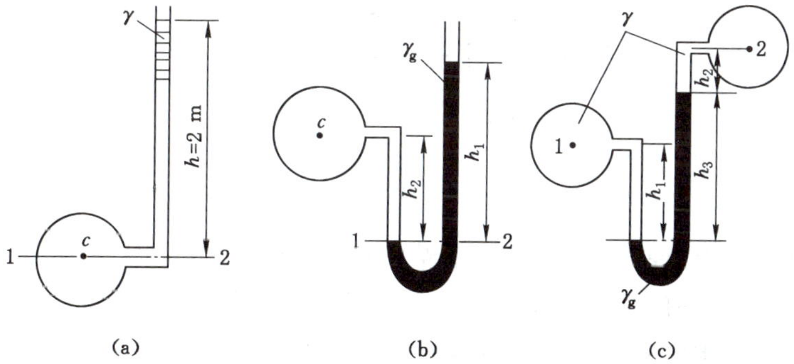

图 1-14　测压管

为计算被测流体的压力 p，首先要找出一个等压面。根据选定等压面的原则，通过1—2 的平面为等压面，则图 1-14(a)所示作用在 c 点的绝对压力及相对压力为：

$$p = p_a + \gamma h = 101.337 + 9.81 \times 2 = 121\ (\text{kPa})$$

$$p_b = \gamma h = 9.81 \times 2 = 19.62\ (\text{kPa})$$

如果被测的流体压力较大，可采用 U 形管并在管中装入水银，如图 1-14(b)所示。作等压面 1—2，则：

$$p_1 = p_2$$

$$p_1 = p + \gamma h_2$$

$$p_2 = p_a + \gamma_g h_1$$

管内液体的绝对压力：

$$p = p_a + \gamma_g h_1 - \gamma h_2$$

管内液体的相对压力：

$$p_b = p - p_a = \gamma_g h_1 - \gamma h_2$$

当被测流体为气体时，空气的重度可以忽略不计，U 形测压管中装入水时，作等压面1—2，则：

$$p_a + \gamma_g h_1 = p$$

管内的真空度为：

$$p_z = p_a - p = \gamma_g h_1$$

如果 U 形管的另一端与另一个对象相接，就能在 U 形管上显示出被测对象的压力差，如图 1-14(c)所示，则：

$$p_1 + \gamma h_1 = p_2 + \gamma h_2 + \gamma_g h_3$$

$$p_1 - p_2 = \gamma_g h_3 - \gamma(h_1 - h_2)$$

(2) 微压计

当测量微小的流体压力时，如仍用前面所讲的测压管，则误差较大，一般可采用倾斜微压计，其构造如图 1-15 所示。左侧是一断面积为 S_1 的圆形玻璃容器，上面有一管口，与被测的对象连通。右侧是断面积为 S_2 的细管。

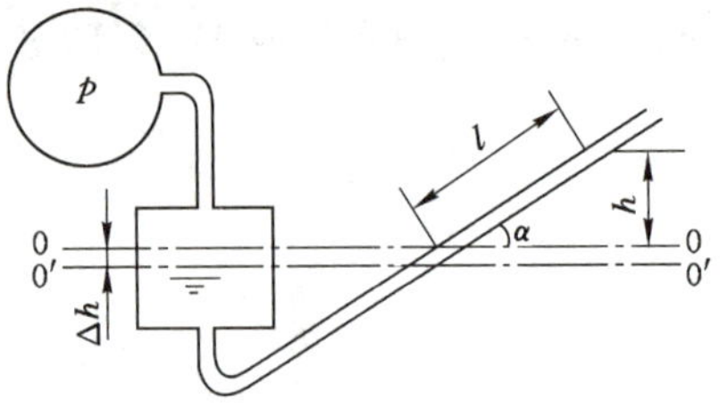

图 1-15　倾斜微压计

通常，容器和细管内的指示液体采用酒精。当微压计的两端通大气时，容器的液面与细管的刻度同水平，即图中的初始液面 0—0。当容器与被测的对象连通后，容器内的液面下降 Δh，细管内的液面上升 h（上升的倾斜距离为 l）。因被测的对象是气体，其重度小，气体柱高可忽略不计。因此，作用在 S_1 面上的绝对压力为：

$$p = p_a + \gamma'(h + \Delta h) \tag{1-23}$$

其相对压力为：

$$p_b = \gamma'(h + \Delta h) \tag{1-24}$$

由于 $S_1 \Delta h = S_2 l$，$\Delta h = \frac{S_2}{S_1} l$，因此 $h = l\sin\theta$，代入式(1-24)得：

$$p_b = \gamma'\left(l\sin\theta + \frac{S_2}{S_1} l\right) = \gamma' l\left(\sin\theta + \frac{S_2}{S_1}\right) \tag{1-25}$$

由于 $S_2 \ll S_1$，$\frac{S_2}{S_1}$一般为 1/200，故可以忽略，则气体的相对压力为：

$$p_b = \gamma' l \sin\theta \tag{1-26}$$

【例 1-6】　如图 1-16 所示的测压装置，假设容器 A 中水面上的相对压力 $p_b = 0.25$ at，

$h_1=0.2$ m，$h_2=0.25$ m，$h=0.5$ m，酒精的重度为 7.85 kN/m^3，若 $p_a=98.1$ kPa，求 B 容器中空气的压力 p。

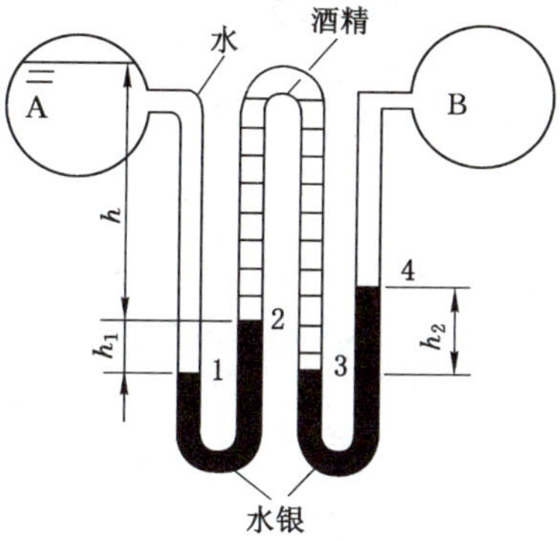

图 1-16　例 1-6 图

解　设水的重度为 γ，水银的重度为 γ_g，酒精的重度为 γ'，则：

1 点的压力为：$p_1=p_a+p_b+\gamma(h+h_1)$。

2 点的压力为：$p_2=p_1-\gamma_g h_1=p_a+p_b+\gamma(h+h_1)-\gamma_g h_1$。

3 点的压力为：$p_3=p_2+\gamma' h_1=p_a+p_b+\gamma(h+h_1)-(\gamma_g-\gamma')h_1$。

4 点的压力为：$p_4=p_3-\gamma_g h_2=p_a+p_b+\gamma(h+h_1)-(\gamma_g-\gamma')h_1-\gamma_g h_2$。

空气中各点压力可以认为近似相等，故所求的压力为：

$$
\begin{aligned}
p_4 &= p_a+p_b+\gamma(h+h_1)-\gamma_g(h_1+h_2)+\gamma' h_1 \\
&= 98.1+0.25\times 98.1+9.81\times(0.5+0.2)-(13.6\times 9.81)(0.2+0.25)+7.85\times 0.2 \\
&= 71\ (\text{kPa})
\end{aligned}
$$

2. 金属测压计与真空测压计

当需要测量较大的压力时，常用金属测压计(又称金属压力表)。这种测量仪器具有构造简单、测压范围广、携带方便、测量精度足以满足工程需要等优点，因而在工程中被广泛地采用。现在常用的有弹簧管压力计，其工作原理是利用弹簧元件在被动压力作用下产生变形带动指针指示压力。

图 1-17 为弹簧管压力计示意图，其主要部分为一环形金属管，管的断面为椭圆形，开口端与测点相通，封闭端有连动杆与齿轮相连。当大气进入管中时，指针的指示值为零；当传递压力的介质进入管中时，由于压力的作用而使金属伸展，通过拉杆和齿轮带动，使指针在刻度盘上指出压力数值。压力表测出的压强是相对压力，又称为表压力。习惯上将只测正压力的表称为压力表。

另有一种金属真空计，其结构与压力表相似。当大气压力进入管中时，指针的指示仍为零，当传递压力介质进入管中时，由于压力小于大气压力，金属管将发生收缩变形，这时指针的指示值为真空值。常称这种只测负压的表为真空表。

任务考评

任务考评的内容及评分标准见表 1-6。

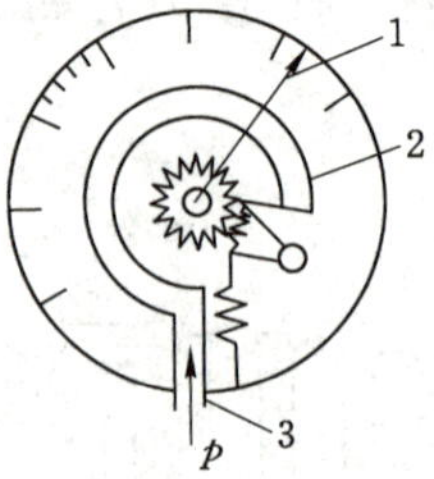

1—指针；2—弹簧管；3—测压接口。

图 1-17　金属(弹簧管)测压计

表 1-6　任务考评的内容及评分标准

序号	考核内容	考核项目	配分	评分标准	得分
1	流体静压力及特性	1. 流体的静压力； 2. 流体的静压力特性	15	错 1 扣 5 分； 错一个特性扣 5 分	
2	流体静力学基本方程式	流体静力学基本方程式及其应用	20	错一种表达式扣 5 分； 应用错误扣 10 分	
3	等压面	等压面及其判断	5	判断错误扣 5 分	
4	流体静压力的测量	1. 绝对压力、相对压力、真空度及相互关系； 2. 液柱式测压计； 3. 金属测压计与真空测压计	60	错一个概念扣 5 分； 错误应用 2 扣 40 分； 错误应用 3 扣 5 分	
合计					

复习思考题

1. 什么是流体的静压力？它的大小、方向与哪些因素有关？

2. 什么是等压面？等压面有何特征？

3. 什么叫绝对压力和相对压力？两者有何关系？真空度是什么？

4. 不同形状的容器，如果储存的是同一种液体，当液深和容器的底面积均相等时，液体作用在底面上的总压力是否相同？为什么？

5. 如图 1-18 所示为一密闭水箱，试分析两只 U 形管中的 $A—A$、$B—B$、$C—C$ 是否为等压面。为什么？

6. 如图 1-19 所示，容器盛装着两种重度的液体，且 $\gamma_1<\gamma_2$。(1) 求 a 点的压力。(2) Ⅰ和Ⅱ两测压管中的液面哪个高？哪个与容器内的液面同高？为什么？

7. 如图 1-20 所示，容器 A 装的是水，容器 B 装的是酒精，酒精的密度为 800 kg/m^3，用 U 形水银压差计测量 A、B 中心点的压差，已知 $h_1=0.3$ m，$h_2=0.5$ m，$h_3=0.2$ m，求其压差。

8. 如图 1-21 所示，已知 $h=0.85$ m，求风管[图 1-21(a)]中气流的绝对压力。若已知 $h_1=0.05$ m，$h_2=0.1$ m，求吸水管[图 1-21(b)]中的真空度。

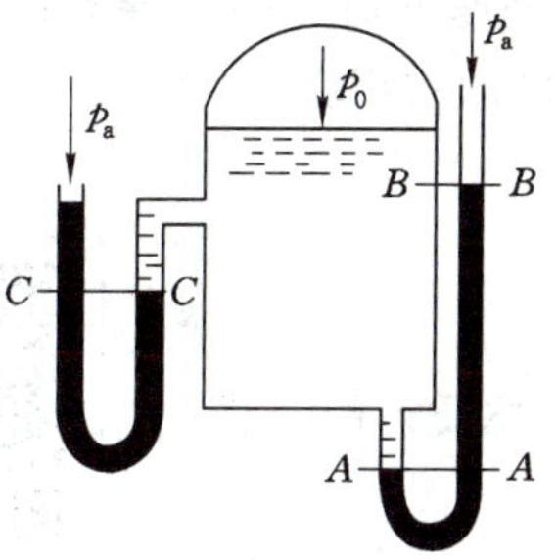

图 1-18　题 5 图

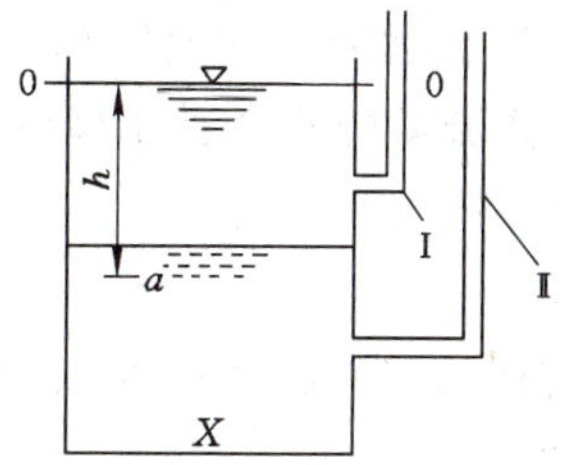

图 1-19　题 6 图

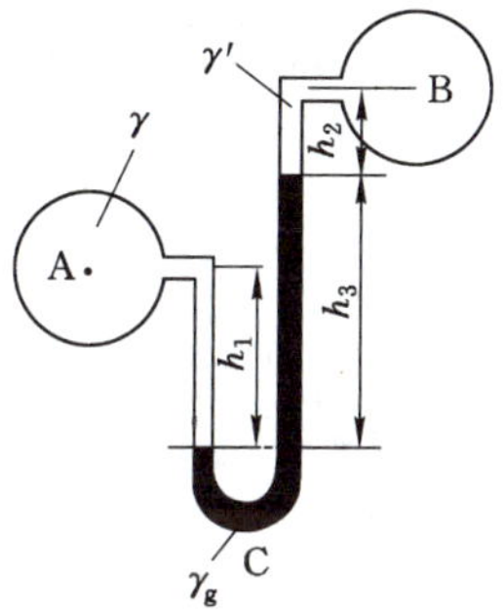

图 1-20　题 7 图

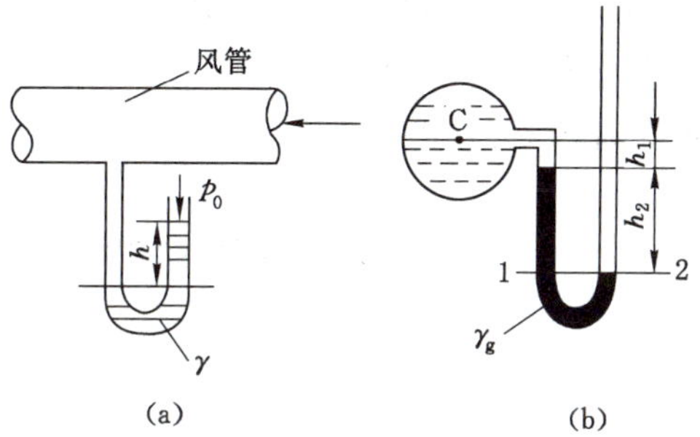

图 1 21　题 8 图

任务三　管路中的水头损失与通风网路阻力损失计算

【知识要点】 迹线、流线、微小流束、过流断面、湿周、水力半径、流量和平均速度的概念；稳定流与非稳定流、缓变流与急变流、压力流与无压流的概念；流体的连续性方程式；伯努利方程式；层流与紊流。

【技能目标】 掌握管路中的水头损失计算和通风网路阻力损失计算。

任务描述

管路中的水头损失和通风网路阻力损失的大小与流体运动要素、流动的种类、流动形态、管路或通风网路的布置状况等因素有关。计算管路中的水头损失和通风网路阻力损失时，需要利用流体的连续性方程式、伯努利方程式和沿程阻力与局部阻力的计算公式。为此，必须学习流体动力学的基本概念、流体的连续性方程式和伯努利方程式，学习沿程阻力与局部阻力的计算公式，以及沿程阻力系数和局部阻力系数的查取方法，并能正确用于工程计算。

相关知识

一、流体的运动要素

表征流体运动的量，一般有速度、加速度、密度和作用力等，统称为运动要素。这些要素并不是孤单的，而是相互紧密联系的。例如，运动加速度是速度对时间的导数；惯性力等于作用在这个质点运动的加速度和它所占有的体积以及密度的乘积。

二、流体流动的几个基本概念

（一）迹线、流线

1. 迹线

某一流体质点在某段时间内的运动轨迹，称为这一流体质点的迹线。

流体流动的几个基本概念

2. 流线

流线是流场中某一瞬间的一条空间曲线，在该线上各点的流体质点所具有的速度方向与该点所在曲线的切线方向重合，如图 1-22 所示。流线与迹线的区别：① 流线是某一时刻（瞬间）的一条线，而迹线则是在一段时间内的一条线；② 流线上每个空间点都有一个流体质点，因此一条流线上有无数个流体质点，而每条迹线只能是一个流体质点运动的轨迹。

稳定流时，迹线与流线重合。

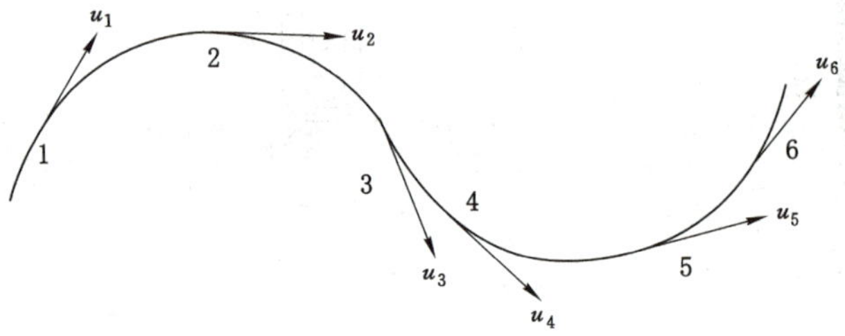

图 1-22　流线

（二）流管、流束及总流

1. 流管

在流场中取一段很小的闭合曲线，通过这条封闭曲线上所有点作流线族，这些流线族所围成的管称为流管。

2. 流束

充满在流管内部的全部流体称为流束。断面无穷小的流束称为微小流束。微小流束的极限为流线。如图 1-23 所示。

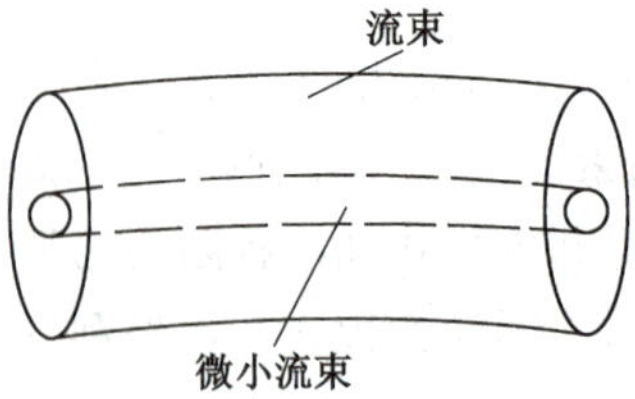

图 1-23　流束

3. 总流

在流动周界内的全部流体称为总流。

(三) 过流断面、湿周及水力半径

1. 过流断面

和流体运动方向相垂直的面称为总流的过流断面，用 S 表示，单位为 m^2。如图 1-24 所示，过流断面可以是平面，也可以是曲面。

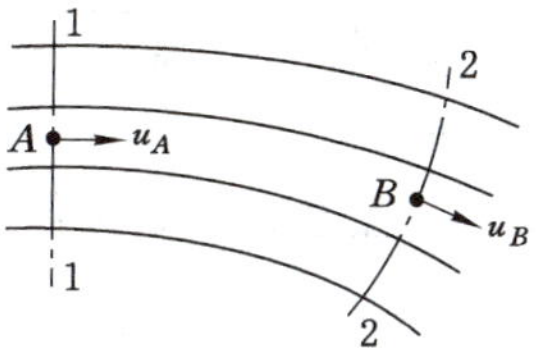

图 1-24　流线与过流断面

2. 湿周

在总流的某过流断面上，液体与固体相接触的线称为湿周，用 χ 表示，单位为 m。如图 1-25 所示，总流的种类不同，湿周的数值也不同。图 1-25(a) 所示湿周的数值为 $\chi=\pi d$，图 1-25(b) 所示湿周的数值为 $\chi=\widehat{ABC}$，图 1-25(c) 所示湿周的数值为 $\chi=AB+BC+CD$。

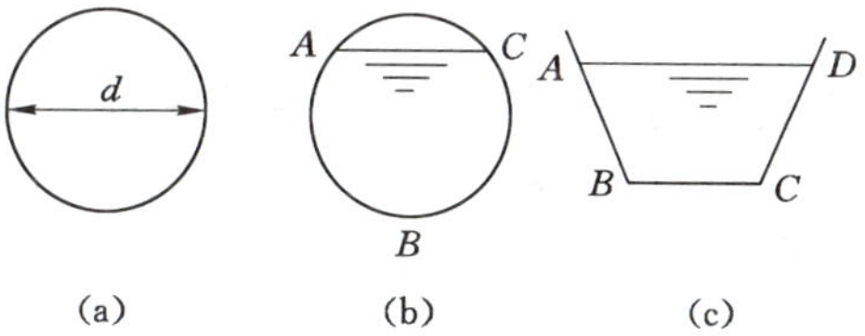

图 1-25　过流断面与湿周

3. 水力半径

总流的过流断面与湿周的比值称为水力半径，用 R 表示，单位为 m，即：

$$R=\frac{S}{\chi} \tag{1-27}$$

例如，充满圆管液体的水力半径为：

$$R=\frac{S}{\chi}=\frac{\frac{\pi}{4}d^2}{\pi d}=\frac{d}{4}$$

(四) 流量和平均流速

1. 流量

单位时间内通过过流断面的流体的量称为流量。以体积表示量时称为体积流量，用 Q 表示，单位为 m^3/s。以质量表示量时则称为质量流量，用 Q_m 表示，单位为 kg/s。在没有特别说明时，一般为体积流量。

当过流断面上的速度分布不均匀时，在过流断面上取一微小面积 dS，则流过 dS 的流量 $dQ=u dS$。对过流断面面积 S 的积分为：

体积流量：
$$Q=\int_S u\,dS \tag{1-28}$$

质量流量：
$$Q=\int_S \rho u\,\mathrm{d}S \tag{1-29}$$

2. 平均流速

假设流体以某一速度 v 通过过流断面 S，则通过的流量为 $Q=vS$。利用式(1-28)得：
$$v=\frac{Q}{S}=\frac{1}{S}\int_S u\,\mathrm{d}S \tag{1-30}$$

式中　v——过流断面上的平均流速，m/s。

【例 1-7】 若流量为 $Q=150\ \mathrm{m^3/h}$，管道的有效直径 $d=0.2$ m，试求水在排水管道中流动时的平均流速 v。

解
$$v=\frac{Q}{S}=\frac{\frac{150}{3\ 600}}{\frac{1}{4}\pi\times 0.2^2}=1.33\ (\mathrm{m/s})$$

三、流体流动的种类

流体流动的种类

管路中的水头损失和通风网路阻力损失的大小与流体流动的种类有关。流体流动的种类主要有以下几种。

(一) 稳定流与非稳定流

1. 稳定流

在充满着运动流体的几何空间中任取一点，如果在不同时间内流体各质点流经此空间点，其流动要素(流速、压力、密度等)不变的流动称为稳定流。

例如，在定转速下离心式水泵的吸水管中液体的流动、容器中水位保持不变的孔口出流等都是稳定流，如图 1-26(a)所示。

2. 非稳定流

如果流体质点流经某空间点时，其流动要素随时间而变化的流动称为非稳定流，如图 1-26(b)所示。

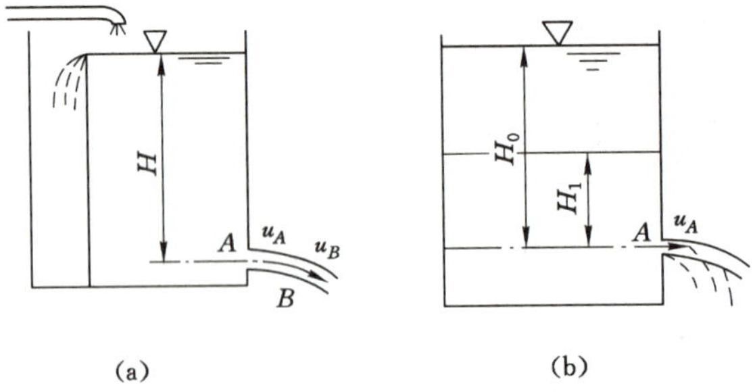

图 1-26　稳定流与非稳定流

例如，在矿井通风、排水中，通风机、水泵启动时，管道中的流动流体的各运动要素迅速变化，即是非稳定流。

(二) 缓变流与急变流

1. 缓变流

缓变流是指流线几乎是平行直线的流动。缓变流的实质是流体做近似的匀速直线运动。它的主要特征是：

① 流线曲率半径很大。

② 各流线的夹角很小。

③ 过流断面是垂直于流体轴线的断面，过流断面面积沿流程的变化极为缓慢。

④ 同一过流断面上各点的比势能相等。

2. 急变流

急变流是流体流线之间的夹角很大或曲率半径很小的流动。在急变流阶段，流线有明显弯曲，流体各质点除受重力作用外，还受离心力作用，过流断面动压力分布与静压力不同，即使在同一断面，测压管水头也不相等。在工程上，流体的流动一般是沿流程改变的，有些部分是缓变流，有些部分是急变流，如图 1-27 所示。

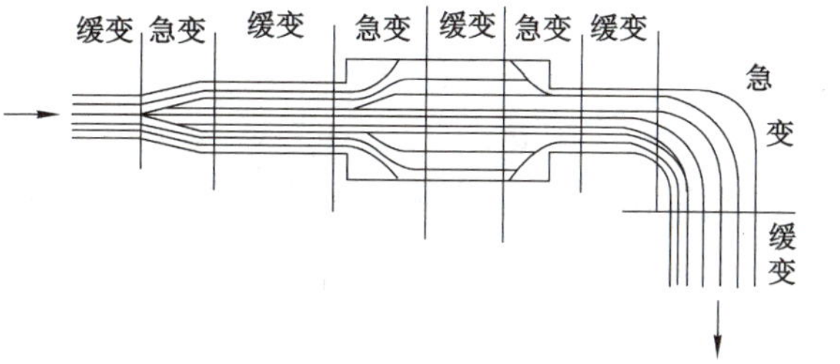

图 1-27　缓变流与急变流

（三）压力流与无压流

1. 压力流

沿着流体的纵向，流体的周围都被壁面所包围，没有自由面，流体的流动是外力作用造成的，这种流动称为压力流。

例如，自来水管中的水流、矿井排水管和消防洒水管中的水流等都是压力流。压力流状态下，水流永远充满管道的全部断面。

2. 无压流

沿着流体的纵向，流体的底面和侧面被壁面所包围，但有自由面，流体的流动是由于本身重力作用所造成的，这种流动称为无压流。

例如，河流中的水流和明渠中的水流，以及煤浆在溜槽中的流动，都是无压流的实例。

四、流体流动的连续性方程

根据质量守恒定律，匀质流体在流动时，其质量既不能产生，也不能消失，即流体在流场中的流动是连续不断进行的。反映这种流体连续不断流动的方程称为流体的连续性方程。

流体连续性方程

设在稳定流动的流场中，取出一微小的流束，如图 1-28 所示，其两端的过流断面 1—1 及 2—2 的面积分别为 dS_1、dS_2，通过的流速分别为 u_1、u_2。显然，在 Δt 时间内通过过流断面 1—1 的流体体积等于 $u_1 dS_1 \Delta t$，而通过过流断面 2—2 的流体体积等于 $u_2 dS_2 \Delta t$。

因为微小流束为稳定流，其形状不随时间而变化，流体不能从流管表面流进或流出，流体不可压缩，流体充满整个流动空间呈无间隙的连续流动。因此，根据质量守恒定律，在时

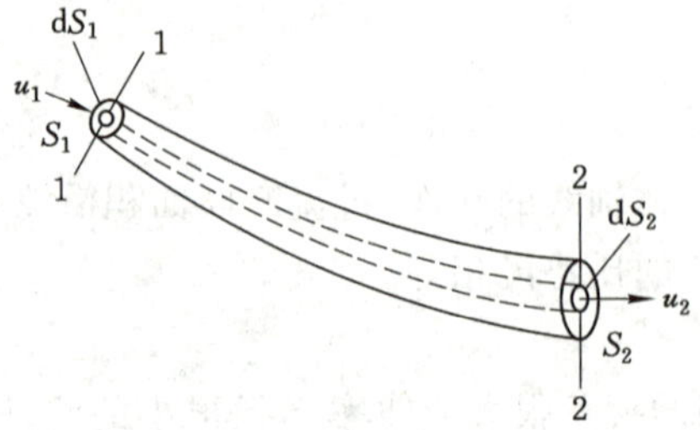

图 1-28　稳定流总流与微小流束

间 Δt 内，流过两断面的质量是相等的，即：

$$\rho u_1 \Delta t \mathrm{d}S_1 = \rho u_2 \Delta t \mathrm{d}S_2 \tag{1-31}$$

方程两边消去 $\rho\Delta t$ 得：

$$u_1 \mathrm{d}S_1 = u_2 \mathrm{d}S_2 \tag{1-32}$$

对式(1-32)沿整个过流断面积分，得到总流的连续性方程式为：

$$\int_S u_1 \mathrm{d}S_1 = \int_S u_2 \mathrm{d}S_2 = Q \tag{1-33}$$

将式(1-33)代入式(1-30)，则：

$$v_1 S_1 = v_2 S_2 = Q \tag{1-34}$$

或

$$\frac{v_1}{v_2} = \frac{S_2}{S_1}$$

式中　Q——体积流量，$\mathrm{m^3/s}$。

式(1-34)为总流的连续性方程式。分析此方程可以得出：在稳定流中，平均流速与过流断面面积成反比。又因为此方程式不涉及力的问题，因此它也适用于实际液体。

【例 1-8】　如图 1-29 所示的异径管中充满了由左向右流动的水。已知断面 1—1、2—2、3—3 的直径分别为 0.2 m、0.08 m、0.4 m，且已知断面 1—1 的平均流速为 2 m/s。求流量及其他两个断面的平均流速。

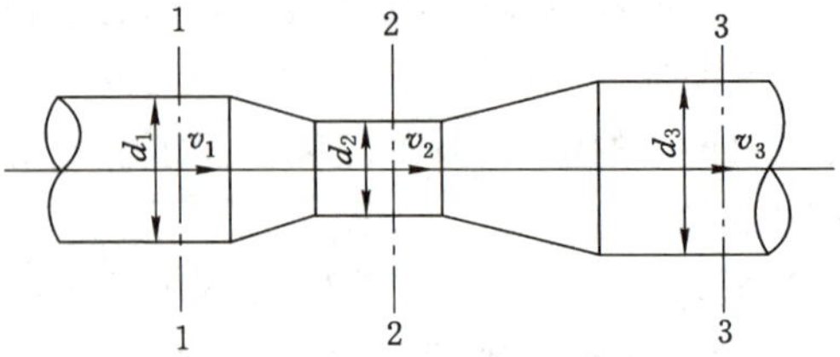

图 1-29　例 1-8 图

解　根据连续性方程有：

$$Q = v_1 S_1 = \frac{\pi}{4} \times 0.2^2 \times 2 = 0.063\ (\mathrm{m^3/s})$$

$$v_2 = \frac{S_1}{S_2}v_1 = \frac{\frac{\pi}{4}\times 0.2^2}{\frac{\pi}{4}\times 0.08^2}\times 2 = 12.5\ (\mathrm{m/s})$$

$$v_3 = \frac{S_1}{S_3}v_1 = \frac{\frac{\pi}{4}\times 0.2^2}{\frac{\pi}{4}\times 0.4^2}\times 2 = 0.5\ (\mathrm{m/s})$$

五、伯努利方程式及其应用

伯努利方程式又称流体能量方程式，是能量守恒定律在流体动力学中的具体应用，它表达了各运动要素之间的关系，是流体动力学中最重要的方程式之一。

课程思政案例三

为便于学习，先学习理想流体微小流束的伯努利方程式，再逐步推导出实际总流的伯努利方程式。

(一) 理想流体微小流束的伯努利方程式

所谓的理想流体，是指无黏性的、不可压缩的、没有膨胀性的流体。

在稳定流动的理想流体中取一段微小流束，如图 1-30 所示。设断面 1—1 的面积 dS_1 至基准面 0—0 的距离为 z_1，在断面上的作用压力为 p_1，流速为 u_1；断面 2—2 相应的参数分别为 dS_2、z_2、p_2、u_2。经过 Δt 时间的流动，微小流束由 1—2 位置移动到 1′—2′位置。断面 1—1 移动的距离为 $dl_1 = u_1\Delta t$，断面 2—2 移动的距离为 $dl_2 = u_2\Delta t$。

理想流体
伯努利方程

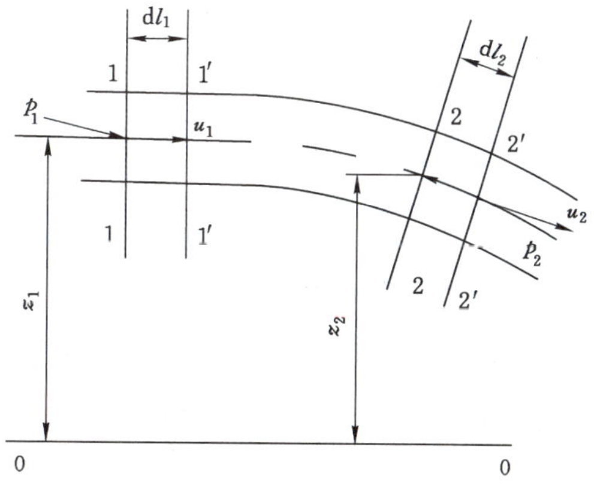

图 1-30　理想流体微小流束的伯努利方程式的推导

根据动能定理，作用在该微小流束流体上的外力所做功之和($\sum A$)，应等于该流束段动能的增量(ΔE)，即：

$$\Delta E = \sum A \tag{1-35}$$

1. 外力做功

(1) 压力做功 A_1

断面 1—1 上的压力做功为：

$$p_1 u_1 \Delta t \mathrm{d}S_1 = p_1 \Delta t \mathrm{d}Q$$

断面 2—2 上的压力做功为：

$$-p_2 u_2 \Delta t \mathrm{d}S_2 = -p_2 \Delta t \mathrm{d}Q$$

$$A_1 = p_1 \Delta t \mathrm{d}Q - p_2 \Delta t \mathrm{d}Q$$

(2) 重力做功 A_2

由于流体是稳定流，在 Δt 时间内，1′—2 段流束的形状和大小没有任何变化，仅仅是质点的替换，且所有各点的流速是不变的，因此计算重力做功时，可以假想断面 1′—1′至 2—2 间的流体仍停留在原处，而 1—1′段内的流体经 Δt 时间后移至 2—2′段。根据连续性方程，1—1′段内流体的体积等于 2—2′段内的流体体积。所以计算重力做功时，只考虑把流体段 1—1′移至 2—2′位置所做的功，其移动距离为 $z_1 - z_2$，即重力做功为：

$$A_2 = \gamma \Delta l_1 (z_1 - z_2) \mathrm{d}S_1 = \gamma \Delta t (z_1 - z_2) \mathrm{d}Q$$

2. 动能的增量

在稳定流动条件下，经过 Δt 时间后，流体段 1′—2 的动能并无变化。因此，只考虑流体 1—1′与 2—2′段的动能增量，即：

$$\Delta E = \frac{u_2^2 \mathrm{d}m}{2} - \frac{u_1^2 \mathrm{d}m}{2} = \frac{(u_2^2 - u_1^2)}{2} \mathrm{d}m$$

由于质量 $\mathrm{d}m = \rho \Delta t \mathrm{d}Q$，根据动能定理有：

$$\Delta E = A_1 + A_2$$

所以上式为：

$$\Delta E = \frac{1}{2}(u_2^2 - u_1^2) \rho \Delta t \mathrm{d}Q$$

即：

$$\frac{1}{2}(u_2^2 - u_1^2) \rho \Delta t \mathrm{d}Q = p_1 \Delta t \mathrm{d}Q - p_2 \Delta t \mathrm{d}Q + (z_1 - z_2) \gamma \Delta t \mathrm{d}Q$$

将方程的两边同除以 $\Delta t \gamma \mathrm{d}Q$，并把同类项移至同侧，整理可得：

$$z_1 + \frac{p_1}{\gamma} + \frac{u_1^2}{2g} = z_2 + \frac{p_2}{\gamma} + \frac{u_2^2}{2g} \tag{1-36}$$

或

$$z + \frac{p}{\gamma} + \frac{u^2}{2g} = H(\text{常数})$$

式(1-36)即为理想流体微小流束的伯努利方程式。

3. 伯努利方程式的物理意义及几何意义(图 1-31)

z 为流体质点的位置相对于基准面的高度，是几何高度，单位为 m，流体力学中称之为位置水头。它是单位重量的流体所具有的位能，或称比位能。

$\frac{p}{\gamma}$ 为具有 p 压力的流体在测压管中上升的高度，单位为 m，流体力学中称之为压力水头。它是单位重量的流体所具有的压力能，或称比压能。

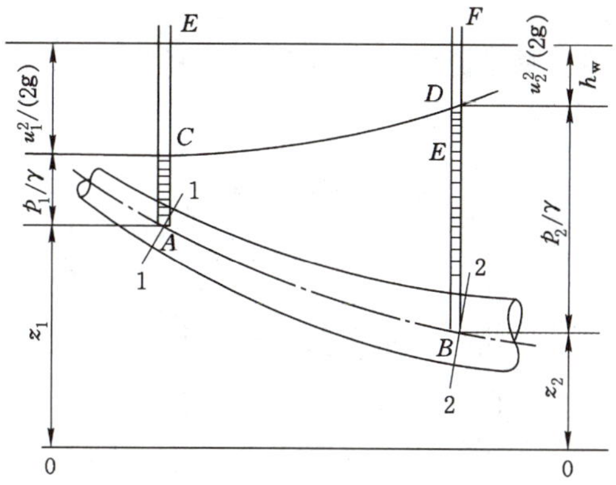

图 1-31　理想流体伯努利方程式的几何意义

$z+\dfrac{p}{\gamma}$为单位重量的流体所具有的总势能。每个断面的$z+\dfrac{p}{\gamma}$值所对应的点组成的曲线，称为测压管水头线，也称为势能线或比势能线。

$\dfrac{u^2}{2g}$为单位重量的流体所具有的动能，称为比动能，单位为 m，流体力学中称之为速度水头。

各断面的z、$\dfrac{p}{\gamma}$、$\dfrac{u^2}{2g}$加在一起所形成的直线称为理想液体的总水头线或总能量线，它是水平的，说明理想流体各断面上的总水头（或总能量）永远是相等的。

（二）实际流体微小流束的伯努利方程式

由于实际流体具有黏性，单位重量的流体在位移时，黏性变形应力做了功，消耗了机械能，这就使流体流动时具有了一定的能量损失。因此，沿着流动的方向，单位重量的流体所具有的总水头（总能量）将不断减少。如损失的能量用h_w表示，则实际流体微小流束的伯努利方程式为：

$$z_1+\frac{p_1}{\gamma}+\frac{u_1^2}{2g}=z_2+\frac{p_2}{\gamma}+\frac{u_2^2}{2g}+h_w \tag{1-37}$$

此式为实际流体微小流束的伯努利方程式。

（三）实际总流的伯努利方程式

实际流体微小流束的伯努利方程式，只适用于微小流束或流线，不适用于工程技术的实际需要，因为实际工程中多是解决总流的问题。为此，必须对式（1-37）做一定的修正，这样方可用于解决实际流体总流的问题。

实际流体
伯努利方程

微小流束过流断面内任何一点的流速可认为是相同的，但实际总流中，这种假设就不合适了。因为在实际总流的过流断面内，各点的流速是不相同的。这样在求总流某一过流断面的比动能时，用平均速度v代替其上某点真实速度u就必然有误差。为此，引入动能修正系数α。

实际总流的伯努利方程式为：

$$z_1+\frac{p_1}{\gamma}+\frac{\alpha_1 v_1^2}{2g}=z_2+\frac{p_2}{\gamma}+\frac{\alpha_2 v_2^2}{2g}+h_w \tag{1-38}$$

式中　α_1、α_2——动能修正系数；

h_w——损失水头，单位重量流体从断面 1—1 到断面 2—2 流动损失的能量，m；

其余各项意义如图 1-32 所示。

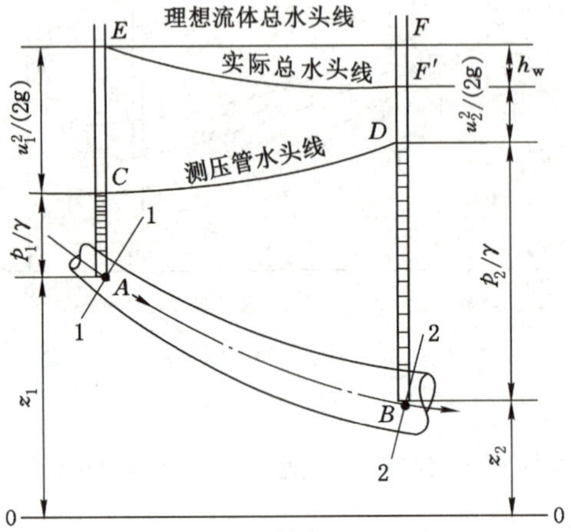

图 1-32　实际流体伯努利方程式的几何意义

（四）伯努利方程式的应用

实际流体总流的伯努利方程式是流体力学中应用最广的一个基本方程式，它和连续性方程式一起，是解决实际流体流动问题的两个最主要的方程。因此，必须深入领会这一方程的适用条件，并能正确掌握运用这一方程。

1. 实际总流的伯努利方程式的适用条件

① 流体是不可压缩的。

② 流动是稳定的。

③ 作用于流体上的质量力只有重力。

④ 所取过流断面都必须为缓变流，但各断面之间可以是急变流。

⑤ 所取过流断面间没有流量的汇入或分出，也没有能量的输入或输出。

2. 运用伯努利方程应注意的问题

① 基准面可任意选一水平面，但最好在两断面之下或穿过低断面的形心，以免 z_1，z_2 出现负值。如总流是水平的，把基准面选在其中心线上，即 $z=0$。

② 在解伯努利方程时，常常同时运用总流的连续性方程，以减少未知量。

③ 方程中的 p_1、p_2 可取绝对压力，也可取相对压力，但必须统一。

④ 所选断面总势能 $z+\dfrac{p}{\gamma}$ 均相等，所以可选择任意点列伯努利方程式。为了方便，一般在管流中取轴心点，而在明渠中则取自由表面。

⑤ 所取两断面的修正系数一般不相等，即 $\alpha_1\neq\alpha_2$。但对于紊流，可认为两断面的 α 大致相等，常取 $\alpha\approx1$；对于层流，α 常取 2。

⑥ 在应用实际流体的伯努利方程式时，需要确定损失水头 h_w，其计算方法将在后面介绍。

3. 伯努利方程式的应用实例

【例 1-9】 如图 1-33 所示的文丘里流量计是测量管道流量的装置。若已知 $D=100$ mm，$d=50$ mm，流量计上所连接的 U 形管压差计内为水银，当 $\Delta h=500$ mm 时，通过流量计的水的流量为多少？

文丘里流量计

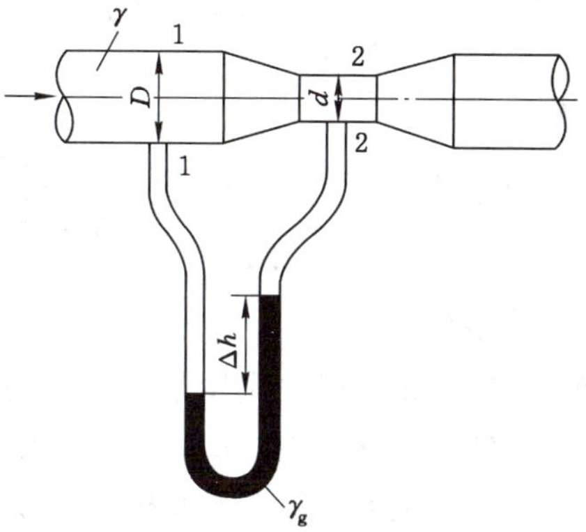

图 1-33　例 1-9 图

解　以管的中心为基准面，列出 1—1、2—2 断面的伯努利方程式：

$$z_1+\frac{p_1}{\gamma}+\frac{\alpha_1 v_1^2}{2g}=z_2+\frac{p_2}{\gamma}+\frac{\alpha_2 v_2^2}{2g}+h_w$$

因为 $z_1=z_2=0$，令 $\alpha_1=\alpha_2=1$，假设 $h_w\approx 0$，则：

$$\frac{p_1-p_2}{\gamma}=\frac{v_2^2-v_1^2}{2g}$$

根据连续性方程式得：

$$v_2=v_1\frac{D^2}{d^2}$$

即：

$$\frac{p_1-p_2}{\gamma}=\frac{v_1^2\left(\frac{D^4}{d^4}-1\right)}{2g}$$

$$Q=v_1\frac{\pi D^2}{4}=\frac{\pi D^2}{4}\sqrt{\frac{2g}{\frac{D^4}{d^4}-1}}\sqrt{\frac{p_1-p_2}{\gamma}}$$

根据静力学基本方程得：

$$p_1+\gamma h_1=p_2+\gamma h_2+\gamma_g\Delta h$$

$$p_1-p_2=\gamma_g\Delta h-\gamma(h_1-h_2)=\Delta h(\gamma_g-\gamma)$$

$$\frac{p_1-p_2}{\gamma}=\Delta h\left(\frac{\gamma_g}{\gamma}-1\right)$$

则：

$$Q=\frac{\pi D^2}{4}\sqrt{\frac{2g}{\frac{D^4}{d^4}-1}}\sqrt{\Delta h\left(\frac{\gamma_g}{\gamma}-1\right)}$$

上式推导过程中未考虑水头损失对流量的影响，因此用一个修正系数 μ 来计算。μ 称为文丘里流量系数，其取决于文丘里管的大小、材料性质及流动情况。一般取 0.95～0.98，平均为 0.97。则：

$$Q=\mu\frac{\pi D^2}{4}\sqrt{\frac{2g}{\frac{D^4}{d^4}-1}}\sqrt{\Delta h\left(\frac{\gamma_g}{\gamma}-1\right)}$$

在本题中，取 $\mu=0.98$，则：

$$Q=0.98\times\frac{\pi\times 0.1}{4}\sqrt{\frac{2\times 9.81\times 0.5}{\frac{0.1^4}{0.05^4}-1}}\sqrt{\left(\frac{133\ 416}{9\ 810}-1\right)}$$

$$=0.022\ 2\ (\mathrm{m^3/s})$$

【例 1-10】 皮托管是测量小型槽或管中流体某点流速的仪器。如图 1-34 所示，将 L 形细管的口朝向液流流动方向，量出上升水柱的高度 h。在液流中取一点 a，皮托管中取一点 b，a、b 两点同在一水平面上，a、b 两点对应的压力和流速分别 p_1、u_1 和 p_2、u_2，如不考虑损失，求小型槽中流动的流体的流速。

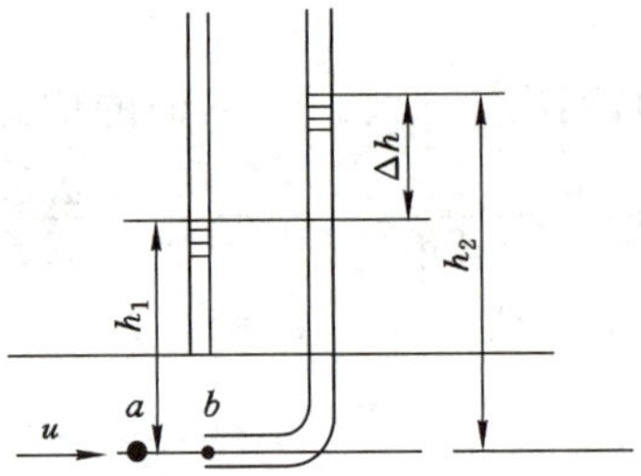

图 1-34　例 1-10 图

解　列出过 1、2 两点断面的伯努利方程式，即：

$$\frac{p_1}{\gamma}+\frac{u_1^2}{2g}=\frac{p_2}{\gamma}+\frac{u_2^2}{2g}$$

根据流体静力学方程式可知：

$$\frac{p_1}{\gamma}=h_1,\frac{p_2}{\gamma}=h_1+\Delta h$$

考虑 $u_2=0$，所以伯努利方程式为：

$$\frac{u_1^2}{2g}=\Delta h$$

$$u_1=\sqrt{2g\Delta h}$$

4. 气流的伯努利方程式

前面推导的实际总流的伯努利方程也适用于不可压缩的气体流动，但气体流动与液体流动有些不同，下面对气体的伯努利方程式的表达式进行介绍。

气流的伯努利方程式

由于气体的重度 γ 很小，因而 $\frac{p}{\gamma}$ 项很大，所以在求气体流动时，将方程

的两侧同乘以 γ，且 $\alpha_1=\alpha_2=1$。此时，对于单位体积的气体而言，伯努利方程可改写为：

$$\gamma z_1+p_1+\gamma\frac{\alpha_1 v_1^2}{2g}=\gamma z_2+p_2+\gamma\frac{\alpha_2 v_2^2}{2g}+\gamma h_w \tag{1-39}$$

$$\gamma z_1+p_1+\gamma\frac{v_1^2}{2g}=\gamma z_2+p_2+\gamma\frac{v_2^2}{2g}+\gamma h_w \tag{1-40}$$

在许多气体流动情况中，气体的重度与大气的重度相差很小，或两过流断面高度相差不大，此时上式中的 γz_1、γz_2 项可以忽略不计，于是得到下列方程：

$$p_1+\frac{\rho v_1^2}{2}=p_2+\frac{\rho v_2^2}{2}+\gamma h_w \tag{1-41}$$

【例 1-11】 有一喇叭形进气管如图 1-35 所示，管径为 200 mm，在管下部连接一根下部插入容器中的玻璃管，若管中水面上升高度 $h=10$ mm，空气密度 $\rho=1.2$ kg/m³，不考虑损失，求进气管的气体流量。

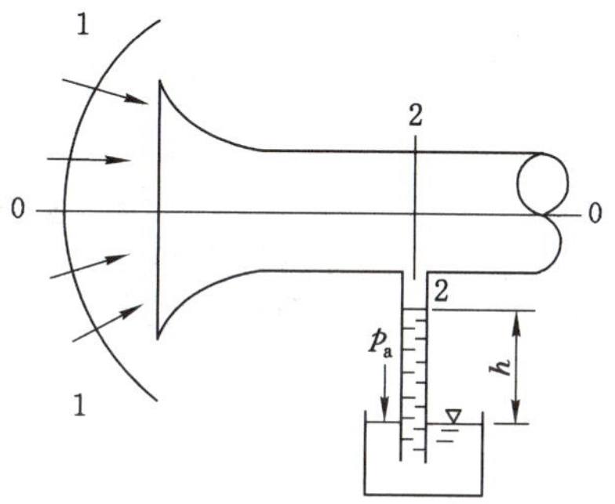

图 1-35　例 1-11 图

解　取基准线在喇叭形进气管中心 0—0，列出断面 1—1 与 2—2 的伯努利方程式：

$$p_1+\frac{\rho v_1^2}{2}=p_2+\frac{\rho v_2^2}{2}+\gamma h_w$$

$$p_1-p_2=\frac{\rho v_2^2}{2}-\frac{\rho v_1^2}{2}+\gamma h_w$$

其中 $p_1=p_a$，$v_1\approx 0$，$h_w\approx 0$，$p_2=p_a-\gamma_{H_2O}h$，$p_1-p_2=\gamma_{H_2O}h$，所以得：

$$\gamma_{H_2O}h=\frac{\rho v_2^2}{2}$$

$$9\ 810\times 0.010=\frac{1.2v_2^2}{2}$$

$$v_2=12.79\ (\text{m/s})$$

由进气管流过的空气流量为：

$$Q=v_2\frac{\pi d_2^2}{4}=12.79\times\frac{\pi\times 0.2^2}{4}=0.402\ (\text{m}^3/\text{s})$$

5. 有能量输入或输出的伯努利方程式

在管路中若有水泵或水轮机等水力机械，水流通过水力机械的叶片时将发生能量变换。如水力机械为水泵，则叶片对水流做功，使水流的能量增加；若水力机械为水轮机，则水流对水轮机做功，从而使水流能量减少。对于单位重量的流体而言，若输入或输出的能量为 H_m（水头），则在管路中有水力机械工作的实际总流的伯努利方程式为：

$$z_1+\frac{p_1}{\gamma}+\frac{\alpha_1 v_1^2}{2g}\pm H_m=z_2+\frac{p_2}{\gamma}+\frac{\alpha_2 v_2^2}{2g}+h_w \tag{1-42}$$

对于水泵管路系统(图 1-36)，上式 H_m 取正号；对于水轮机系统，上式 H_m 取负号。H_m 是单位重量的水通过水泵后，动力机械对它做了功而增加的能量，称为水泵的扬程。

【例 1-12】 测定水泵扬程的装置如图 1-37 所示。已知水泵吸水管内径 $d_1=231$ mm，排水管内径 $d_2=184$ mm，测得流量 $Q=0.04$ m^3/s，水泵进口真空表读数为 4 mH_2O，水泵出水口压力表读数为 2 atm，水管与两表连接的测压孔位置之间的高差 $h=0.5$ m，试求此时的水泵扬程 H_m。

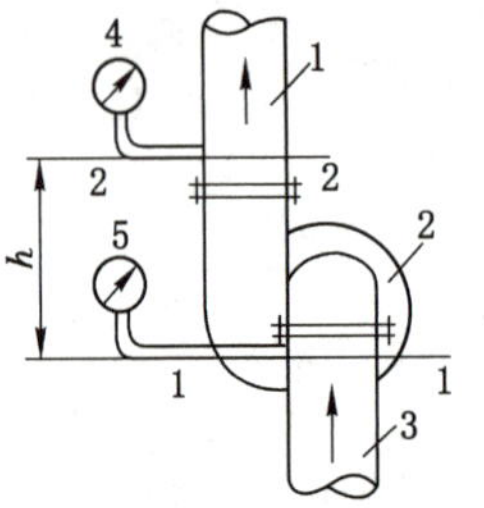

1—排水管；2—水泵；3—吸水管；

4—压力表；5—真空表。

图 1-36　水泵管路系统

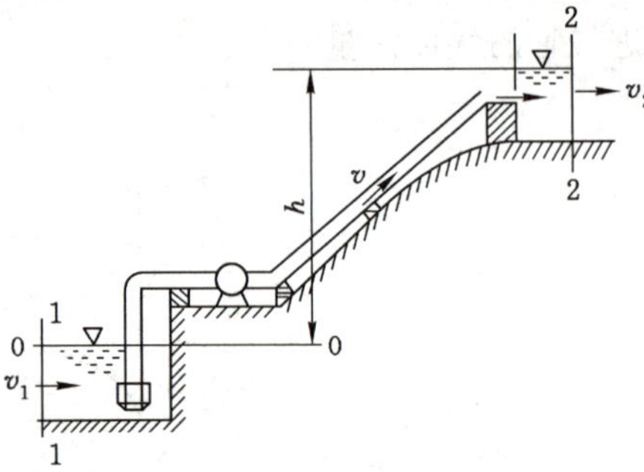

图 1-37　测水泵扬程装置

解　选取断面 1—1、2—2，并以断面 0—0 为基准面。列断面 1—1 与 2—2 的伯努利方程式：

$$z_1+\frac{p_1}{\gamma}+\frac{\alpha_1 v_1^2}{2g}+H_m=z_2+\frac{p_2}{\gamma}+\frac{\alpha_2 v_2^2}{2g}+h_w$$

因为断面 1—1、2—2 位于水泵的进、出水口，它们之间的能量损失很小，所以可忽略不计，即：$h_w=0$，$z_2-z_1=h=0.5$ m，$\frac{p_1}{\gamma}=-4$ mH_2O，$\frac{p_2}{\gamma}=20$ mH_2O，取 $\alpha_1=\alpha_2=1$，则：

$$v_1=\frac{Q}{S_1}=\frac{4Q}{\pi d_1^2}=\frac{4\times 0.04}{\pi\times 0.231^2}=0.95\ (\text{m/s})$$

$$v_2=\frac{Q}{S_2}=\frac{4Q}{\pi d_2^2}=\frac{4\times 0.04}{\pi\times 0.184^2}=1.51\ (\text{m/s})$$

$$\begin{aligned}H_m&=z_2+\frac{p_2}{\gamma}+\frac{\alpha_2 v_2^2}{2g}-\left(z_1+\frac{p_1}{\gamma}+\frac{\alpha_1 v_1^2}{2g}\right)\\&=z_2-z_1+\frac{p_2-p_1}{\gamma}+\frac{\alpha_2 v_2^2-\alpha_1 v_1^2}{2g}\\&=0.5+24+\frac{1.51^2-0.95^2}{2\times 9.81}\\&=24.57\ (\text{mH}_2\text{O})\end{aligned}$$

六、流体的流动形态

早在 19 世纪初，人们就注意到了由于流体黏性的存在而造成不同流速范围内的流体断面上的流速分布及能量损失均不同。直到 1883 年，英国科学家雷诺进行了著名的雷诺试验，才揭示了这一现象的本质规律。

流体的流动形态

雷诺试验表明，流体流动存在两种不同的形态——层流与紊流。

层流时，流速较小，各层或各微小流束上的质点彼此互不混掺，即各个质点的运动轨迹互不相交，其质点沿着与管轴平行的方向做平滑直线运动。此时，过流断面上的流速呈抛物线分布，在管轴心处流速最大，越靠近管壁流速越小，平均流速与最大流速之比等于 0.5。随着流速的增大，水流在沿管轴线方向向前运动的同时，各层或微小流束上的质点形成涡体彼此混掺，每个质点的轨迹都是杂乱无序的，没有确定的规律性，这种流动形态称为紊流。

根据雷诺的研究可知：流体的流动形态取决于雷诺数 Re。雷诺数 Re 的大小与平均速度 v、管子直径 d 成正比，与流体的运动黏度 ν 成反比，即：

$$Re=\frac{vd}{\nu}\begin{cases}\leqslant 2\ 320\text{ 时，层流}\\ >2\ 320\text{ 时，紊流}\end{cases} \tag{1-43}$$

将 $Re=2\ 320$ 称为临界雷诺数。在工程上，也可取临界雷诺数为 2 000。

【例 1-13】 一圆管直径为 0.02 m，平均流速为 1 m/s，水温为 15 ℃，那么管中的水处于什么流动状态？管内保持层流状态的最大流速是多少？

解　当水温为 15 ℃时，查表 1-2 得 $\nu=1.139\times10^{-6}\ \text{m}^2/\text{s}$。管中的雷诺数为：

$$Re=\frac{vd}{\nu}=\frac{1\times0.02}{1.139\times10^{-6}}=17\ 559>2\ 000\ \text{（属紊流）}$$

保持层流状态最大流速时的雷诺数应为临界雷诺数，即：

$$Re=\frac{vd}{\nu}=2\ 000$$

所以：

$$v_{\max}=\frac{2\ 000\times1.139\times10^{-6}}{0.02}\approx0.114\ (\text{m/s})$$

任务实施

一、管路中的水头损失计算

根据成因不同，管路中的水头损失分为沿程水头损失和局部水头损失两大类。

（一）沿程水头损失

沿程水头损失是流体在管路的直线部分流动时，因克服摩擦阻力而损失的能量。

沿程水头损失常用 h_f 表示，其大小与管路长度 l、管子直径 d 和流速 v 之间存在如下关系：

$$h_f=\lambda\frac{l}{d}\frac{v^2}{2g} \tag{1-44}$$

式(1-44)称为达西公式。其中，λ 为沿程阻力系数，它与流动形态、管壁情况和管材等因素有关。

当为层流时：

① 对于水：
$$\lambda=\frac{64}{Re} \tag{1-45}$$

② 对于油：
$$\lambda=\frac{75\sim80}{Re} \tag{1-46}$$

当为紊流时：

① 对于新钢管：
$$\lambda=k_1k_2\frac{0.0143}{d^{0.226}} \tag{1-47}$$

② 对于新铸铁管：
$$\lambda=k_1k_2\frac{0.0143}{d^{0.284}} \tag{1-48}$$

③ 对于旧钢管、旧铸铁管：
$$\lambda=\frac{0.021}{d^{0.3}} \tag{1-49}$$

式中 k_1——考虑在实验室和生产条件下敷设管道质量的差异而引入的一个系数。在实验室条件下 $k_1=1$；在实际生产条件下 $k_1=1.15$。

k_2——考虑管道接头而使阻力增大的系数。对焊接或套环式管接头的钢管，$k_2=1.18$。有钟口式接头的铸铁管 $k_2=1$；无接头 $k_2=1$。

水在钢管或铸铁管中做紊流流动时，λ 值可按管子直径查表 1-7。

表 1-7 沿程阻力系数

管子内径/mm	50	75	100	125	150	175	200	225
λ	0.045 5	0.041 8	0.038	0.035 2	0.033 2	0.031 6	0.030 4	0.029 3
管子内径/mm	250	275	300	325	350	400	450	500
λ	0.028 4	0.027 6	0.027	0.026 3	0.025 8	0.025	0.024 1	0.023 4

【例 1-14】 有一旧钢管，其长度 $l=150$ m，内径 $d=0.259$ m，通过管中流量 $Q=0.1$ m^3/s，水温为 10 ℃，求沿程水头损失 h_f。

解 管内平均流速：

$$v=\frac{4Q}{\pi d^2}=\frac{4\times0.1}{3.14\times0.259^2}=1.9\ (m/s)$$

水温为 10 ℃时的运动黏度 $\nu=1.306\times10^{-6}$ m^2/s，有：

$$Re=\frac{vd}{\nu}=\frac{1.9\times0.259}{1.306\times10^{-6}}=376\,799>2\,000\ (\text{属紊流})$$

$$\lambda=\frac{0.021}{d^{0.3}}=\frac{0.021}{0.259^{0.3}}=0.03$$

则：

$$h_f=\lambda\frac{l}{d}\frac{v^2}{2g}=0.03\times\frac{150}{0.259}\times\frac{1.9^2}{2\times9.81}=3.19\ (m)$$

(二) 局部水头损失

在流体流动过程中，如果流动方向或过流断面等有所改变，将会产生漩涡甚至撞击，由于在漩涡区的内摩擦力做功和质点交换而在局部造成的能量损失，称为局部水头损失。其计算公式为：

$$h_j=\xi\frac{v^2}{2g} \tag{1-50}$$

式中　h_j——局部损失，m；

ξ——局部阻力系数，见表 1-8。

表 1-8　局部阻力系数 ξ

名称	简图	局部阻力系数									
闸阀	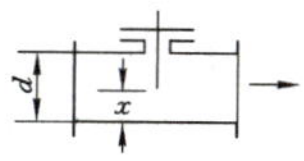	x/d	1/8	1/4	3/8	1/2	5/8	3/4*	7/8	1	
		ξ	97.8	17	5.52	2.06	0.81	0.26	0.07	0.01	
止回阀	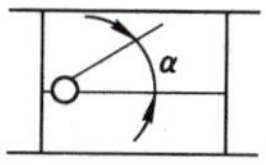	α	70°*	60°	55°	50°	45°	40°	30°	25°	20°	15°
		ξ	1.7	3.2	4.6	6.6	9.5	14	30	42	62	90
底阀（带滤网）	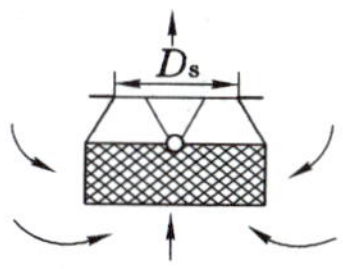	D_s/mm	75	100	150*	200	250	300				
		ξ	8.5	7.6	6	5.2	4.4	3.7				
渐缩管	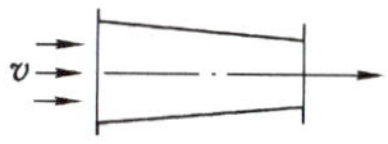	0.1										
渐扩管	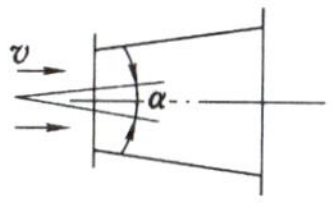	α	<7°	10°～15°	20°～30°	45°～55°						
		ξ	0.2	0.5	0.6～0.7	0.8～0.9						
90°弯头	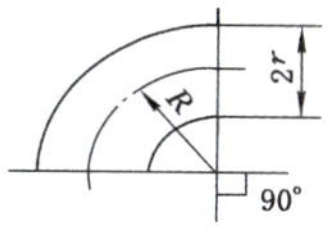	r/R	0.1	0.2	0.3	0.4	0.5*	0.6	0.7	0.8	0.9	1
		ξ	0.132	0.138	0.158	0206	0.294	0.44	0.661	0.974	1.408	1.978
α°弯头	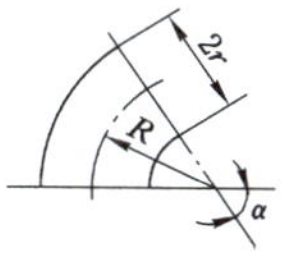	$\xi=\xi_{90°}\dfrac{\alpha°}{90°}$　（$\xi_{90°}$ 为 90°弯头阻力系数）										
三通	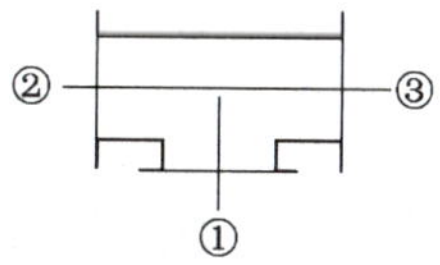		直流	汇合	分流	转弯	转弯					
		流向	②→③ ②←③	②→←③，①↓	②←→③，①↑	②→①↓	①↑→③					
		ξ	0.7	3	1.5	1.5	1.5					

注：表中带 * 为推荐用值。

（三）管路总水头损失

当一条管路中包含有若干个局部损失时，管路的总水头损失等于沿程损失与所有管件的局部损失之和，即：

$$h_w = h_f + \sum h_j \tag{1-51}$$

【例 1-15】 设在某直径相同的吸、排水管道上，装有带底阀的滤水器 1 个，90°弯头 5 个，闸阀 1 个，逆止阀 1 个，分支流三通 1 个，直流三通 2 个，若自管道中流过的流量为 120

m^3/h，管道直径为 150 mm，则该管道的局部水头损失为多少？

解　管道平均流速为：

$$v = \frac{4Q}{\pi d^2} = \frac{4 \times 120}{3\ 600 \times 3.14 \times 0.15^2} = 1.89\ (\text{m/s})$$

局部水头损失为：

$$\begin{aligned} h_f &= \sum \xi \frac{v^2}{2g} \\ &= (6 + 5 \times 0.294 + 1 \times 0.26 + 1 \times 1.7 + 1 \times 1.5 + 2 \times 0.7) \times \frac{1.89^2}{2 \times 9.81} \\ &= 2.24\ (\text{m}) \end{aligned}$$

二、通风网路阻力损失计算

风流在巷道流动过程中会受到通风阻力，矿井通风网路阻力包括沿程摩擦阻力和局部阻力。通风网路阻力的大小，与气流的流动形态有关。矿井风流多属于紊流。

（一）沿程摩擦阻力

气体在巷道直线段流动时，由于气体层间的摩擦和气体与巷道壁面间的摩擦所产生的阻力，称为沿程摩擦阻力。克服该阻力而产生的能量损失称为沿程阻力损失。

由于水头损失与阻力损失的单位不同，将式(1-44)乘以空气重度 γ，并将水力半径 $R = d/4$ 代入式(1-44)，即得沿程阻力损失的计算公式：

$$h_f = \lambda \frac{l}{4R} \frac{\gamma v^2}{2g} = \frac{\lambda l \rho v^2}{8R} \tag{1-52}$$

又因为 $R = S/\chi$，因此有：

$$h_f = \frac{\lambda l \rho \chi v^2}{8S} \tag{1-53}$$

式中　λ——沿程阻力系数；

l——沿程网路长度，m；

ρ——空气密度，kg/m^3；

γ——空气重度，N/m^3；

χ——巷道湿周，m；

v——空气速度，m/s；

S——巷道断面面积，m^2。

矿井空气密度 ρ 与重度 γ 变化不大，而且对于规格和支护已定型的井巷，其面壁的相对粗糙度是定值，则在紊流状态下，λ 是常数，故把上式中的 $\lambda\rho/8$ 用一个系数 α 来表示，即：

$$\alpha = \frac{\lambda \rho}{8} \tag{1-54}$$

将 α 和 $v = Q/S$ 代入式(1-53)得：

$$h_f = \frac{\alpha l \chi Q^2}{S^3} \tag{1-55}$$

对于确定的巷道，l、χ 和 S 都是已知数，其值 α 只与 λ、ρ 成正比，故把上式中的 $\frac{\alpha l x}{S^3}$ 项用符号 R_f 来表示，即：

$$R_f = \frac{\alpha l \chi}{S^3} \tag{1-56}$$

式中　R_f——巷道摩擦风阻，$N \cdot s^2/m^8$；

α——摩擦阻力系数，其值参见《矿井通风》参考书。

将 R_f 代入式(1-55)得：

$$h_f = R_f Q^2 \tag{1-57}$$

（二）局部阻力

气体在巷道转弯处和断面突然扩大、缩小处流动时，会导致流速的突然重新分布，引起气体分子间的相互冲击而产生阻力，这种阻力称为局部阻力。克服该阻力而产生的能量损失称为局部阻力损失。

将式(1-50)乘以空气重度 γ，即得局部阻力损失的计算公式：

$$h_j = \xi \frac{v^2}{2g}\gamma = \xi \frac{\rho v^2}{2} = \xi \frac{\rho}{2S^2}Q^2 = R_{jb}Q^2 \tag{1-58}$$

式中　ξ——局部阻力系数，其值参见《矿井通风》参考书；

R_{jb}——局部风阻，$N \cdot s^2/m^8$。

（三）通风网路总阻力

通风网路总阻力包括沿程摩擦阻力和局部阻力，故通风网路总阻力为：

$$h = h_f + h_j = R_f Q^2 + R_{jb} Q^2 = R_j Q^2 \tag{1-59}$$

式中　R_j——通风网路静风阻，$N \cdot s^2/m^8$。

上式又称为通风网路静阻力特性方程。

任务考评

任务考评的内容及评分标准见表 1-9。

表 1-9　任务考评的内容及评分标准

序号	考核内容	考核项目	配分	评分标准	得分
1	流体流动的基本概念	迹线、流线、微小流束、总流、过流断面、湿周、水力半径、流量、平均流速	15	错一项均扣 2 分	
2	流体流动种类	稳定流与非稳定流、缓变流与急变流、压力流与无压流	10	错一种表达式扣 3 分	
3	流体流动的连续性方程	流体流动的连续性方程的应用	5	应用错误扣 5 分	
4	伯努利方程	1. 适用于液体的伯努利方程及应用； 2. 适用于气体的伯努利方程及应用； 3. 有能量输入、输出的伯努利方程及应用	35	错误应用一种扣 15 分	
5	流体流动形态的判别	层流、紊流的判别	5	判断错误扣 5 分	

表 1-9(续)

序号	考核内容	考核项目	配分	评分标准	得分
6	水头损失的计算	1. 液体的沿程水头损失、局部水头损失的计算； 2. 气体的沿程水头损失、局部水头损失的计算	30	错误应用一种扣 15 分	
合计					

复习思考题

1. 流线与迹线有何不同？在什么条件下流线与迹线重合？

2. 稳定流与非稳定流的定义是什么？稳定流中，不同空间点上的流速和压力是否相等？

3. 如何求过流断面的水力半径？

4. 缓变流有何特征？

5. 伯努利方程的物理意义及几何意义是什么？

6. 在管路中按什么判断流体的流动方向，是位置水头、压力水头还是总水头？

7. 有一圆管，其断面面积不相等，如图 1-38 所示。管中的液体由左向右流动。已知管中断面的直径分别为 $d_1=200$ mm，$d_2=100$ mm，平均流速 $v_1=1.5$ m/s。求小端面平均速度 v_2 为多少。

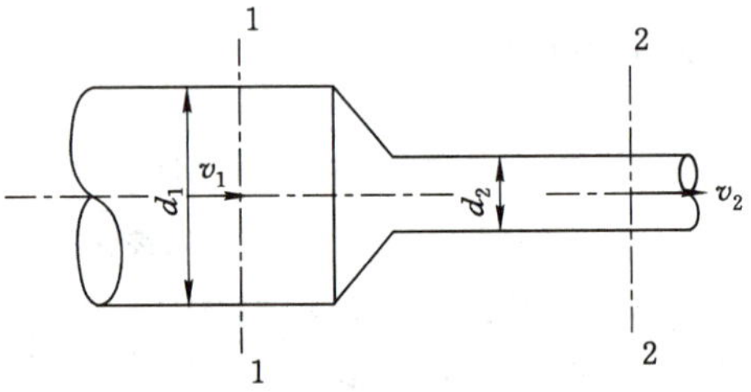

图 1-38 题 7 图

8. 离心式风机借管道 A 从大气中吸入空气，如图 1-39 所示。在直径 $d=20$ mm 的圆柱形管道部分接一根玻璃管，管的下部插入水槽。若玻璃管中水上升高度 $H=250$ mm，求每秒钟所吸入的空气是多少。

9. 如图 1-40 所示的供水管路，已知 $d=20$ mm，$D=40$ mm，$p_A=$ 58 860 Pa，$p_B=$ 48 950 Pa，$h=1.5$ m，$v_B=1.5$ m/s。那么水流方向如何？水头损失为多少？v_A 为多大？

10. 用虹吸管自水池中吸水，如图 1-41 所示。如不计管中的水头损失，试求断面 1—1 处的真空度。如果 1—1 处的真空度最大不得超过 7 mH_2O，那么对 h_1 与 h_2 有何限制？

11. 已知 $H=5$ m，$d_1=30$ mm，$d_2=20$ mm，$d_3=15$ mm，求如图 1-42 所示的装置中喷嘴 3 的喷水速度，并画出测压管水头线和总水头线(不计损失)。

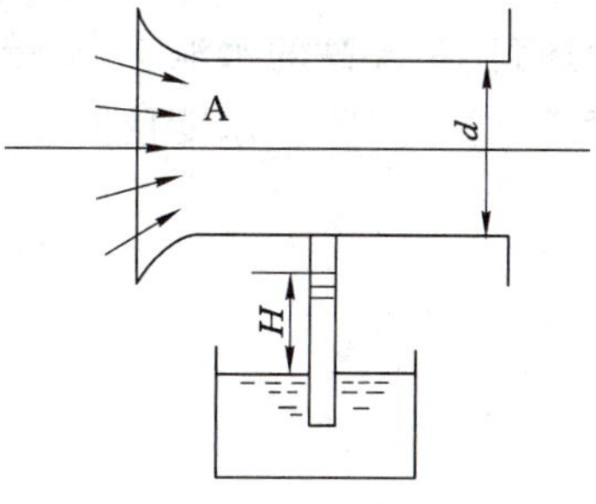

图 1-39　题 8 图

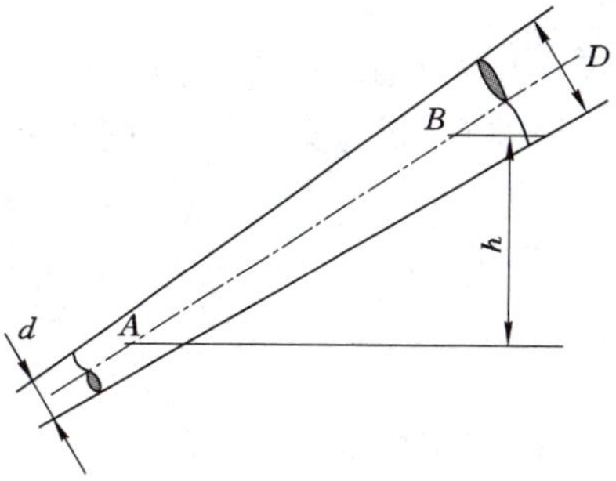

图 1-40　题 9 图

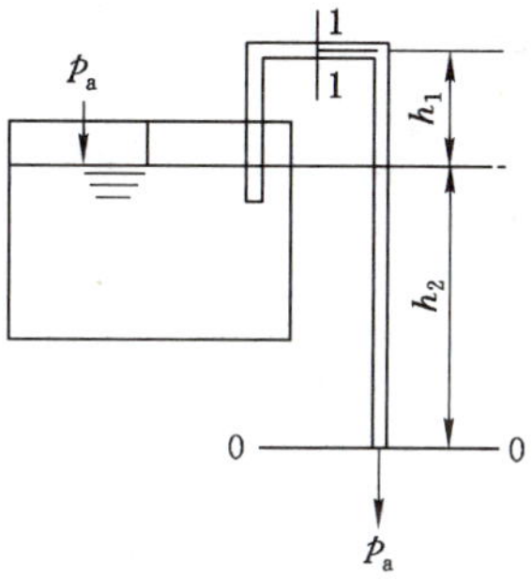

图 1-41　题 10 图

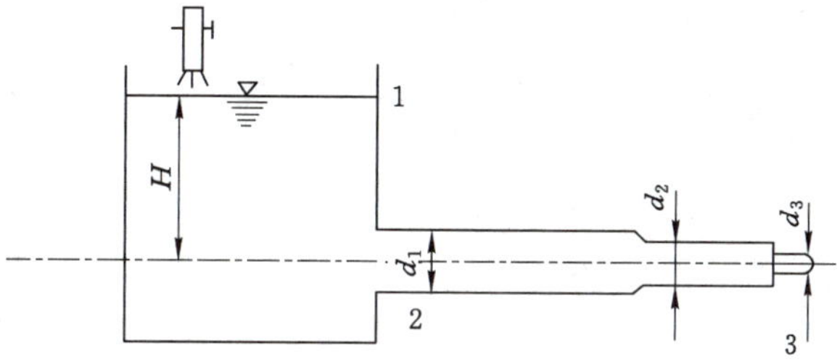

图 1-42　题 11 图

12. 两个管径不同的管道，通过不同黏性的流体，那么它们的临界雷诺数是相同、不同还是不能确定？

13. 两个管径不同的管道，通过不同黏性的流体，那么它们的临界流速是相同、不同还是不能确定？

14. 管路流动装置如图 1-43 所示，当阀门开度减小时，阀门前后两侧的液面高 h_1、h_2 将如何变化？

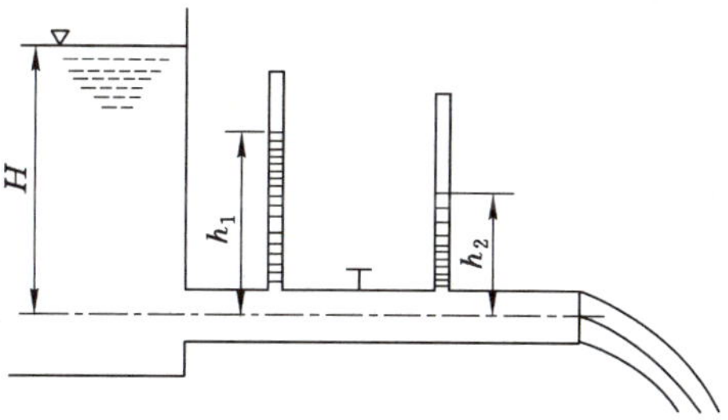

图 1-43　题 14 图

15. 在标准状态下，水的运动黏度 $\nu=1.006\times10^{-6}\ m^2/s$。如果水在内径 60 mm 圆管中流动时呈紊流状态，那么将水的流速降到多少后才能变为层流？

16. 温度为 10 ℃的水，通过一直径为 250 mm 的管道，则保持层流状态的最大流量是多少？

17. 用水泵通过一直径为 200 mm 的钢管把水输送到 16 m 高的水池中，流量为 0.06 m^3/s。沿路有 90°弯头 3 个，闸阀 1 个，逆止阀 1 个，管道总长为 18 m，求能量损失。

项目二　排水设备的操作与维护

任务一　排水设备的操作

【知识要点】 排水设备的作用及组成；排水设备的工作原理。
【技能目标】 熟悉排水设备的启动、停止。

任务描述

由于煤矿一般都在地表以下的深处，所以在煤矿的建设和生产中，不断有各种来源的水涌入矿井。涌入矿井的水统称为矿水。矿水积聚在巷道中，不但影响生产，还威胁煤矿安全。因此，每一个矿都必须设置矿井排水设备，以便及时将这些矿水排至地面，为井下生产创造良好的工作环境，保证入井人员的安全工作和机电设备的良好运转。

矿水主要来源有大气降水、地表渗透水、含水层水、断层水、采空区的水和工作中灭尘的水等。对于水力采煤和水砂填充的矿井，还包括水力采煤和水砂填充后产生的废水。

矿井涌水量的大小与水文地质、气候条件、地质特征以及开采方法等因素有关，因此各矿涌水量差别很大。即便同一矿井，在不同季节也不相同。通常在雨季和融雪期会出现涌水高峰，称这时的涌水量为最大涌水量；其他时期的涌水量变化不大，称为正常涌水量。

矿井涌水在穿过岩层和沿坑道流动过程中，溶受了各种物质，因此矿水的密度比一般清水大，通常为 1 015～1 025 kg/m^3，经过沉淀池和水仓沉淀后再由水泵排出。

由于溶入水中的物质不同，矿水有酸性、中性和碱性之分。当矿水中氢离子浓度的 pH 值等于 7 时为中性，pH<7 时为酸性，pH>7 时为碱性。酸性矿水对金属有腐蚀作用，因此，当矿水 pH<5 时，应根据情况加石灰中和或采用耐酸的排水设备。

排水设备是煤矿大型固定设备之一。根据统计，每开采 1 t 煤，一般要排出 2～7 t 的矿水，有些甚至要排出多达 30～40 t 的矿水。排水设备的电机功率，小的几千瓦或几十千瓦，大的几百千瓦或上千千瓦。如果排水设备不能正常运转，将直接影响井下生产的进行，甚至造成淹没矿井的重大事故。因此，《煤矿安全规程》对排水设备的布置、操作、运行、维护等都做了严格的规定。

任务分析

为了掌握矿井排水设备的操作方法，必须先了解矿井排水设备的组成及工作原理。

一、矿井排水设备的组成

矿井排水设备分为固定式和移动式两类。固定式排水设备安装在泵房内，负责把全矿或某一水平的矿水排至地面；移动式排水设备一般用于下山掘进工作面、井底水窝或淹没巷道的排水，它可以随水位的下降而移动。

固定式排水设备一般由离心式水泵、电机、启动设备、吸水管、排水管、阀门、仪表等组成，如图 2-1 所示。

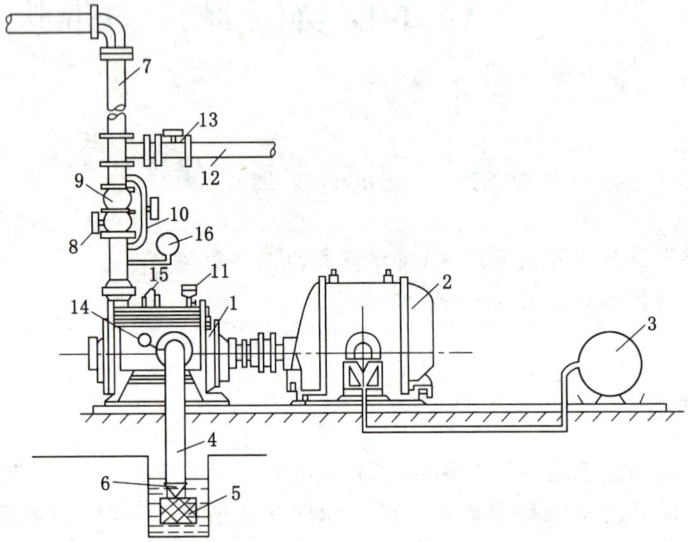

1—离心式水泵；2—电机；3—启动设备；4—吸水管；5—滤水器；6—底阀；7—排水管；
8—调节阀门；9—逆止阀；10—旁通管；11—灌水漏斗；12—放水管；13—放水闸阀；
14—真空表；15—放气栓；16—压力表。

图 2-1　排水设备示意图

各组成部件的作用如下：

启动设备是供电控制装置，给电机提供电能。电机是驱动装置，它驱动离心式水泵运转。离心式水泵是排水设备，它将电机输入的能量转换成水的能量，完成排水任务。

滤水器安装在吸水管末端，其作用是防止将水中的杂质吸入泵内。滤水器中装有底阀，以防止灌引水时或水泵停止运转后，泵内和吸水管中的水漏掉。

闸阀安装在排水管上，其作用是：启动水泵时，关闭闸阀，以便降低启动电流；在水泵运行中用来辅助调节水泵的流量；停止水泵时，关闭闸阀，以防止出现水击现象，保护水泵不受水力冲击。

逆止阀安装在闸阀的上方，其作用是：在水泵运行中由于突然停电而停止运转时，或在未关闭闸阀而停泵时，防止排水管路中的水对泵体及管路系统造成水力冲击。

旁通管跨接在逆止阀和闸阀的两端，若排水管中有水，可通过它向泵和吸水管内灌引水。

灌水漏斗用于水泵启动前向泵内灌引水，此时应打开放气栓将泵内空气放掉。

放水闸阀用于在检修水泵和排水管路时，可通过放水管将排水管路中的水放回到吸水井中。

压力表和真空表分别用来检测排水管中的压力和吸水管中的真空度，通过仪表指示值可知水泵工作状态是否正常。

二、离心式水泵的组成及工作原理

我国煤矿使用的水泵有离心式、往复式及喷射式(射水泵)几种,其中最常用的是离心式水泵。往复式和喷射式多用于局部排水或排送泥浆。

图 2-2 为一单吸单级离心式水泵的示意图。其重要组成部件为叶轮,其上有一定数量的叶片,叶轮固定在泵轴上,泵轴通过轴承支撑在泵壳上,泵壳内部为一蜗壳形扩散室,泵壳外部在水平方向开有吸水口,垂直方向开有排水口,分别与吸水管、排水管连接。

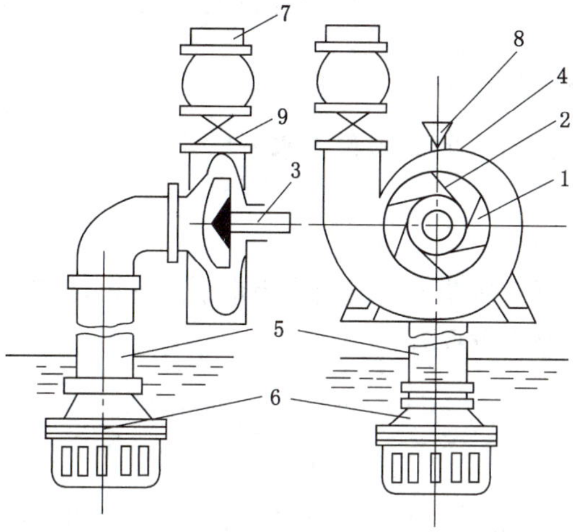

1—叶轮;2—叶片;3—轴;4—外壳;5—吸水管;6—滤水器底阀;
7—排水管;8—漏斗;9—闸阀。

图 2-2　单吸单级离心式水泵示意图

水泵启动前,应先用水注满泵腔和吸水管,以排除空气。当电机启动后,叶轮即随泵轴旋转,位于叶轮中的水在离心力的作用下被甩出叶轮,经泵壳内部蜗壳形扩散室从排水口流出。此时,叶轮中心进水口处由于水被甩出而形成一定的真空,吸水井中的水在大气压作用下,经滤水器、底阀、吸水管进入水泵,填补叶轮中心的真空。叶轮连续旋转,水被不断地甩出、吸入、甩出,形成连续不断的水流,达到排水的目的。

相关知识

一、水击现象

前面讲到水泵排水管上安装的闸阀和逆止阀都有保护水泵免受水力冲击的作用。那么,什么是水力冲击和水击现象呢?

在压力管道中,由于液体流速的急剧改变,从而造成瞬时压力显著、反复、迅速变化的现象,称为水击(也称水锤)现象。

引起水击现象的根本原因是:当压力管道的阀门突然关闭或开启时,当水泵突然停止或启动时,因瞬时流速发生急剧变化,引起液体动量迅速改变,而使压力显著变化。

水击现象发生时,压力升高值可能为正常压力的好多倍,使管壁材料承受很大应力;压力的反复变化,会引起管道和设备的振动,严重时会造成管道、管道附件及设备的损坏。

消除或减轻水击危害的基本方法有：

① 缓慢开启或关闭阀门。

② 尽量缩短阀件与容器间的管道长度。

③ 设置逆止阀进行保护。

④ 装设安全阀或蓄能器吸收冲击压力。

二、离心式水泵的性能参数

在离心式水泵的铭牌上厂家提供了该水泵的一些性能参数，方便用户选用。它们的名称及意义如下。

1. 流量

水泵在单位时间内所排出水的体积称为水泵的流量，用符号 Q 表示，单位为 m^3/s 或 m^3/h。

2. 扬程

单位重量的水通过水泵后所获得的能量称为水泵的扬程，用符号 H 表示，单位为 m。

根据有能量输入的伯努利方程有：

$$H = H_{sy} + \frac{v_p^2}{2g} + h_w \tag{2-1}$$

$$H_{sy} = H_x + H_p \tag{2-2}$$

式中 H_{sy}——吸水井水面到排水管出口的垂直高度，称为实际扬程，m；

H_x——吸水井水面到水泵轴心线的垂直高度，称为吸水扬程，m；

H_p——水泵轴心线到排水管出口的垂直高度，称为排水扬程，m；

其余符号意义同前。

流量和扬程是选择水泵时的主要依据。

3. 功率

水泵在单位时间内所做功的大小叫作水泵的功率，用符号 P 表示，单位为 kW。它又分为：

(1) 水泵的轴功率

电机传递给水泵轴的功率，即水泵的轴功率，也就是水泵的输入功率，用符号 P_z 表示。

(2) 水泵的有效功率

水泵实际传递给水的功率，即水泵的有效功率(输出功率)，用符号 P_x 表示。

$$P_x = \frac{\rho g Q H}{1\ 000} \tag{2-3}$$

式中 ρ——矿水密度，一般取 1 015～1 025 kg/m^3；

Q——水泵的流量，m^3/s；

H——水泵的扬程，m。

4. 转速

水泵轴每分钟的转数叫作水泵的转速，用符号 n 表示，单位为 r/min。矿用离心式水泵都是用电机直接拖动的，故常用的额定转速有 1 480 r/min 和 2 950 r/min 两种。

水泵的轴功率和转速这两个参数是选择配套电机的主要数据。

5. 效率

水泵的有效功率与轴功率之比叫作水泵的效率，用符号 η 表示。

$$\eta = \frac{P_x}{P_z} = \frac{\rho g Q H}{1\,000 P_z} \tag{2-4}$$

6. 允许吸上真空度或必需汽蚀余量

在保证水泵不发生汽蚀的情况下，水泵吸水口处所允许的真空度叫作水泵的允许吸上真空度，用符号 H_s 表示，单位为 m。它是用来限制水泵吸水（安装）高度的参数。

必需汽蚀余量是指流体由泵吸入口流至叶轮中压力最低处的压力降低值，用符号 $NPSH_r$ 表示，单位为 m。也是用来限制水泵吸水（安装）高度的参数。

以前我国使用允许吸上真空度，现在都采用必需汽蚀余量。

以上性能参数均由厂家提供。例如，D280-43×3 型水泵的额定工作参数为 $Q=280$ m^3/h，$H=122.4$ m，$P_z=120$ kW，$\eta=0.8$，$n=1\,480$ r/min，$H_s=5.7$ m。

【例 2-1】 已知一水泵的总扬程为 100 m，流量为 8×10^{-3} m^3/h。求该水泵的有效功率。如果泵的总效率 $\eta=0.6$，则该泵的轴功率 P_z 是多少？

解　水泵的有效功率 P_x 为：

$$P_x = \frac{\rho g Q H}{1\,000} = 1\,020 \times 9.8 \times 8 \times 10^{-3} \times \frac{100}{1\,000} = 8\ (\text{kW})$$

水泵的轴功率 P_z 为：

$$P_z = \frac{P_x}{\eta} = \frac{8}{0.6} = 13.3\ (\text{kW})$$

任务实施

一、离心式水泵的启动

1. 启动前的检查

排水设备的操作

启动水泵以前，应先清除机器附近有碍运转的物件，检查基础螺栓及所有连接部分的紧固情况，检查填料压盖的松紧程度，检查轴承情况并加足润滑油，然后用手转动联轴器，判断水泵有无卡阻现象。

2. 灌注引水

关闭排水管上的闸阀，关闭真空表和压力表的旋塞，防止因启动时真空、压力增大而损坏仪表。打开泵壳上的放气螺塞，向泵腔和吸水管内灌注引水并排尽腔内空气，直至放气螺塞处冒水为止。为使泵腔内空气排尽，灌水时应用手转动联轴器。然后关闭放气螺塞，开始启动水泵。

向泵内注水是水泵启动前的必要环节。如水泵在未灌注引水或灌注引水不够的情况下启动，即使水泵达到了额定转速，也会因泵腔内存有空气而无法产生将水吸入泵内的真空度而吸不上水。严重时，在无水情况下，填料箱中的填料与泵轴长时间摩擦，有可能发生热胶合事故。

关闭闸阀启动水泵的原因是：离心式水泵在零流量时消耗的轴功率最小，这样可降低电机的启动电流。但水泵也不能长时间在零流量情况下运转，否则会强烈发热，一般空转时间不应超过 3 min。

3. 启动水泵

按下启动设备上的启动按钮，电机通电带动水泵旋转，当水泵达到额定转速后，打开真空表和压力表的旋塞，观察示值是否正常，若示值正常即可逐渐将闸阀打开，使水泵进入正常运转。然后再将启动设备上的开关转到运行位置。

在打开闸阀过程中，压力表的示值随着闸阀开度的增大而减小，电流表的示值也逐渐增大，真空表的示值亦增大，最后都稳定在相应的示值上。

在启动过程中，应密切注意仪表的指示、泵的声响和振动、轴承的温度等。如有明显的异常情况，应立即停止启动，查明原因排除故障后才能再次启动。

二、离心式水泵的停止

1. 关闭闸阀

停泵时，应先逐渐关闭排水管上的闸阀，使水泵进入空转状态，而后关闭真空表及压力表的旋塞，再按停电按钮。

2. 停电

按停电按钮，停止电机，再切断电源刀闸。

3. 放水

停机后，如水泵在短期内不工作，为避免锈蚀和冻裂，应将水泵内的水放空。若水泵长期停用，则应对水泵施以油封；同时应定期使电机空运转，以防受潮。空转时，应将联轴器分开，让电机单独运转。

任务考评

任务考评的内容及评分标准见表 2-1。

表 2-1　任务考评的内容及评分标准

序号	考核内容	考核项目	配分	评分标准	得分
1	排水设备的作用及组成	1. 排水设备的作用； 2. 排水设备的组成	20	错一大项扣 10 分； 错一小项扣 2 分	
2	离心式水泵的组成及工作原理	1. 离心式水泵的组成； 2. 离心式水泵的工作原理	20	错一大项扣 10 分； 错一小项扣 2 分	
3	离心式水泵的性能参数	认识铭牌上的性能参数，能说明其意义	10	错一项扣 2 分	
4	离心式水泵的操作	1. 离心式水泵的启动； 2. 离心式水泵的停止	40	错一项扣 5 分	
5	遵章守纪，文明操作	遵章守纪，文明操作	10	错一项扣 5 分	
合计					

复习思考题

1. 矿水的来源有哪些？

2. 排水设备的组成部分有哪些？各有什么作用？
3. 简述离心式水泵的工作原理。
4. 离心式水泵的性能参数有哪些？
5. 离心式水泵如何启动、停止？

任务二　排水设备的运行与调节

【知识要点】 离心式水泵性能曲线的用途；比例定律的应用；管路特性曲线的确定方法；工况点的确定方法；汽蚀现象和吸水高度的确定方法。

【技能目标】 了解离心式水泵的正常运行；掌握离心式水泵的调节方法。

任务描述

矿井排水设备在煤矿生产中起着非常重要的作用，所以必须全天候地正常运转，并且要求能随矿井涌水量的变化及时调节。因此，必须先学习掌握离心式水泵的性能曲线、管路特性曲线，以及这两条曲线对离心式水泵工作的影响，这样才能理解掌握离心式水泵的正常运行和调节方法，以便今后在工作中正确地运用这些方法。

任务分析

一、离心式水泵的性能曲线

根据离心式水泵叶片出口安装角的不同，离心式水泵有前弯叶轮（$\beta_2>90°$）、径向叶轮（$\beta_2=90°$）和后弯叶轮（$\beta_2<90°$）三种。在这三种不同叶轮的离心式水泵中，后弯叶轮的水泵具有流动损失小、效率高、不易过载等优点，故在实践中通常使用后弯叶轮的水泵。

离心式水泵的性能曲线，是生产厂家在一定转速下通过试验得到的，如图 2-3 所示。

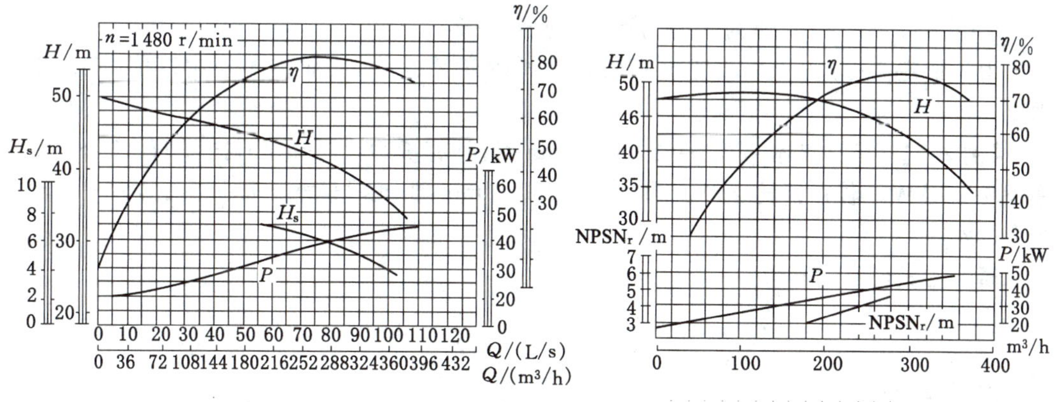

图 2-3　离心式水泵的性能曲线

离心式水泵的实际性能曲线包括扬程 H 曲线（即实际压头曲线）、轴功率 P 曲线、效率 η 曲线、允许吸上真空度 H_s 曲线或必需汽蚀余量 $NPSH_r$ 曲线。这些曲线表示了单级水泵在额定转速下，上述性能参数随流量 Q 变化的关系。如果是多级水泵，则需将对应流量下的扬程 H 和轴功率 P 值乘以级数。

从特性曲线中可以看出：

当流量 $Q=0$ 时，轴功率最小，所以离心式水泵要在完全关闭闸阀的情况下启动。

当流量 $Q=0$ 时，扬程 H 最大，称为零扬程或初始扬程，用符号 H_0 表示。随着流量的增加，水在叶轮流道内流动的损失也随之增加，故扬程 H 逐渐减小。

当水泵的流量和额定流量相吻合时，冲击损失为零，效率最高。所以效率曲线上有一个峰值。水泵铭牌上的性能参数就是效率最高时的参数，也称额定值。

允许吸上真空度 H_s 曲线和必需汽蚀余量 $NPSH_r$ 曲线都是用来反映水泵抗汽蚀能力大小的曲线。一般来说，水泵的允许吸上真空度是随着流量的增加而减小的，即水泵的流量越大，必需汽蚀余量越大，泵的安装位置越低，它所具有的抗汽蚀能力就越小。必需汽蚀余量 $NPSH_r$ 是随着流量的增加而增大的，即水泵的流量越大，必需汽蚀余量越大，泵的安装位置越低，它所具有的抗汽蚀能力就越小。H_s 和 $NPSH_r$ 值是合理确定水泵吸水高度的重要参数。

二、比例定律

通常，在泵的性能曲线图的左上角标明了该曲线是在什么转速下得到的。由水泵的相似理论可知，对同一水泵，当转速改变时，在相应工况下，其流量之比等于转速之比，扬程之比等于转速之比的平方，功率之比等于转速之比的立方。这三个关系式就是水泵的比例定律，即：

$$\frac{Q}{Q'}=\frac{n}{n'} \tag{2-5}$$

$$\frac{H}{H'}=\left(\frac{n}{n'}\right)^2 \tag{2-6}$$

$$\frac{P}{P'}=\left(\frac{n}{n'}\right)^3 \tag{2-7}$$

式中　Q、H、P——转速为 n 时的流量、扬程、功率；

Q'、H'、P'——转速为 n' 时的流量、扬程、功率。

由比例定律可知，通过改变水泵的转速可改变其性能，从而扩大使用范围，满足生产需要。

【例 2-2】 已知某水泵当 $n=2\ 950$ r/min 时，其流量 $Q=45$ m³/h，扬程 $H=70$ m，轴功率 $P_z=15$ kW。若将其转速改变为 $n'=2\ 360$ r/min，求此时该水泵的流量、扬程和功率各为多少？

解　由式(2-5)得：

$$Q'=Q\times\frac{n'}{n}=45\times\frac{2\ 360}{2\ 950}=36\ (\text{m}^3/\text{h})$$

由式(2-6)得：

$$H'=H\times\left(\frac{n'}{n}\right)^2=70\times\left(\frac{2\ 360}{2\ 950}\right)^2=44.8\ (\text{m})$$

由式(2-7)得：

$$P'=P\times\left(\frac{n'}{n}\right)^3=15\times\left(\frac{2\ 360}{2\ 950}\right)^3=7.68\ (\text{kW})$$

改变转速后，水泵性能曲线中的扬程 H' 曲线将平行上下移动，功率曲线将改变其陡峭程度，如图 2-4 所示。

三、管路特性曲线

每一台水泵都是和一定的管路连接在一起进行工作的。水泵使水获得的压头，不仅用于提高水的位置，还用于克服管路中的各种阻力。因此，水泵的工作状况不仅与水泵本身性能有关，同时也与管路的配置情况有关。所以，研究管路特性对用好水泵是很有必要的。

图 2-5 为一台水泵配置一条管路的排水设备简图。

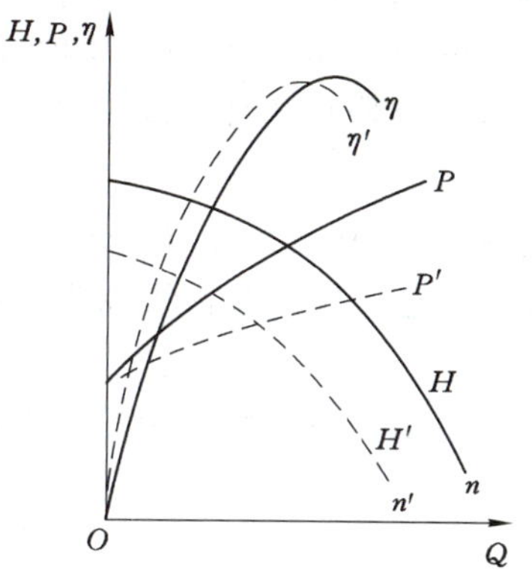

图 2-4　转速改变后的水泵性能曲线

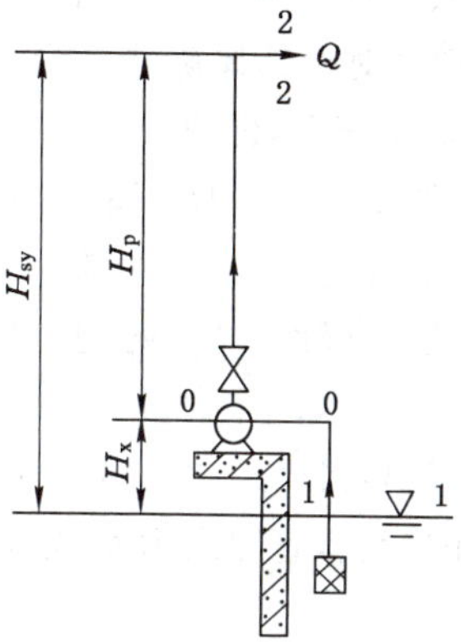

图 2-5　排水设备简图

若以 1—1 表示吸水井水面，2—2 表示排水管出口断面，并以水泵轴心线 0—0 为基准，则该系统是一个有能量输入的体系。根据式(1-42)有：

$$\frac{p_1}{\gamma}+\frac{\alpha_1 v_1^2}{2g}-H_x+H=\frac{p_2}{\gamma}+\frac{\alpha_2 v_2^2}{2g}+H_p+h_w$$

即：

$$\begin{aligned} H &= H_{sy}+\frac{v_p^2}{2g}+h_w \\ &= (H_x+H_p)+\frac{v_p^2}{2g}+(h_x+h_p) \end{aligned} \tag{2-8}$$

式中　H_x、H_p——吸水扬程和排水扬程，二者之和为实际扬程，均为已知，m；

$v_p^2/(2g)$——单位重量水的动能，可通过 $v_p=4Q/(\pi d^2)$ 计算求得，m；

h_x、h_p——吸水管阻力和排水管阻力，m。

由式(1-44)和式(1-50)可知：

$$h_x+h_p=\left(\sum\xi_x+\lambda_x\frac{l_x}{d_x}\right)\times\frac{v_x^2}{2g}+\left(\sum\xi_p+\lambda_p\frac{l_p}{d_p}\right)\times\frac{v_p^2}{2g} \tag{2-9}$$

式中　ξ_x、ξ_p——吸水管和排水管的局部阻力系数，可查表 1-8；

λ_x、λ_p——吸水管和排水管的沿程阻力系数，可查表 1-7；

l_x、l_p——吸水管和排水管的实际长度，m；

d_x、d_p——吸水管和排水管的实际内径，m。

将式(2-7)代入式(2-6)并整理后得水泵输送给水的能量为：

$$H = H_{sy} + RQ^2 \tag{2-10}$$

式中　Q——管路中的流量，m^3/h；

R——管路阻力损失系数，h^2/m^5。

$$R = \frac{8}{3\,600^2 \pi^2 g}\left(\frac{\sum \xi_x}{d_x^4} + \lambda_x \frac{l_x}{d_x^5}\right) + \left(\frac{\sum \xi_p}{d_p^4} + \frac{1}{d_p^4}\right) + \lambda_p \frac{l_p}{d_p^5} \tag{2-11}$$

式(2-10)称为排水管路特性曲线方程。它表达了通过管路的流量与所需能量(压头)之间的关系。从式中可以看出，所需能量(压头)H 取决于实际扬程 H_{sy}、管路阻力损失系数 R 和流量 Q。对于具体矿井来说，其实际扬程 H_{sy} 是确定的，因而当流量一定时，所需能量(压头)H 取决于 R，即取决于管长、管径、管壁状况以及管路附件的种类及数量。当管路一定时，所需能量(压头)H 则取决于流量 Q。

将式(2-10)代入不同的流量 Q，得到对应的不同的 H，将其画在 Q-H 坐标图上，则为一条顶点在纵坐标轴上 H_{sy} 处的开口向上的二次抛物线。这条二次抛物线称为管路特性曲线，如图 2-6 所示。

应该指出：式(2-11)中的各种系数与几何尺寸都是针对新管道的。对于管壁挂垢使管径缩小的旧管道，管路阻力系数应乘以 1.7，即：

$$H = H_{sy} + 1.7RQ^2 \tag{2-12}$$

四、工况点的确定方法

水泵是和管路连接在一起工作的。水泵的流量就是管路中的流量，水泵提供的扬程就是水流经管路时的总压头消耗。所以，如果把水泵扬程曲线和管路特性曲线按同一比例画在同一坐标图上，所得的交点 M 就是水泵的工作点，称为工况点，如图 2-7 所示。M 点所对应的参数称为工况参数，如 Q_M、H_M、η_M、P_M、H_{sM}。

水泵工况点

图 2-7 说明：当一台确定的水泵和一条确定的管路连接在一起工作时，就有一个确定的工况点 M。在工况点 M，水泵提供给水的能量正好等于水在管路中流动所需的能量，故水泵能够正常地工作。

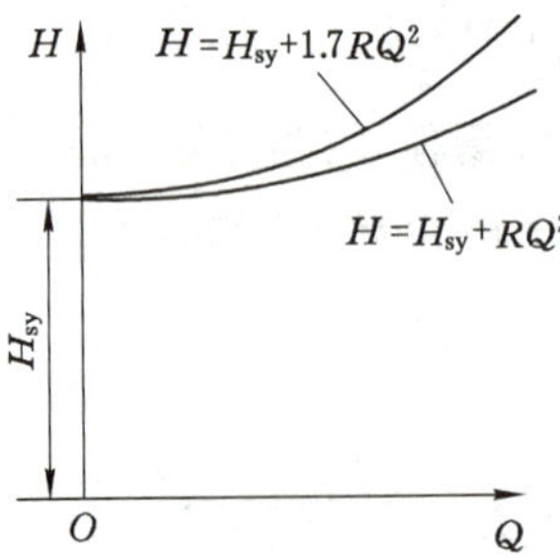

图 2-6　排水管路特性曲线

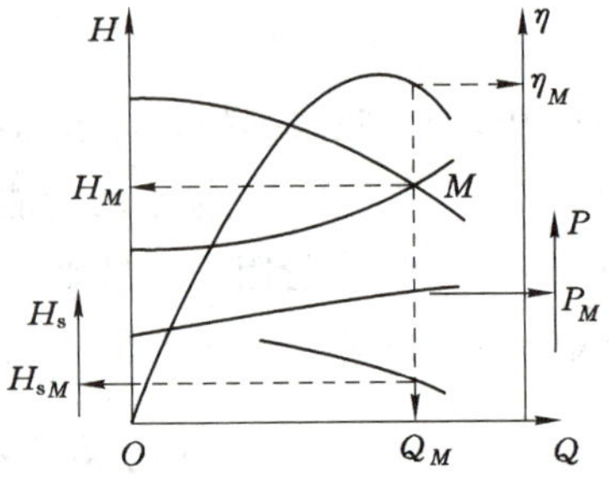

图 2-7　水泵的工况点

相关知识

汽蚀现象

一、什么是汽蚀现象

我国煤矿的排水设备大部分安装在吸水井水面以上的泵房地面，在这种情况下，水泵吸水口处压强必须低于大气压一定的值(即真空度)，这样才能将水吸入，如图 2-8 所示。

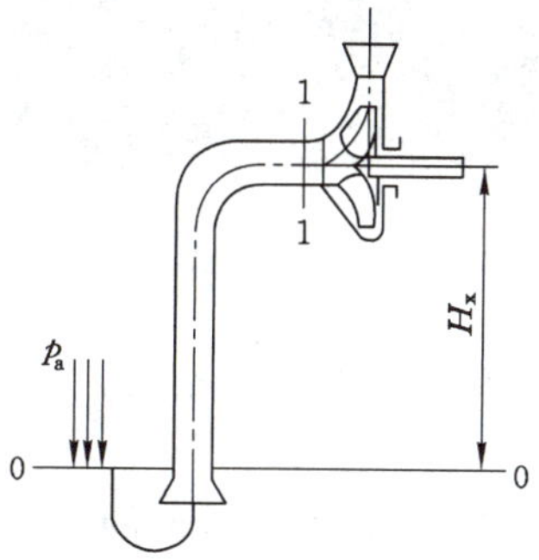

图 2-8　离心式水泵吸水管路简图

取水泵入口为 1—1 面，吸水井水面为 0—0 面，并以 0—0 面为基准，列两断面的伯努利方程：

$$\frac{p_a}{\rho g}+\frac{v_0^2}{2g}=H_x+\frac{p_1}{\rho g}+\frac{v_1^2}{2g}+h_x$$

因 $v_0\approx 0, v_1=v_x$，于是：

$$\frac{p_1}{\rho g}=\frac{p_a}{\rho g}-H_x-\frac{v_x^2}{2g}-h_x \tag{2-13}$$

当水泵的吸水高度 H_x 过高、吸水流速 v_x 过大、吸水管阻力 h_x 过大时，泵进水口处的绝对压力 p_1 将减小。如果 p_1 减小到当时水温下的汽化压力 p_n(即饱和蒸汽压)，水就开始汽化。溶解在水中的气体从水中逸出，从而形成许多蒸汽与逸出气体相混合的小气泡。这些小气泡随水流进入高压区时，气泡破裂，周围液体迅速填充原气泡空穴，由于气泡破裂时间很短，所以形成高达几百兆帕的水力冲击。气泡不断地形成与破裂，巨大的水力冲击以每分钟几万次的频率反复作用在叶轮上，时间一长，就会使叶轮的表面逐渐因疲劳而剥落，通常称之为剥蚀；同时，气泡中还夹杂有一些活泼气体(如氧气)，对金属起化学腐蚀作用；另外，气泡形成与破裂过程中，会使过流部件两端产生温度差异，其冷端与热端形成电偶而产生电位差，从而使金属表面发生电解作用(即电化学作用)，金属的光滑层因电解而逐渐变得粗糙。金属表面粗糙度被破坏后，更加速了机械剥蚀。在机械剥蚀、化学腐蚀和电化学的共同作用下，金属表面很快出现蜂窝状的麻点，并逐渐形成空洞而损坏，如图 2-9 所示。这种现象称之为汽蚀。

二、汽蚀的危害

当汽蚀发展到一定程度时，将影响水泵的性能并妨碍其正常运行。水泵汽蚀的危害主要有：

(1) 引起振动和噪声

气泡溃灭时，液体质点互相撞击，同时也撞击金属表面，产生各种频率的噪声，严重时可

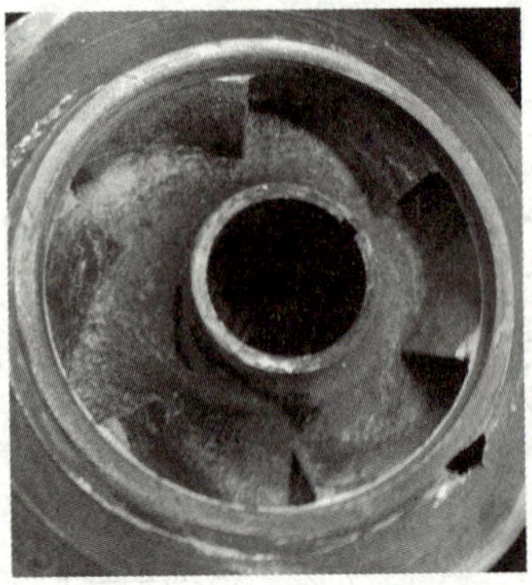

图 2-9　被汽蚀破坏的叶轮

听见泵内有“噼啪”的爆炸声，同时引起水泵机组振动。

(2) 降低泵的性能

发生汽蚀时，因水流中有大量气泡，破坏了水流的连续阻塞流道，增大流动阻力，而使水泵的流量、扬程、效率明显下降。随着汽蚀程度的加剧，气泡大量产生，最后造成断流。因此，决不允许水泵在汽蚀情况下运行。

(3) 过流部件表面破坏

因机械剥蚀、化学腐蚀和电化学的共同作用，而使金属材料发生破坏。通常受汽蚀破坏的部位多在叶轮出口附近。汽蚀初期，表现为金属表面出现麻点，继而表面呈现海绵状、沟槽状、蜂窝状、鱼鳞状等痕迹；严重时可造成叶片或前后盖板穿孔，甚至叶轮破裂，酿成严重事故。

三、不发生汽蚀的条件及水泵吸水高度的确定

由上述分析可知，发生汽蚀的根本原因是水泵吸水口的绝对压力 p_1 降低到当时水温下的汽化压力 p_n(即饱和蒸汽压)。因此，要保证水泵不发生汽蚀，就必须保证水泵吸水口的绝对压力 p_1 大于当时水温下的汽化压力 p_n，即 $p_1>p_n$，根据式(2-13)有：

$$\frac{p_n}{\rho g}<\frac{p_1}{\rho g}=\frac{p_a}{\rho g}-H_x-\frac{v_x^2}{2g}-h_x$$

整理得：

$$H_x<\frac{p_a}{\rho g}-\frac{p_n}{\rho g}-\frac{v_x^2}{2g}-h_x \tag{2-14}$$

式中　H_x——泵的吸水高度，m。

由式(2-14)可以看出，泵的吸水高度是受到一定限制的，理论上的最大值为 10.33 m，但实际上由于汽化压力 p_n 的存在，再扣除管路上的损失，最后就只有几米了。

老型号的泵，反映其抗汽蚀性能的参数是允许吸上真空度。它是由水泵生产厂家在清水、水温为 20 ℃、大气压为 1.013×10^5 N/m²、水泵转速 1 480 r/min 的条件下，通过试验测出的，是由水泵吸水口不发生汽蚀时所允许的最大真空度 $\frac{p_a}{\rho g}-\frac{p_n}{\rho g}$ 再考虑 0.3 m 的安全余量得来的。即：

$$H_s=\frac{p_a}{\rho g}-\frac{p_n}{\rho g}-0.3 \tag{2-15}$$

将允许吸上真空度 H_s 替换式(2-14)中的$\frac{p_a}{\rho g}-\frac{p_n}{\rho g}$得到水泵的允许最大吸水高度为：

$$H_{max}<H_s-\frac{v_x^2}{2g}-h_x \tag{2-16}$$

应当指出的是：H_s 与水泵使用地点的大气压力及水的温度有关。水的温度越高，水泵越容易发生汽蚀；海拔高度越高，大气压力越低，水泵越容易发生汽蚀。不同海拔高度时的大气压力和不同温度时的饱和蒸汽压力可从表 2-2 和表 2-3 中查得。当水泵使用地点的大气压力及水的温度与试验条件不同时，应对水泵性能曲线上查得的 H_s 值按下式进行修正：

$$[H_s]=H_s-\left(10-\frac{p_a}{\rho g}\right)+\left(0.24-\frac{p_n}{\rho g}\right) \tag{2-17}$$

式中　$[H_s]$——修正后的允许吸上真空度，m；

H_s——新管时，水泵工况点所对应的允许吸上真空度，m；

$p_a/(\rho g)$——水泵使用地点的大气压力，m，见表 2-2；

$p_n/(\rho g)$——工作水温下水的饱和蒸汽压力，m，见表 2-3；

0.24——水温为 20 ℃时水的饱和蒸汽压力，m。

表 2-2　不同海拔高度的大气压　　单位：mH_2O

海拔高度	−600	0	100	200	300	400	500
大气压 $p_a/(\rho g)$	11.3	10.3	10.2	10.1	10.0	9.8	9.7
海拔高度	600	700	800	900	1 000	1 500	2 000
大气压 $p_a/(\rho g)$	9.6	9.5	9.4	9.3	9.2	8.6	8.1

表 2-3　水在不同温度下的饱和蒸汽压　　单位：mH_2O

温度/℃	0	20	30	40	50	60	70	80	90	100
饱和蒸汽压力 $p_n/(\rho g)$	0.06	0.24	0.43	0.75	1.25	2.02	3.17	4.82	7.14	10.33

由此可得到保证水泵不发生汽蚀的合理吸水高度 H_x 为：

$$H_x<[H_s]-\frac{v_x^2}{2g}-h_x \tag{2-18}$$

由此可知：降低 v_x 和 h_x 可增加吸水高度 H_x，故吸水管路上应尽量少安装附件，应尽量沿直线布置，管径应大些为好，所以吸水管直径一般都比水泵的吸水口直径大一些。

新型号的泵，反映其抗汽蚀性能的参数是必需汽蚀余量 $NPSH_r$。

必需汽蚀余量是指流体由泵吸入口流至叶轮中压力最低处所必需的压力降低值。它与泵的结构有关，由制造厂家根据试验测得，并提供在水泵性能参数和性能曲线中，用 $NPSH_r$ 表示。即：

$$NPSH_r=\frac{\Delta p}{\rho g} \tag{2-19}$$

式中　$\Delta p/(\rho g)$——流体由泵吸入口流至叶轮中压力最低处所必需的压力降低值。

有效汽蚀余量是指在泵吸入口处单位重量液体所具有的超过汽化压力的富余能量，是可利用的汽蚀余量。它与泵的使用安装方式有关，用 $NPSH_a$ 表示。即：

$$\mathrm{NPSH_a}=\frac{p_1}{\rho g}+\frac{v_x^2}{2g}-\frac{p_n}{\rho g}=\frac{p_a}{\rho g}-\frac{p_n}{\rho g}-H_x-h_x \tag{2-20}$$

若要确保水泵在运行中不发生汽蚀，则应满足下列条件：

$$\mathrm{NPSH_a}\geqslant \mathrm{NPSH_r} \tag{2-21}$$

即：

$$\frac{p_a}{\rho g}-\frac{p_n}{\rho g}-H_x-h_x\geqslant \mathrm{NPSH_r} \tag{2-22}$$

由式(2-22)可得保证水泵不发生汽蚀的合理吸水高度 H_x 为：

$$\frac{p_a}{\rho g}-\frac{p_n}{\rho g}-h_x-\mathrm{NPSH_r}\geqslant H_x \tag{2-23}$$

【例 2-3】 有一台 20Sh-13 型离心式清水泵，其吸入管径 $d_x=500$ mm，产品样本给出的允许吸上真空度 $H_s=4$ m。已知吸入管长度 $l_x=6$ m，局部阻力系数之和 $\sum\xi=0.89$，沿程阻力系数 $\lambda=0.03$ 。那么，在流量 $Q=0.28\ \mathrm{m^3/s}$，吸水高度 $H_x=3.5$ m 时，泵能否正常工作？（设水温为 25 ℃，当地海拔高度为 500 m）

解 ① 由题目可知泵的使用条件和试验条件不同，允许吸上真空度 H_s 需进行修正。查表 2-2 和表 2-3 得：

$$p_a/(\rho g)=9.7\ (\mathrm{m}),\ p_n/(\rho g)=0.34\ (\mathrm{m})$$

代入式(2-17)计算得：

$$[H_s]=H_s-\left(10-\frac{p_a}{\rho g}\right)+\left(0.24-\frac{p_n}{\rho g}\right)$$
$$=4-(10-9.7)+(0.24-0.34)=3.6\ (\mathrm{m})$$

② 求流速 v_x：

$$v_x=\frac{4Q}{\pi d^2}=\frac{4\times 0.28}{\pi\times 0.5^2}=1.43\ (\mathrm{m/s})$$

③ 求吸水管阻力系数 h_x：

$$h_x=\left(\sum\xi_x+\lambda\frac{l_x}{d_x}\right)\times\frac{v_x^2}{2g}$$
$$=\left(0.89+0.03\times\frac{6}{0.5}\right)\times\frac{1.43^2}{2\times 9.81}$$
$$=1.25\times\frac{2.0449}{19.62}$$
$$=0.13\ (\mathrm{m})$$

④ 求吸水高度 H_x：

$$H_x<[H_s]-\frac{v_x^2}{2g}-h_x=3.6-\frac{1.43^2}{19.62}-0.13=3.37\ (\mathrm{m})$$

因此，由计算求得吸水高度为 3.37 m 以下，小于题目的 3.5 m，故该泵不能正常工作。

【例 2-4】 若上题给出的不是允许吸上真空度 H_s，而是必需汽蚀余量 $\mathrm{NPSH_r}=5.86$ m，其余条件相同，则泵的吸水高度为多少？

解 由式(2-23)得：

$$H_x\leqslant\frac{p_a}{\rho g}-\frac{p_n}{\rho g}-h_x-\mathrm{NPSH_r}=9.7-0.34-0.13-5.86=3.37\ (\mathrm{m})$$

由上述两例可以看出，使用允许吸上真空度 H_s 和必需汽蚀余量 $NPSH_r$ 计算出的结果是一样的。

四、保持水泵正常吸水的措施

影响水泵正常吸水的因素很多，有泵本身的，也有管路系统的，因此应区别对待，采取不同的措施。

1. 保持水泵吸水性能的措施

水泵第一级叶轮的几何形状和尺寸，对吸水性能有重要影响。在使用过程中，由于入口磨损将导致吸水性能恶化，因此，应尽量澄清矿水以减少磨损。自行配置叶轮时，注意不要改变入口部分的形状和尺寸。另外，由于填料密封不严而使空气进入吸水段，也会影响吸水性能。

2. 保持良好的吸水条件

保持良好的吸水条件，主要是降低吸水阻力，以增大水泵的安全区和节省电能。其方法有以下几种：

(1) 采用无底阀排水

无底阀排水

据测定，吸水管路的阻力 70% 来源于底阀，因此采用无底阀排水就成了降低吸水管路阻力的一项重要措施。所谓无底阀排水，就是取消吸水管端滤水器上的底阀，在水泵启动时，利用喷射泵或其他装置排除水泵内和吸水管内的空气，使水泵自动注满引水，然后启动水泵。取消底阀后，常用的注水方法有下列几种：

① 设置专用封闭水箱注水。设置专用封闭水箱使泵经常处于注满水的状态，水箱布置在吸水管路上，箱体高出水泵，水箱与泵布置如图 2-10 所示。第一次使用时，要打开水箱顶部的闸阀，用漏斗将水灌入水箱，待灌到与伸入水箱的水泵进水管齐平后，关闭闸阀，此时即可启动水泵。水泵启动后，水箱中的水位下降，水箱上部形成真空，吸水井与水箱内形成压差，使得吸水井中的水沿着吸水管不断地进入水箱，然后进入水泵，形成连续的水流。停泵后，水泵不再从水箱中吸水，箱中水位上升，最后恢复到吸水管顶部管口高度为止。以后可随时启动水泵，不需要再进行充水。

为了顺利启动水泵，水箱的有效容积应不小于 3 倍的泵腔容积。由于水箱要占泵房面积，容积大且笨重，又要求严格密封，所以此法多用于小型水泵。

② 利用真空泵注水。水环式真空泵是最常用的一种，其注水系统如图 2-11 所示。真空泵转动后，即可把泵腔和吸水管内的空气抽出，形成真空，泵腔与吸水面形成压差，水就进入水泵腔。此法抽气速度快，可很快使泵注满水，而且不受压力水源的限制，常用于大型水泵的注水。

③ 使用喷射泵注水。图 2-12 是采用喷射泵实现无底阀排水的示意图。其原理为：位于水泵主排水管中的高压水，由水源管经收缩式喷嘴流出，其压力能转变为速度能，使水具有很大的运动速度，从而在喷嘴的出口处形成真空，于是水泵内和吸水管中的空气被抽出，吸水井内的水在大气压力作用下，通过无底阀的滤网，沿吸水管吸入泵内，从而达到向水泵灌注引水的目的。因喷射泵无运动构件，结构简单，体积小，所以在排水管中有压力水或有压缩空气的场所得到了广泛的应用。

图 2-13 是 QSP 型喷射泵的结构图。

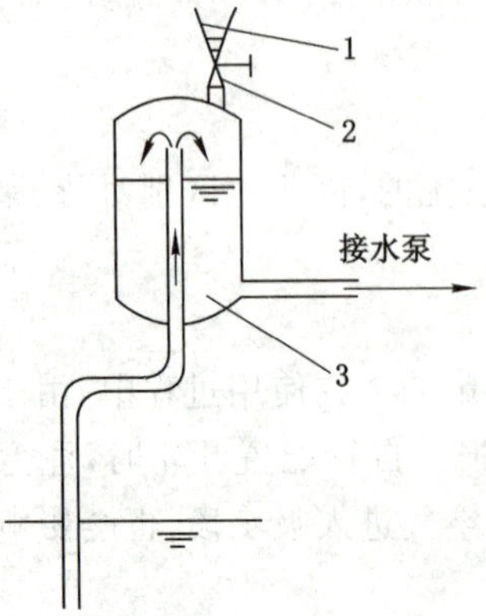

1—漏斗；2—闸阀；3—水箱。

图 2-10 设置专用封闭水箱

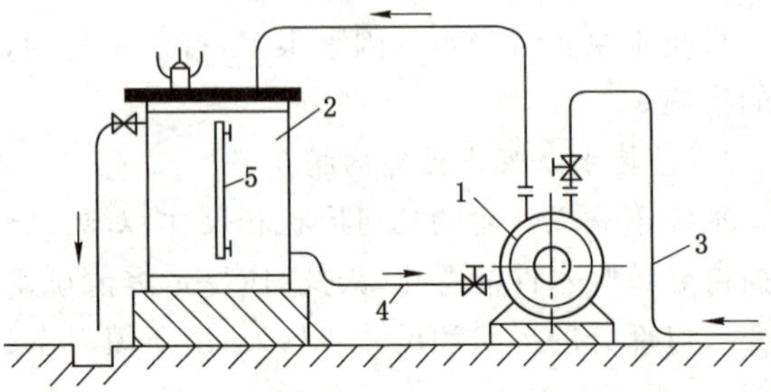

1—真空泵；2—气水分离器；3—来自水泵的抽气管；
4—循环水管；5—水位指示玻璃管。

图 2-11 用真空泵注水的系统图

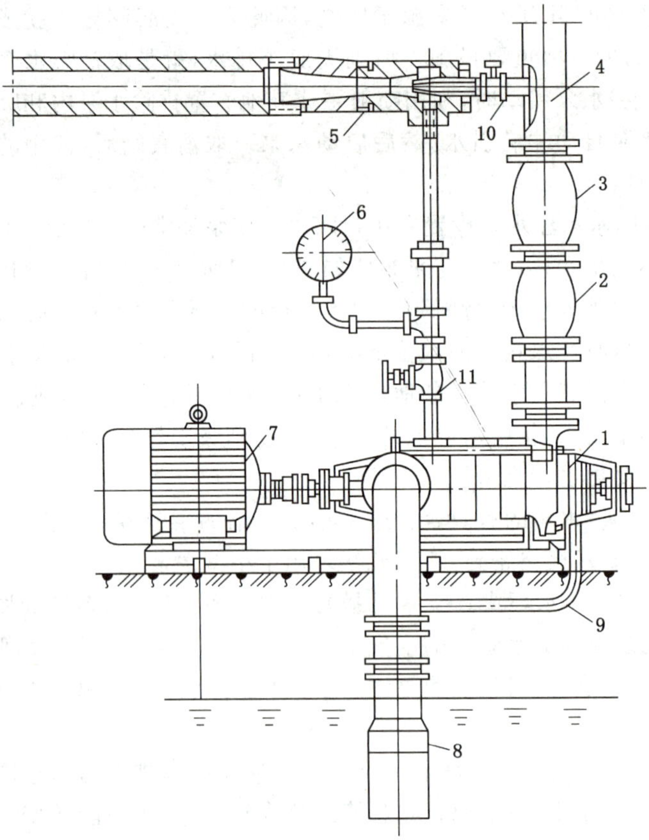

1—水泵；2—闸阀；3—逆止阀；4—排水管；5—喷射泵；6—真空表；7—电机；8—滤水器；
9—回水管；10—高压阀；11—低压阀。

图 2-12 采用喷射泵实现无底阀排水系统示意图

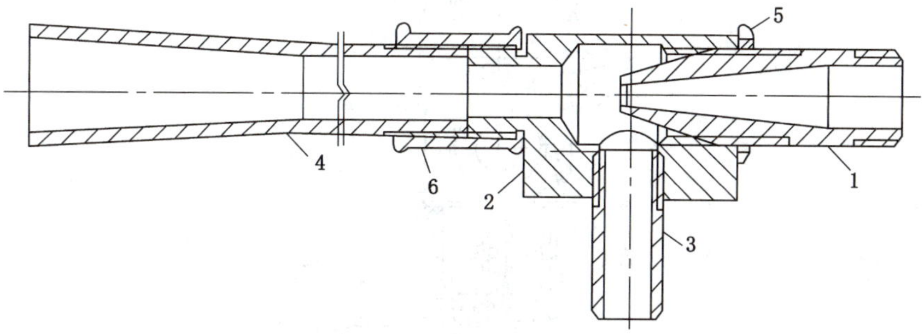

1—喷嘴；2—壳体；3—进气管；4—混合扩散室；5—圆螺母；6—管接头。

图 2-13　QSP 型喷射泵

(2) 正确安装吸水管

安装吸水管时，必须注意以下几点：

① 正确确定吸水高度，以避免发生汽蚀。

② 尽量减少各种附件，同时在吸水管靠近水泵入口处安装一段不小于 3 倍直径的直管，以使水流在水泵入口处的速度均匀。需要安装异径管时，应使用长度等于或大于大小头直径差的 7 倍，且为偏心的直角异径管，如图 2-14(a)所示。

③ 吸水管的任何部位都不能高于水泵的入口，以避免吸水管中存留空气。否则吸水时，这些存气将随周围水的压力降低而膨胀，使吸水困难或中断，如图 2-14(b)所示。

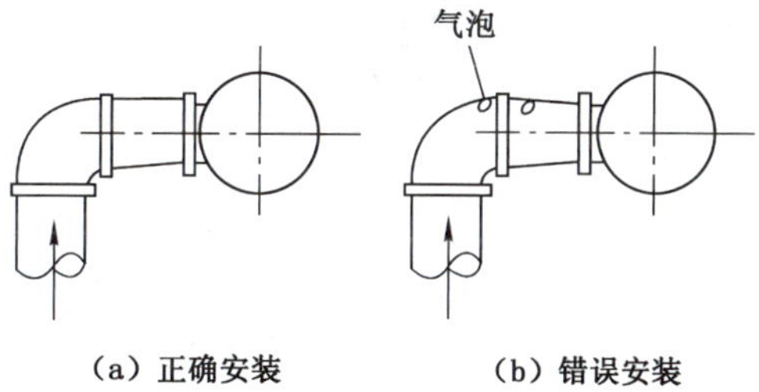

图 2-14　吸水管的安装

3. 升压泵充水

利用升压泵充水，是解决水泵吸水能力过低的可靠方法。如图 2-15 所示，升压泵装在吸水管上与主泵串联工作。它的叶轮位于泵的最下端并沉没于水面下，故无须事先充水。启动水泵之前，先启动升压泵，而后再启动主泵，两者一直处于串联方式工作。由于升压泵将水压入主泵内，因而不会出现吸水管上漏气而不能吸上水的问题。

4. 采用高水位排水

所谓高水位排水，就是在保证安全(不会淹泵)的前提下，提高水仓和吸水井中的水位，减少吸水扬程，达到减小吸水阻力的目的。但这种方法对雨季涌水量大的矿井不宜使用。

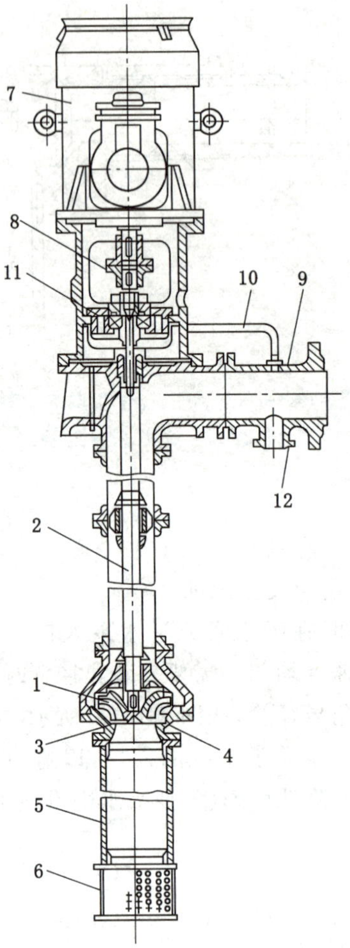

1—叶轮；2—主轴；3—疏流罩；4—进水短管；5—进水管；6—滤网；7—电机；
8—联轴器；9—出水管；10—水管；11—支承；12—接口。

图 2-15　升压泵结构图

任务实施

一、离心式水泵的运行

离心式水泵投入运行后，应定期监测并记录各仪表的指示，监听机器运转的声音、振动，检查平衡盘压差及泵轴的轴向位移，以及轴承润滑及密封装置的工作情况。发现不正常的情况时，应查明原因，及时处理，避免事态的扩大。

水泵运行与调节

当出现以下紧急情况时，应立即停机检查：

① 用听棒倾听水泵内(各级泵室、轴承、轴封)有明显的摩擦声和碰撞声，并伴随外部发热时，应立即停机。

② 检查轴承的润滑状态，油量、油质是否合格，油流情况是否正常。一

般规定轴承温升：滑动轴承不超过 30 ℃，滚动轴承不超过 40 ℃，否则应立即停机。

③ 定期检查轴封工作情况，当密封水断流、轴封外壳发热且触摸发烫，以及轴封漏水严重又不能及时处理时，应立即停机。

运行中的注意事项如下：

① 注意电压、电流的变化。当电流超过额定电流、电压超过额定电压的 ±5% 时，应停止水泵，检查原因，进行处理。

② 检查各部位轴承温度是否超限（滑动轴承不得超过 65 ℃，滚动轴承不得超过 75 ℃）；检查电机温度是否超过铭牌规定值；检查轴承润滑情况是否良好（油量是否合适，油环转动是否灵活）。

③ 检查各部位螺栓及防松装置是否完整齐全，有无松动。

④ 注意各部位音响及振动情况，特别注意有无汽蚀产生的噪声。

⑤ 检查填料密封情况，注意填料箱温度和平衡装置回水管的水量是否正常。

⑥ 注意观察压力表、真空表和吸水井水位的变化情况；检查底阀或滤水器伸入水下深度是否符合要求（一般以伸入水下 0.5 m 为宜）。

⑦ 按时填写运行记录。

二、离心式水泵的正常工作条件

水泵正常工作条件

矿井生产要求排水设备安全、可靠、经济地工作。为此，水泵必须满足下列工作条件。

1. 稳定工作条件

为保证水泵稳定工作，水泵的零流量扬程 H_0 与实际扬程 H_{sy} 之间应满足下列关系：

$$H_{sy} \leqslant 0.9H_0 \tag{2-24}$$

水泵运转时，对于确定的排水系统，管路特性曲线基本上是不变的。但是，电网电压常常变化，电网电压的升降会导致电机转速的改变。由比例定律可知，转速的改变将使泵的扬程特性曲线发生变化，从而引起水泵工况变化，如图 2-16 所示。当水泵在正常转速下运转时，水泵的零流量扬程 H_0 大于实际扬程 H_{sy}，水泵的扬程曲线与管路特性曲线只有一个工况点 1，因而水泵的工作是稳定的。但当电网电压下降，泵的转速由 n 变化为 n' 时，则工况点有 2 和 3 两个，扬程上下波动，水量忽大忽小，因此水泵工作是不稳定的。当泵转速进一步下降到 n'' 时，扬程特性曲线和管路特性曲线无相交点，即无工况点，则水泵的流量为零，效率亦为零。这时，电机输送给水的能量全部转换为热能，使泵内的温度迅速上升而引起水泵强烈发热、损坏。故不允许水泵长时间在零流量下运转。

2. 经济运转条件

排水设备运行的经济性一般用吨水百米电耗 $W_{t\cdot100\,m}$ 评价，并规定排水设备的吨水百米电耗应小于 0.5 kW・h/(t・100 m)。

所谓吨水百米电耗，即水泵将 1 t 水提高 100 m 所消耗的能量。

若水泵工况参数为 Q_M、H_M 和 η_M，水泵与电机间的传动效率为 η_c，电机的效率为 η_d，电网效率为 η_w，实际扬程为 H_{sy}，矿水密度为 ρ，矿井每年正常涌水和最大涌水的天数分别为 Z_H 和 Z_{max}，水泵在正常涌水和最大涌水期间的同时工作台数和工作时间分别为 n_1、n_1+n_2 和 T_H、T_{max}，则年排水的电量为：

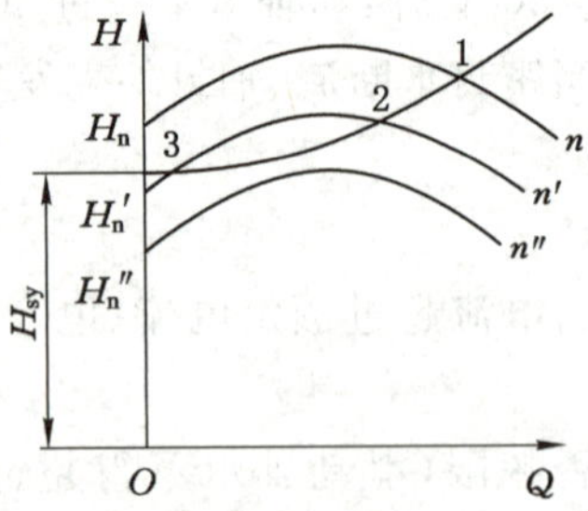

图 2-16 水泵工作的不稳定情况

$$W = 1.05 \times \frac{\rho g Q_M H_M}{1\,000/(3\,600 \eta_M \eta_c \eta_d \eta_w)} [n_1 Z_H T_H + (n_1 + n_2) Z_{max} T_{max}] \tag{2-25}$$

年排水量为：

$$V = \frac{\rho Q_M}{1\,000} [n_1 Z_H T_H + (n_1 + n_2) Z_{max} T_{max}] \tag{2-26}$$

用年耗电量 W 除以年排水量 V 和实际扬程 H_{sy} 再乘以 100 m，即得排水设备的吨水百米电耗：

$$W_{t \cdot 100\,m} = \frac{W}{VH_{sy}} \times 100 = 1.05 \times \frac{H_M}{3.67 \eta_M \eta_c \eta_d \eta_w \eta_g} \tag{2-27}$$

式中 η_g——管路效率。

显然某一工况下的管路效率为：

$$\eta_g = \frac{H_{sy}}{H_M} = 1 - \frac{RQ_M^2}{H_M} \tag{2-28}$$

通常，又将水泵的工况效率 η_M、传动效率 η_c、电机效率 η_d、电网效率 η_w 和管路效率 η_g 的乘积称为排水系统效率，用 η_p 表示，即：

$$\eta_p = \eta_M \eta_c \eta_d \eta_w \eta_g \tag{2-29}$$

由式(2-27)和式(2-29)可知，排水系统效率越高，吨水百米电耗就越低，经济性越好；反之，经济性越差。也可以用排水系统效率 η_p 来表征排水设备运行的经济性。

一般来说，传动效率 η_c、电机效率 η_d 和电网效率 η_w 在水泵运行期间变化很小，可近似视为常数。于是，吨水百米电耗 $W_{t \cdot 100\,m}$ 和排水系统效率 η_p 就主要受水泵工况效率 η_M 和管路效率 η_g 的影响。因此，欲提高排水设备运行的经济性，就必须设法提高 η_M 和 η_g。

3. 不发生汽蚀的条件

由式(2-21)可知，为保证水泵不发生汽蚀，离心泵装置的有效汽蚀余量应大于泵的必需汽蚀余量。泵的吸水高度必须小于由式(2-18)或式(2-23)求出的合理吸水高度。

总之，要保证水泵正常工作，所确定的工况点必须同时满足稳定工作条件、经济工作条件和不发生汽蚀的条件。

三、离心式水泵的调节

当离心式水泵在工作过程中，由于外界情况(如电压、电源频率、涌水量、管路特性等)的变化，而使得其工况点发生变化而不能满足上述三个条件时，就需要对其工况点进行调节。调节的目的有两个：一是使水泵的工况点满足上述三个条件；二是使水泵的流量和扬程满足实际工作的需要。

因工况点是由水泵的扬程特性曲线与管路特性曲线的交点决定的，所以要改变工况点，可以采用改变管路特性或水泵扬程特性的方法来实现。

1. 改变管路特性曲线调节法

(1) 闸门节流法

在排水管路上一般都装有调节闸阀，适当关闭闸阀的开启度，可增加局部阻力，使管路的阻力损失系数增大，管路特性曲线变陡，如图 2-17 所示，泵的工况点就沿着扬程曲线朝流量减小的方向移动。闸门关得越小，局部阻力损失越大，流量就变得越小。这种通过改变闸阀开度来改变水泵工况点位置的方法，称为闸门节流法。闸门关小时存在下面关系：

$$H = H' + \Delta H' \tag{2-30}$$

式中　H'——调节前的扬程；

$\Delta H'$——关小闸阀引起的水头损失，它的数值由闸阀的开启度确定。

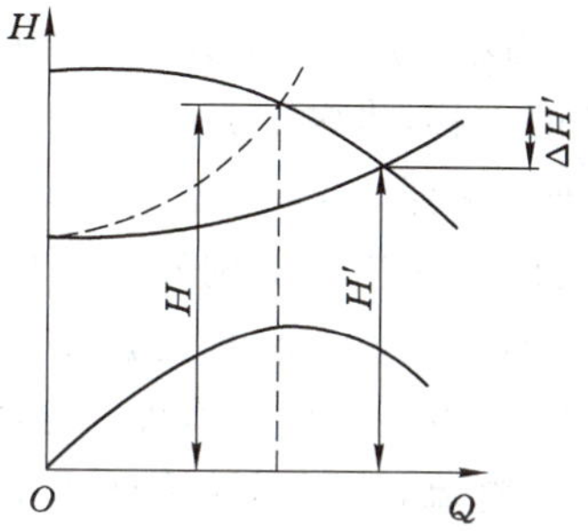

图 2-17　闸门节流调节法

由此可知，水泵需额外增加一部分能量用于克服由闸阀关小所增加的局部阻力损失。如果调节前泵的工况点位置在水泵的最高效率点或最高效率点的左边，则关小闸阀不仅增大了管路的阻力，而且使水泵的效率下降，显然，这是不经济的。如果调节前泵的工况点位于最高效率点的右边，关小闸阀虽然增大了管路阻力，却使水泵的效率提高了，然而，水泵效率的增加不足以补偿管路阻力的损失，所以也是不经济的。这种调节方法虽简便易行，但不经济，矿山排水原则上不采用。只有在某些特殊情况下，如因工况流量过大可能导致电机过载，为了在更换电机前既能继续排水，又能减小负载，可使用该法作为临时调节措施。

(2) 管路并联调节法

矿山排水管路至少设置两趟，其中一趟工作，一趟备用。

管路并联调节法是在正常涌水期间也将备用管路投入运行，即工作管路和备用管路并联工作，这样可增大管子过水断面，降低管路阻力，从而使水泵的工况点向大流量右移。如图 2-18 所示，若某一条排水管路的特性曲线为 1，另一条排水管路的特性曲线为 2，把两管路特性曲线按“等扬程下流量相加”的原则，便可得管路并联之后的等效特性曲线 3。水泵工况点从 M_1 点或 M_2 点变为 M 点，水泵流量由原来的 Q_1 或 Q_2 增大为 Q。可以看出，等效特性曲线 3 较 1 或 2 要平缓，在水泵的实际扬程 H_{sy} 不变的情况下，管路阻力减小，从而使克服管路阻力的无用功耗减少。故此调节方法是一种有效的节能措施。

采用管路并联调节时，必须注意如下两个问题：一是防止电机过载；二是防止产生汽蚀。

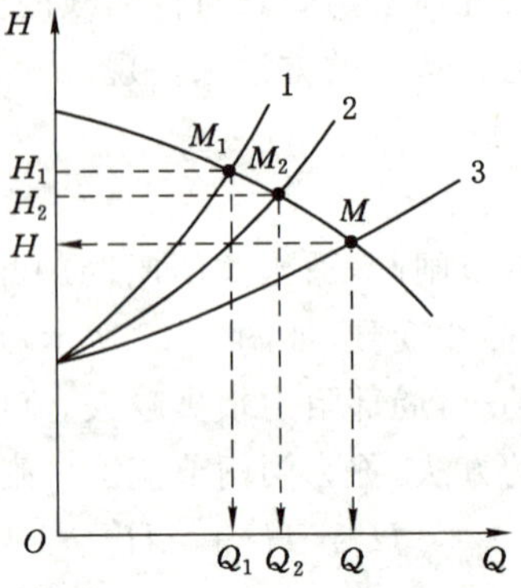

图 2-18　管路并联调节法

因为管路并联后，水泵的工况点右移，使流量增大，若原电机的功率富余度不大，就可能造成电机过负荷；同时，随着工况点的右移，水泵的必需汽蚀余量加大，有可能发生汽蚀，所以管路并联的趟数不可太多，应先进行验算。

为避免电机过载和水泵汽蚀，在采用这种调节方法时，要逐步打开并联管路的阀门。在逐步打开阀门的同时，要注意看压力表、电流表，看振动、听噪声。若振动和噪声增大，各连接螺栓完好，压力表读数又减小，就可能发生了汽蚀。这时，应将并联管路的阀门关小一些；若电流表的读数接近电机的额定电流，就不再继续打开并联管路的阀门。

(3) 旁路分流调节

在泵运行中，有时会由于泵的选型不当，如管路阻力计算结果比实际偏大较多，而使泵的扬程选择偏高，余量过大；或在运转过程中由于生产流程需要，对管路系统做了调整，使管路阻力减小，主管路流量偏大，而主管路上又无阀门，这时可采用旁路分流调节。即在泵出口设一旁路分流管与吸水井相连，分流管上装有阀门，通过调节旁路阀门的开启高度，使旁路特性曲线变化，从而使旁路和主管路的并联合成特性曲线变化，起到调节主管路流量的作用。值得注意的是，采用此法调节，泵的流量比无旁路分流时不是小了，而是增大了。由于泵流量的增加，其轴功率也增加了。故这种调节方法是一种不经济的做法，对水泵来说是不适合的。

2. 改变水泵特性曲线调节法

(1) 减少叶轮数目调节法

减少叶轮数目调节法适用于多级泵，尤其是凿立井时排水采用较多。因为凿立井时，随着井筒的延伸，所需的扬程随之增加，为适应使用需要，往往采用先拆除几个叶轮然后再逐个增加的办法来解决。

如果水泵排水所需的总扬程为 H，每个叶轮产生的扬程为 H_i，则水泵所需的叶轮数目 i 为：

$$i = \frac{H}{H_i} \tag{2-31}$$

求得所需叶轮数目 i(i 需圆整，并取偏大的整数)后，可从水泵中拆除多余的叶轮。拆除叶轮时应注意，只能拆除最后或中间一级，而不能拆除吸水侧的第一级叶轮。因为第一级叶轮的吸水口直径要大些，拆除后增加了吸水侧的阻力损失，将使水泵提前发生汽蚀。

减少叶轮数目的方法有两种：一是把叶轮相应的中段去掉，缩短泵轴和拉紧螺栓；二是泵壳及轴均保持原状不动，在泵轴上加一个与拆除叶轮轴向尺寸相同的轴套，以保持整个转子的位置固定不动。两种方法各有优缺点，前者调整工作量大，但对效率影响较小；后者调整方便，操作简单，工作量较小，但对效率有一定的影响。

当减少叶轮数目时，水泵特性曲线则相应下降，工况点即随之变动，如图 2-19 所示。减少叶轮数目后，水泵工况点由 1 变为 2。这样将节约扬程 ΔH，同时，水泵的必需汽蚀余量也减小，提高了运行的经济性和安全性。

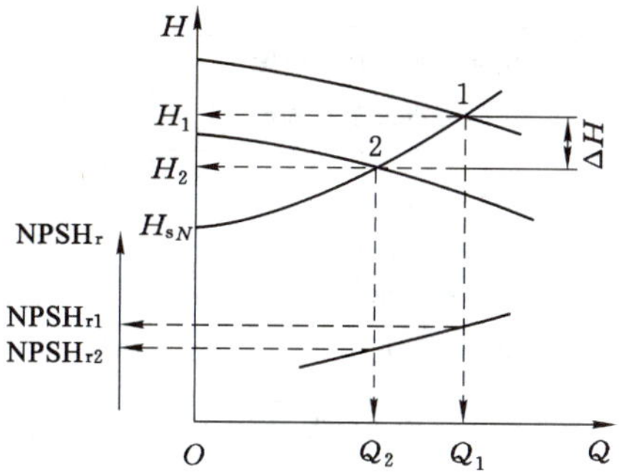

图 2-19　减少叶轮数目调节法

(2) 改变叶轮转速调节法

当泵的转速变化时，其特性将按比例定律变化。对此，已在前文做了叙述(见图 2-4)。这里应当指出的是，矿山主排水泵一般与电机之间通过联轴器直接连接，通常选用交流电机，且功率较大。况且，主排水设备的参数一般不变，故主排水泵的转速恒定，一般不做调节。但对于掘进排水或其他用途的排水，由于其排水高度不断变化，所以初期可用低速电机拖动，后期用正常转速的电机，以适应各时期排水的需要。

改变转速的方法有以下几种：

① 改变带轮直径大小调速。若泵与电机之间采用三角带传动，则可通过改变泵或电机的带轮直径大小来进行调速。这种方法使用广泛，但调速范围有限，且不能随时自动调速，需要停机更换带轮。

② 采用变频调速器调速。利用变频调速器，通过改变电源频率来改变电机转速，从而改变泵的转速。该方法优点是能实现泵转速的无级调节，调节的经济性好。

③ 采用变速电机调速。由于这种电机较贵，且效率较低，故应用并不广泛。

改变转速有一定的限制，若采用提高转速的办法来增加流量、扬程，则转速的提高不宜超过 10%，以免损坏泵体、叶轮等。若采用降低转速的办法来改变泵的性能，则转速的降低以不超过 20%为宜，否则换算误差较大，特别是效率相差较大。

任务考评

任务考评的内容及评分标准见表 2-4。

表 2-4　任务考评的内容及评分标准

序号	考核内容	考核项目	配分	评分标准	得分
1	排水设备的运行及正常工作	1. 用听棒倾听水泵内声音； 2. 检查轴承润滑状态及温升； 3. 检查轴封工作情况	30	错一项扣 10 分	
2	确定离心式水泵的吸水高度	1. 用允许吸上真空度确定； 2. 用必需汽蚀余量确定	20	错一项扣 10 分	
3	离心式水泵工况点调节	1. 闸门调节法； 2. 并联管路法； 3. 改变转速法； 4. 减少叶轮数量法	40	错一项扣 10 分	
4	遵章守纪，文明操作	遵章守纪，文明操作	10	错一项扣 5 分	
总计					

复习思考题

1. 离心式水泵的性能曲线反映了水泵的哪些性能？
2. 产生汽蚀现象的原因是什么？如何防止汽蚀现象的产生？
3. 如何正确确定离心式水泵的吸水高度？
4. 离心式水泵正常工作的条件有哪些？
5. 工况点的调节方法有哪些？
6. 若水泵的实际扬程 $H_{sy}=204$ m，当流量 $Q=280$ m^3/h 时，排水管的总损失（包括出口动压）$RQ^2=14$ mH$_2$O，试绘制管路特性曲线。
7. 已知某水泵房的海拔高度为 300 m，吸水井中的水温为 15 ℃。在该泵房内安装了一台 D280-43×3 型水泵，其工况点流量为 324 m^3/h，必需汽蚀余量为 4.9 m。若吸水管内径为 225 mm，吸水管直线部分长度为 8 m，吸水管上装有一个异径管、一个 90°的标准弯头和一个带底阀的滤水器。试确定它的吸水高度，并判定在此安装高度下，水泵的工况点是否位于安全区内。

任务三　排水设备的维护与故障处理

【知识要点】 离心式水泵的结构；离心式水泵的轴向推力及平衡方法；排水设备的日常维护；排水设备的故障处理。

【技能目标】 了解离心式水泵的拆装；熟悉排水设备的故障处理。

任务描述

为了使排水设备能够稳定、高效地工作，就要学习掌握离心式水泵的结构，按规定对其进行日常的维护保养，以减少故障的发生。当设备出现故障时，能够正确地分析故障的原因，找到解决处理的方法，迅速进行修复，尽量减少对生产造成的影响和损失。这就是本任务要学习掌握的内容。

任务分析

离心式水泵的种类很多，按叶轮数量分为单级泵和多级泵；按吸水口数量分为单吸泵和双吸泵；按泵轴的位置分为卧式泵和立式泵；按泵壳的结构分为蜗壳式、分段式和中开式；按输送介质分为清水泵、耐腐蚀泵、耐磨泵、泥浆泵等。下面介绍煤矿常用的 D 型、MD 型泵的结构。

D 型泵是单吸、多级、分段式离心泵。它可输送水温低于 80 ℃的清水或物理性能类似于水的液体，其流量范围和扬程范围大。D 型水泵经多年的发展已形成系列，其结构形式基本相同，只是尺寸大小不同。以前矿井主排水泵多采用 D 型泵，目前矿井主排水泵多采用 MD 型泵。MD 型泵是在 D 型泵的基础上改进设计的一种耐磨多级离心泵，适用于输送介质温度不高于 80 ℃的清水及固体颗粒(粒度小于 0.5 mm)含量不大于 1.5%(体积浓度)的中性矿井水，以及类似的其他污水，特别适用于煤矿等矿山排水。

一、离心式水泵的型号意义

水泵型号表示了水泵的结构类型、性能和尺寸大小，其编制方法尚未完全统一，故水泵型号的组成和含义在水泵样本及使用说明书上都有专门说明。目前我国多数泵的结构类型及特征，是用汉语拼音字母表示在水泵型号中的。表 2-5 给出了部分离心式水泵型号中汉语拼音字母表示的意义。

表 2-5　离心式水泵型号中汉语拼音字母表示的意义

拼音字母	表示的意义	拼音字母	表示的意义
D	分段式多级泵	KD	中开式多级泵
DG	分段式多级锅炉给水泵	QJ	井用潜水泵
DL	立式多级泵	S	单级双吸离心泵
DS	首级用双吸叶轮的分段式多级泵	M	耐磨泵
F	耐腐蚀泵	WB	微型离心泵
JC	长轴深井泵	WG	高扬程横轴污水泵

例如：

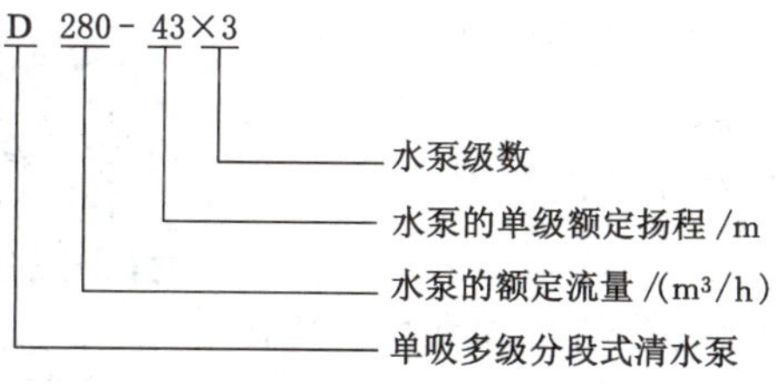

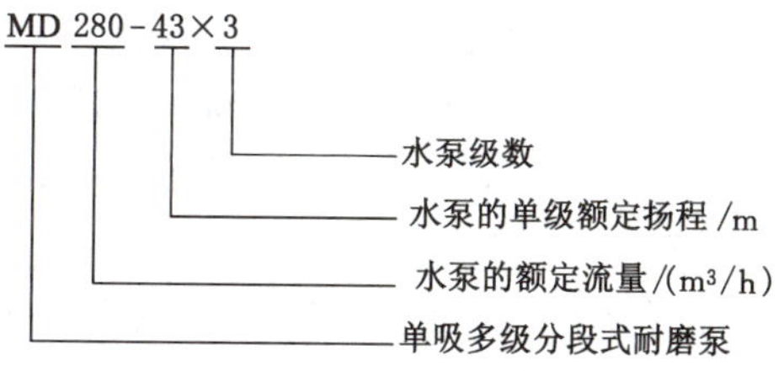

二、D 型、MD 型泵的结构

图 2-20 为 D280-43×3 型水泵的结构图。图 2-21 为 MD280-43×3 型水泵的结构图。它们主要由转动部分、固定部分、轴承部分、密封部分等组成。

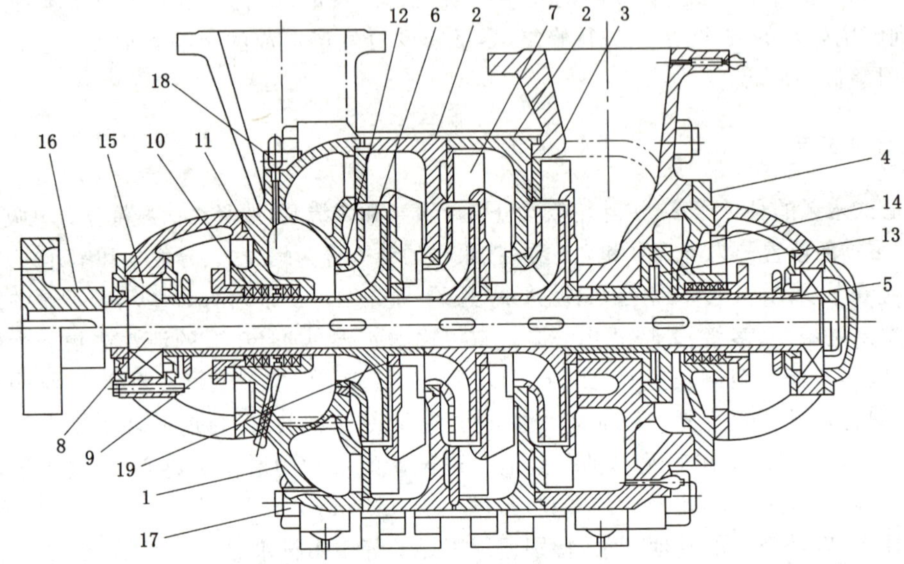

1—进水段；2—中段；3—出水段；4—尾盖；5—轴套；6—叶轮；7—导叶；8—泵轴；9—填料压盖；10—填料；11—水封环；12—大口环；13—平衡盘；14—平衡环；15—轴承座；16—联轴节；17—拉紧螺栓；18—放气栓；19—小口环。

图 2-20　D280-43×3 型水泵结构图

1. 转动部分

转动部分是水泵的工作部件，主要由泵轴及装在泵轴上的数个叶轮和一个用以平衡轴向推力的平衡盘组成。叶轮用平键与泵轴连接，叶轮之间用轴套定位。

(1) 叶轮

叶轮是离心式水泵的主要部件。其作用是将电机输入的机械能传递给水，使水的压力能和动能得到提高。它的尺寸、形状和制造精度对水泵的性能影响很大。

D 型、MD 型水泵的叶轮剖视图如图 2-22 所示。叶轮由前轮盘、后轮盘、叶片和轮毂组成，通常铸造成一个整体。叶片绝大多数为后弯叶片，出口安装角为 15°～40°，常选用 20°～30°。叶片的数量一般为 5～12 片。D 型水泵的叶片数为 7 片。叶片数目太多，会增加水在叶轮中的摩擦阻力，太少又容易产生涡流。

D 型、MD 型水泵第一级叶轮的入口直径大于其余各级叶轮的入口直径，这样可以减小水进入首级叶轮的速度，提高水泵的抗汽蚀性能；同时，叶轮叶片的入口边缘呈扭曲状，以保证全部叶片入口断面都适应入口水流，从而减少水流对入口的冲击损失，这是这种水泵零扬程较高和效率曲线平坦的原因之一。

D 型水泵结构

(2) 泵轴

泵轴常用 45 号钢锻造加工而成，其主要作用是传递扭矩和支承套装在它上面的其他转动部件。为防止泵轴锈蚀，泵轴与水接触的部分(即两叶轮

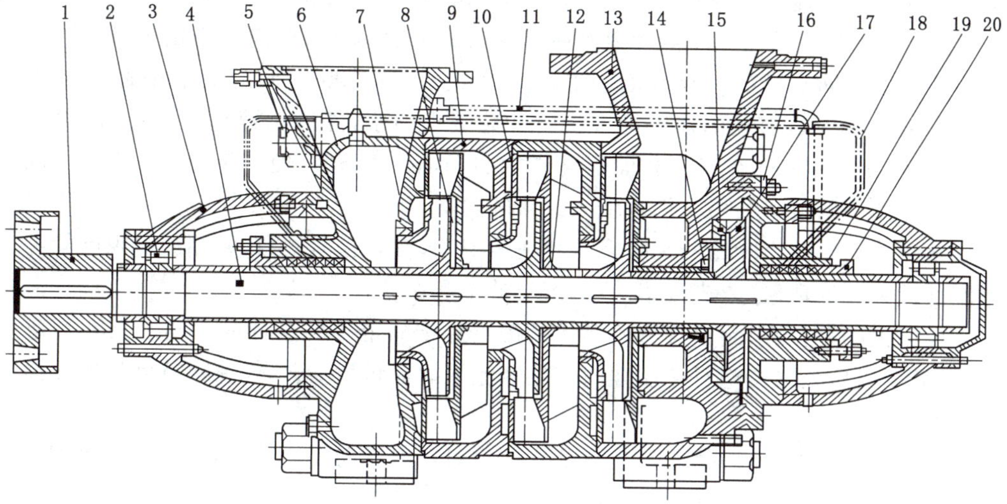

1—柱销弹性联轴器；2—滚动轴承；3—轴承体；4—轴；5—拉紧螺栓；6—进水段；7—密封环；8—叶轮；9—中段；10—导叶；11—平衡水管部件；12—导叶套；13—出水段；14—平衡套；15—平衡环；16—填料函体(尾盖)；17—平衡盘；18—水封管部件；19—填料；20—填料压盖。

图 2-21　MD280-43×3 型耐磨多级离心泵结构图

之间)装有轴套，轴套锈蚀和磨损后能够更换，这样可以延长泵轴的寿命。

(3) 平衡盘

平衡盘的作用是平衡水泵的轴向推力。图 2-23 是 D 型、MD 型水泵平衡盘的剖视图。它通过键与泵轴连接，盘背面有拆卸用的螺丝孔。

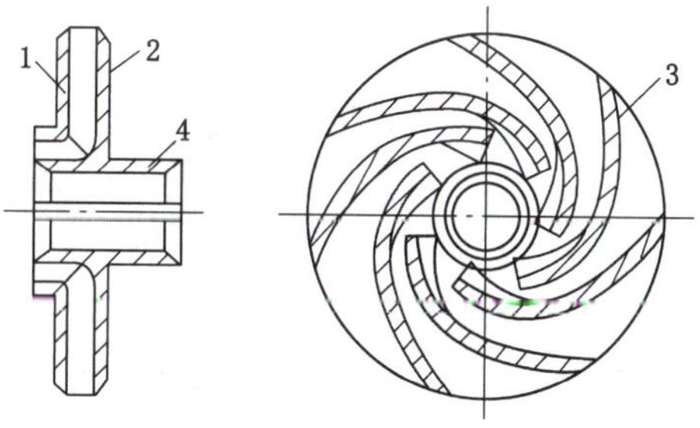

1—前轮盘；2—后轮盘；
3—叶片；4—轮毂。

图 2-22　D 型水泵叶轮视图

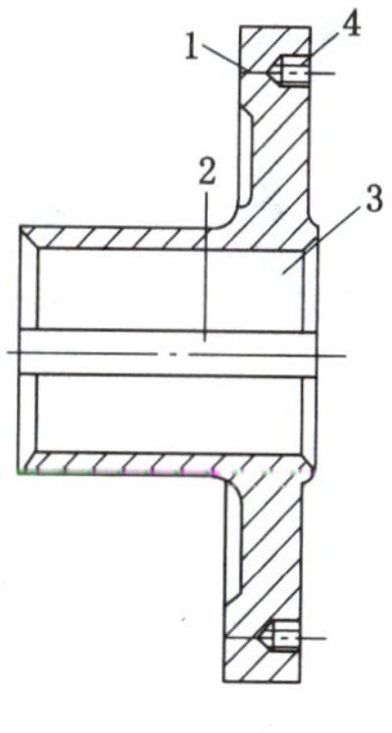

1—盘面；2—键槽；
3—轴孔；4—拆卸用螺丝孔。

图 2-23　平衡盘剖视图

2. 固定部分

固定部分主要包括进水段(前段)、出水段(后段)和中间段等部件，并用拉紧螺栓(穿杠)将它们连接在一起。吸水口位于进水段，为水平方向；出水口位于出水段，竖直向上。在单吸多级离心式水泵中，水由进水段的吸入室均匀地进入叶轮，经由叶轮甩出后，水流具有相当大的动压。为了提高克服管路阻力的能力，必须将此项动压尽可能地转变为静压。D型、MD型泵动压的转变是由导水圈和返水圈所组成的中段(图2-24)与位于出水段(图2-25)中的环形压出室共同实现的。导水圈由若干叶片组成，水在叶片间的流道中通过。图2-24中，A—A截面前一段流道的作用是接受由叶轮流出的水，并以匀速送入A—A截面以后的流道；A—A截面后一段流道的断面逐渐扩大，因而流速降低，使一部分动压转换为静压。返水圈的作用是以最小的损失把水引入次级叶轮的入口。

导水圈叶片数应比叶轮叶片数多一片或少一片，使其互为质数，否则会出现叶轮叶片与导水圈叶片重叠的现象，造成流速脉动，产生冲击和振动。

需要指出的是，导水圈中流道的形状是按泵处于额定工况设计的。当水泵在额定工况工作时，叶轮出口处水的绝对速度方向与导叶流道的形状相吻合，能使水从叶轮中无撞击地进入导水圈。

当不在额定工况工作时，叶轮出口处水的绝对速度方向发生了变化，但是导水圈中流道的形状却不变，因而产生冲击，加大水力损失，使水泵的效率下降。

出水段的作用是以最小损失将导水圈中流出的水汇集起来并均匀地引至出水口；同时，在此过程中将一部分动压变为静压。D型、MD型水泵出水段流道呈螺壳形，如图2-25所示。它可以将从导水圈散流出来的水，先后均匀地导入总流，并缓慢减速至出口。因而这种螺壳形的出水段流道较非螺壳形的出水段流道冲击损失小，效率高。

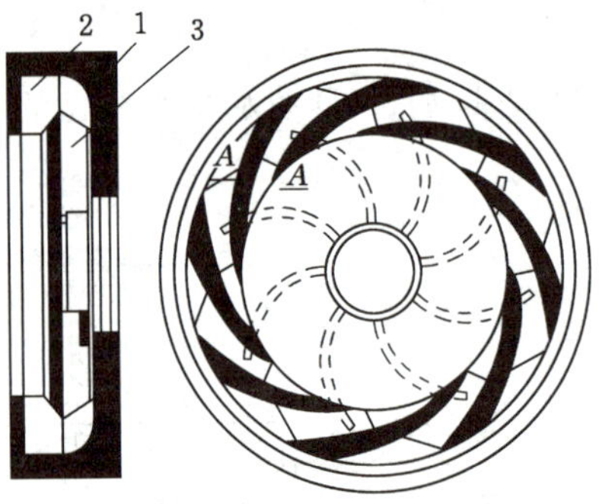

1—中段；2—导水圈叶片；3—返水圈叶片。

图2-24　D型水泵中段

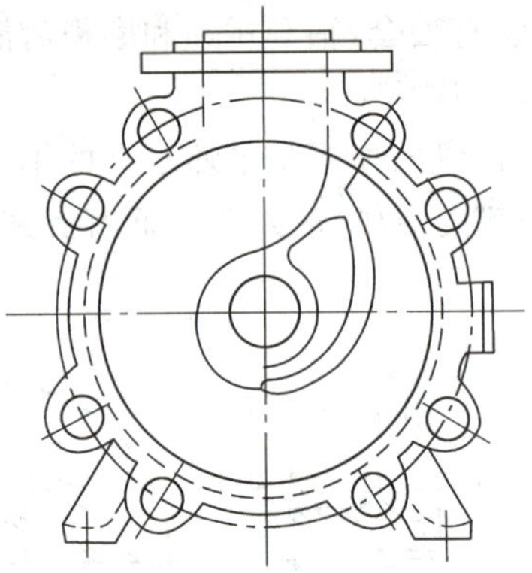

图2-25　D型水泵出水段

离心式水泵的进水段、中间段、叶轮和出水段总称为水泵的过流部件。过流部件的形状和材质的好坏是影响水泵性能和寿命的主要因素。

离心式水泵的级数与泵的总段数、中段数、段与段的接缝数之间有如下关系：

$$泵的级数=\begin{cases}总段数-1\\中段数+1\\段与段的接缝数\end{cases}$$

3. 轴承部分

水泵转子部分支承在泵轴两端的轴承上。D型、MD型水泵采用单列向心滚柱轴承，用3号通用锂基润滑脂(即黄油)润滑。为了防止水进入轴承，泵轴两侧采用了O形耐油橡胶密封圈和挡水圈。这种轴承允许少量的位移，有利于平衡装置改变间隙，以平衡轴向推力；同时，由于采用了滚动轴承，因此减小了静阻力矩、减少了机械摩擦损失。

4. 水泵的密封

水泵各段之间的静止接合面采用纸垫或二硫化钼来密封。转动部分与固定部分之间的间隙是靠密封环及填料来密封的。

(1) 密封环

密封环又称口环。叶轮的吸水口和水泵固定部分之间，叶轮尾端轮毂和中段导叶内孔之间有环形缝隙。高压区的水经过这些缝隙进入低压区并形成循环流，从而使叶轮实际排入次级的流量减少，并多消耗部分能量。为了减少缝隙的泄漏量，应在保证转子正常转动的前提下，尽可能减小缝隙。为此，在每个叶轮前后的环形缝隙处安装了磨损后便于更换的密封环，如图 2-26 所示。装在叶轮入口处的密封环 1 叫作大口环，装在级间缝隙处的密封环 3 叫作小口环。

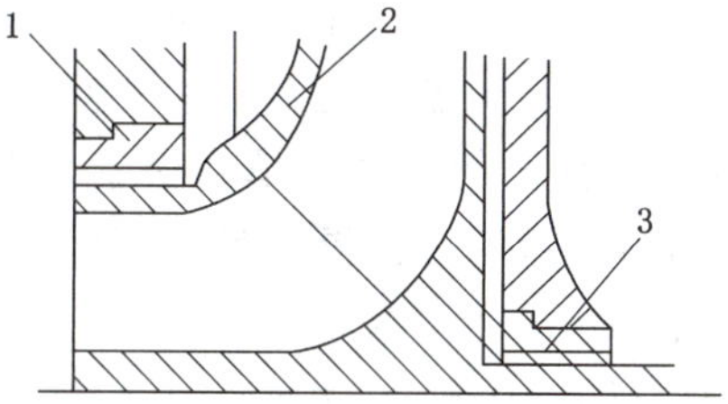

1—大口环；2—叶轮；3—小口环。

图 2-26　D 型水泵的密封环

D 型、MD 型水泵的密封环为圆环形，用螺钉固定在泵壳上，它承受着转子的摩擦，故密封环是水泵的易损零件之一。当密封环被磨损到一定程度后，水在泵腔内将发生大量的窜流，使水泵的排水量和效率显著下降，应及时更换。

(2) 填料装置

在水泵轴穿过泵壳的地方设有填料装置(又称填料箱或填料函)，以实现泵轴的密封。

在泵轴穿过进水段处，外侧是大气压，内侧是首级叶轮入口的低压，如不进行密封，则外部大气将窜入泵内从而影响水泵的正常吸水；在泵轴穿过出水段处，外侧是大气压，内侧是高压水，如不进行密封，高压水将沿泵轴间隙向外泄漏，使水泵的流量减少。可见，吸水侧填料装置的作用是防止空气进入泵内，排水侧填料装置的作用是防止高压水向外泄漏。

D 型、MD 型水泵吸水侧填料装置如图 2-27 所示。它由填料箱、填料(盘根)、水封环(填料环)及压盖等组成。填料密封所用的填料又称盘根，其材料视使用条件而不同，有软填料、半金属填料和金属填料等几种。

软填料就是由非金属材料制成的填料。它用石棉、棉纱、麻等纤维经纺线后编结而成，再浸渍润滑脂、石墨或聚四氟乙烯树脂，以适应于不同的液体介质。这种填料只用于温度不高的液体。

半金属填料是由金属和非金属材料组合制成的。它是将石棉等软纤维用铜、铅、铝等金属丝加石墨、树脂编织压制成形的，这种填料一般用于中温液体。

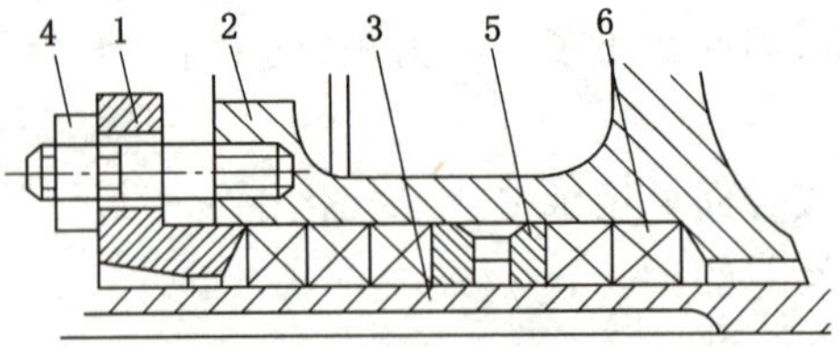

1—填料压盖；2—进水段；3—轴套；4—压盖螺栓；5—水封环；6—填料。

图 2-27 D 型、MD 型水泵吸水侧填料装置

金属填料则是用巴氏合金或铜、铝等金属丝浸渍石墨、矿物油等润滑剂压制而成的，一般为螺旋形。金属填料的导热性好，可用于温度低于 150 ℃、圆周速度小于 30 m/min 的场合。

D 型、MD 型水泵一般用油浸石棉绳作填料。将填料弯成圆形后，一圈一圈地装入填料箱内。填料压盖是用来压紧填料的，它穿在两条双头螺栓上，把螺母拧进拧出便可调节填料松紧。为防止填料发热和增大摩擦阻力，填料压盖不可拧得太紧，一般以滴水不成串（每分钟 10～20 滴）为宜。

水封环装在进、出水侧填料箱的中部，它由两个半环拼合组成，其四周钻有若干小孔，如图 2-28 所示。从水封管引来的高压液体，通过环上的槽和孔渗到填料处，起液封、润滑冷却及轴套的作用。

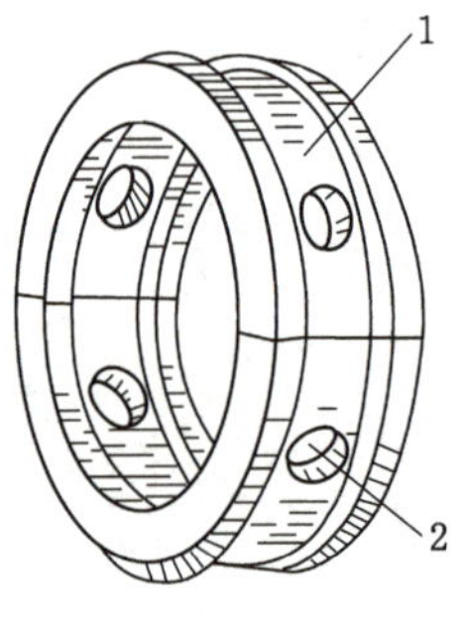

1—环圈空间；2—水孔。

图 2-28 水封环

D 型水泵排水侧填料装置的密封效果不如吸水侧要求高，故不设置水封环。其他结构与吸水侧相同。

三、单级水泵

只有一个叶轮的泵称为单级泵。按其转子支承方式，将这种泵分为悬臂式和两端支承式两类。

1. 悬臂式单级水泵

（1）悬架式悬臂水泵

我国设计生产的 IS 型水泵如图 2-29 所示。其组成主要包括泵体、叶轮、泵盖、主轴、密封环、悬架、轴承、轴套等。该泵泵脚与泵体铸为一体，轴承置于悬臂安装在泵体上的悬架内。因此，整台泵的质量主要由泵体承受（支架仅起辅助支承作用）。

IS 型泵的泵体和泵盖为后开门的结构形式，检修方便，即检修时不用拆卸泵体、管路及电机，只需拆下加长耦合器的中间连接件，便可退出转子。悬架轴承部件支撑着水泵的转子部件。为了平衡泵的轴向力，在叶轮前、后盖板处设有密封环，叶轮后盖板上开设有平衡孔。滚动轴承承受泵的径向力以及残余轴向力。泵的密封为填料密封，由填料后盖、填料环和填料等组成，防止进气或漏水。在轴通过填料环的部位装有轴套以保护轴不被磨损。轴套和轴之间装有 O 形密封圈，目的同样是防止进气和漏水。泵的传动形式为通过加长弹性耦合器与电机相连。从原动机方向看，泵一般为顺时针方向旋转。

IS 型泵广泛适用于工矿企业、城市给水、农田排灌，输送清水或物理、化学性质类似于

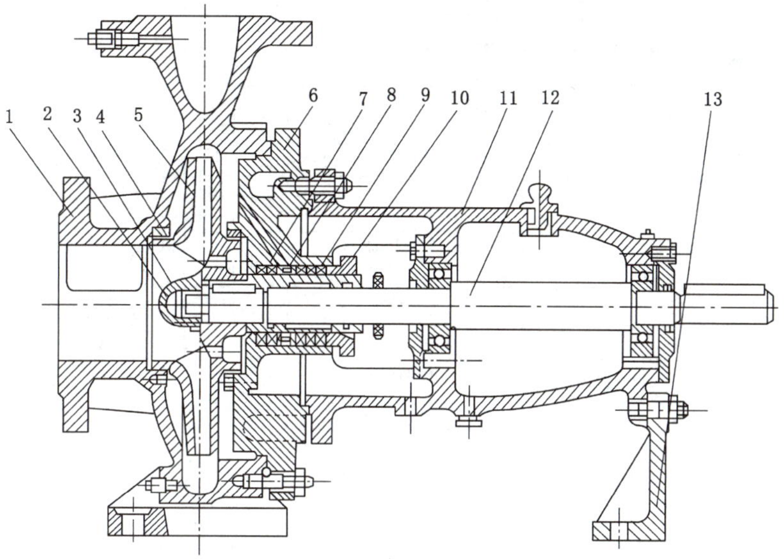

1—泵体；2—叶轮螺母；3—止动垫圈；4—密封环；5—叶轮；6—泵盖；7—轴套；
8—填料环；9—填料；10—填料压盖；11—悬架；12—泵轴；13—支架。

图 2-29　悬架式悬臂水泵

清水的其他液体介质，其性能范围为：流量 Q=6.3～400 m³/h，扬程 H=5～125 m，工作介质温度不大于 80 ℃。

现以 IS100-80-125 型泵为例，说明其型号意义：

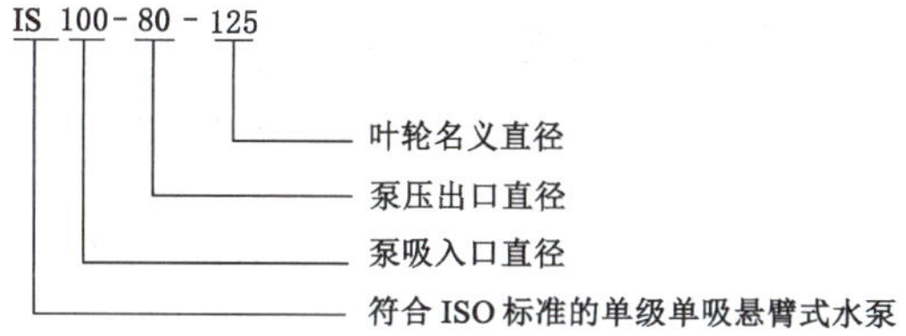

其特性曲线如图 2-30 所示。

(2) 托架式悬臂泵

图 2-31 所示为 B 型单级单吸式离心泵。其泵脚与托架铸为一体，泵体悬臂安装在托架上，故称为托架式悬臂水泵。

B 型水泵的泵体相对于托架可以有不同的安装位置，以便根据管路的布置情况，用泵体转动相应角度的方法，使泵的排水口朝上、朝下、朝前或朝后。检修此水泵时，需要将吸水管路和排水管路与泵体分离，同悬架式悬臂泵相比，显然是不方便的。再加上这种泵的全部质量主要靠托架承受，托架较笨重，故我国近年来生产的单级单吸式离心泵使用托架式悬臂结构的不多。但这种结构的泵应用历史较长，泵的出口又可以调换位置，对泵壳采用贵重材料制造的泵，用托架式悬臂结构还能大大降低成本。

B 型水泵的泵体由铸铁铸成，其内铸有逐渐扩散至水泵出水口的螺旋形流道。在出水口法兰盘上，有安装压力表用的螺孔（不安装压力表时用四方螺塞堵住）。泵体下部有一放

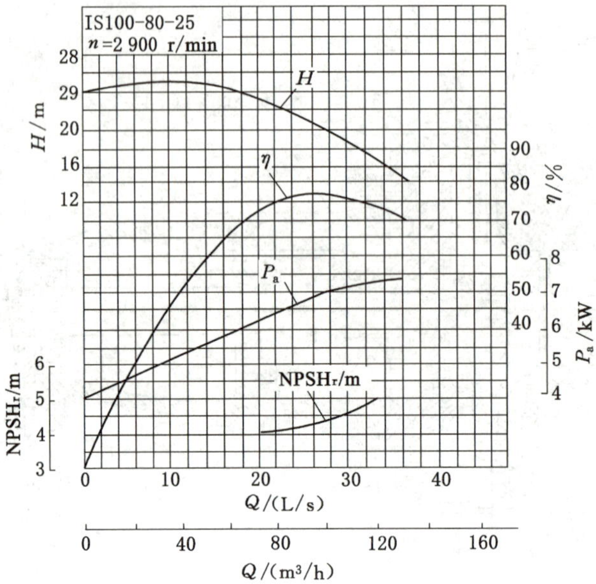

图 2-30 IS100-80-125 型泵的特性曲线

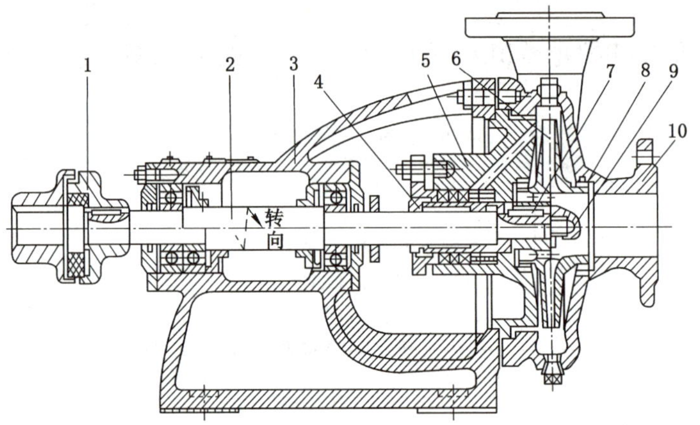

1—联轴器；2—泵轴；3—托架；4—轴套；5—泵盖；6—叶轮；
7—键；8—密封环；9—叶轮螺母；10—泵体。

图 2-31 托架式悬臂泵(B 型)

水孔，当水泵停止使用时，可将水泵内的水放走，以防冬季冻裂。泵体与泵盖用止口结合，并用双头螺栓连接在托架上。

泵盖用铸铁铸成，泵盖与泵体的接合面间放有纸垫，以防止漏水。泵盖为填料装置密封。填料装置由填料室、填料压盖、水封环和油浸石棉绳组成，以防止空气窜入和水的渗出。少量高压水通过泵盖内的窜水孔流入填料室中的水封环，起水封作用。

泵轴用优质碳素钢制成，一端固定叶轮，一端接联轴器，支承在装于托架内的球轴承上。轴承用润滑脂润滑。从联轴器一端看，泵轴为顺时针方向旋转。

叶轮用铸铁制成，是单侧进水。它的密封有单口环(只有大口环)和双口环(既有大口环，也有小口环)两种，一般口径小的、扬程低的为单口环；口径大的、扬程高的为双口环。双口环的叶轮后盘上靠近轴孔处钻有若干平衡孔，用以平衡轴向推力。单口环叶轮由轴承承受轴向推力。

叶轮靠叶轮螺母和外舌止退垫圈固定在轴的一端，外舌止退垫圈能防止叶轮螺母松动。托架为铸铁铸成，内有轴承室。轴承室用来安装轴承，两端用轴承压盖压紧。

(3) 连体泵

连体泵结构如图 2-32 所示。它的叶轮直接装在电机的一端，由泵体和泵盖组成的泵壳与电机的机壳直接相连。可以看出，这种泵的电机轴虽然要加长，但它的整机结构紧凑，质量轻，故 WB 型微型离心泵以及多种型号的潜水泵和屏蔽泵均采用连体泵的结构形式。

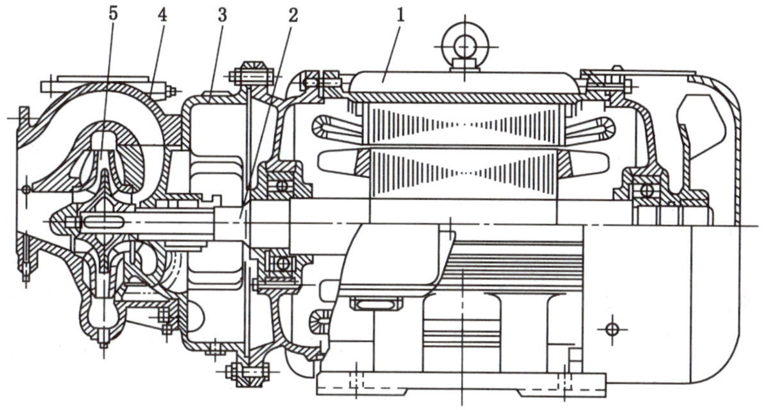

1—电机；2—电机轴；3—泵盖；4—泵体；5—叶轮。

图 2-32　双吸式悬臂连体泵

2. 两端支承式单级泵

大多数单级双吸式离心泵采用双支承结构，即支承转子的轴承位于叶轮两侧，且一般都靠近轴的两端。如图 2-33 所示的 S 型泵为单级双吸卧式双支承泵。它的转子为一单独的装配部件。双吸式叶轮靠键、轴套和轴套螺母固定在轴上。泵装配时，可用轴套螺母调整叶轮在轴上的轴向位置。泵转子用位于泵体两端的轴承体内的两个轴承实现双支承。当联轴器处有径向力作用在泵轴上时，远离联轴器的左端轴承所受的径向载荷较小，应将其轴承外圈进行轴向紧固，以使它承受转子的轴向力。

S 型泵是侧向吸入和压出，采用水平中开式泵壳，即泵壳沿通过轴线的水平中开线剖分。它的两个半螺旋形吸水室和螺旋形压水室都是由泵体和泵盖在中开面处对合而成的。泵的吸水口和排水口均与泵体铸为一体。此结构的泵检修时无须拆卸吸水管和排水管，也不要移动电机，只要揭开泵盖即可检修泵内各零件。

S 型泵在叶轮吸水口的两侧都要设置轴封。该轴封为填料密封。它由填料套、填料、填料环和填料压盖等组成。轴封所用的水封压力是通过在泵盖中开面上开出的凹槽，从压水室引到填料环的。但有的中开式双吸泵要通过专设的水封管将水送入填料环。

应该指出的是，双支承结构不仅能用于双吸泵，也可用于单吸泵。

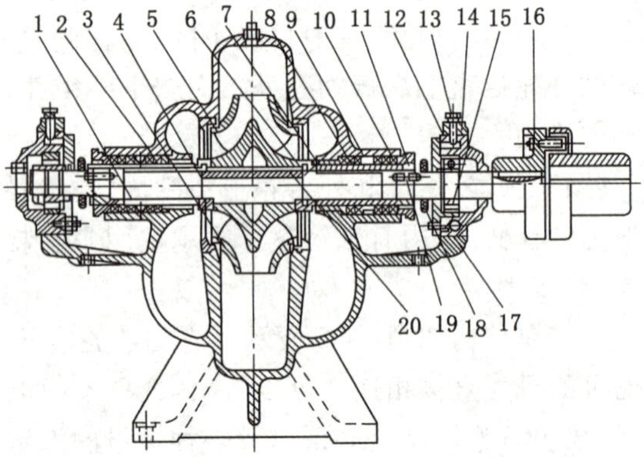

1—泵体；2—泵盖；3—叶轮；4—轴；5—密封环；6—轴套；7—填料套；
8—填料；9—填料环；10—填料压盖；11—轴套螺帽；12—轴承体；13—连接螺钉；
14—轴承压盖；15—轴承；16—联轴器；17—轴承端盖；18—挡圈；19—螺栓；20—键。

图 2-33　单级双吸式双支承泵

相关知识

水泵轴向推力

一、产生轴向推力的原因

泵在工作时，作用在叶轮及转子组件上的沿泵轴方向的分力，叫作轴向推力。产生轴向推力的原因有三个。

原因一：单吸式叶轮在工作时，由于叶轮两侧作用力不相等而产生了一个从泵腔指向吸入口的轴向推力 F_1，如图 2-34 所示。在泵尚未工作时，泵内过流零部件上的液体压力都一样，不会产生轴向推力。但当泵正常工作时，叶轮吸入口处液体压力为 p_1，叶轮出口处液体压力为 p_2，压力为 p_2 的液体除经叶轮出口排出外，尚有很少量的液体经间隙流到泵壳与叶轮前、后盖板之间的空隙处。从图中可以看出，叶轮两侧在密封环直径 D_w 与叶轮外径 D_2 之间的环形面积上压力分布是对称的，轴向作用力抵消。而在轮毂直径 d_h 与密封环直径 D_w 之间的吸入口处，环形投影面积上却存在着压力差，于是便产生了轴向推力 F_1。这是总轴向推力的主要部分。

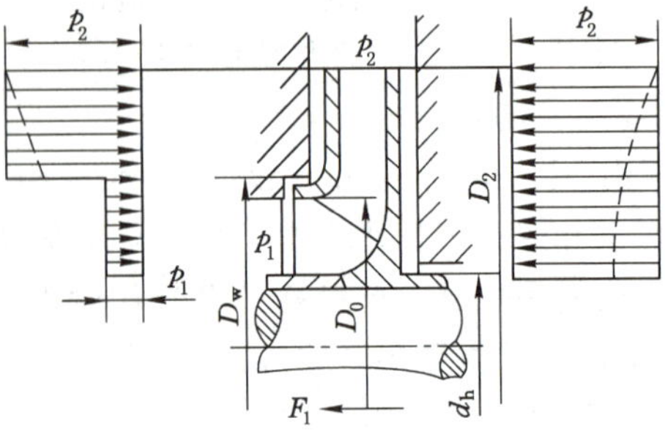

图 2-34　轴向推力的产生

实际上压力的分布如图 2-34 中虚线所示的那样，是按抛物线分布的，越靠近轮毂越小。

原因二：由于叶轮内水流的动量发生变化而产生轴向推力。水在叶轮内流动过程中，速度方向是由轴向逐渐变为径向的。速度的变化必然引起动量的变化，结果对叶轮产生一个反冲力 F_2，该力方向由进水口指向后轮盘。

在泵正常工作时，F_2 与 F_1 相比数值很小，可以忽略不计。但在启动瞬间，由于泵的正常压力尚未建立，所以反冲力的作用较为明显，泵在启动时转子向后窜动就说明了这一点。为此，操作中应注意避免频繁启动。

原因三：由于大、小口环磨损严重，泄漏量增加，而使前、后轮盘上的压力分布规律发生变化，从而引起轴向推力的增加。在正常状态下，增加的数值可以不予考虑，但在非正常状态下，这个数值可能很大。

由此可见，叶轮前、后轮盘上所受压力不平衡，是产生轴向推力的主要原因。总轴向推力的方向，是由水泵的排水侧指向吸水侧。总轴向推力的大小与扬程成正比。

二、轴向推力的危害

多级离心式水泵的轴向推力有时可达几十千牛，这个力将使整个转子向吸水侧窜动。如不加以平衡，将使高速旋转的叶轮与固定的泵壳接触，造成破坏性的磨损。另外，过量的轴向窜动会使轴承的轴向负荷加大而发热，电机负载也相应加大，同时使互相对正的叶轮出水口与导水圈的导叶进口发生偏移，引起冲击和涡流，降低水泵的效率，严重时将使水泵无法工作。

三、平衡轴向推力的方法

1. 平衡孔法

如图 2-35 所示，在叶轮的后轮盘上设一外凸的圆环 K，其直径与吸水口外径相同，在 K 与叶轮轮毂间必形成一小室 E。外凸圆环 K 与泵体上的固定环配合工作，将阻止外侧的高压水向 E 室泄漏。小室 E 通过 4～8 个平衡孔 A 与叶轮入口相通，则 E 室内的压力与叶轮入口压力基本相等，从而减少了叶轮轮盘前、后侧的压力差，使轴向推力趋于平衡。

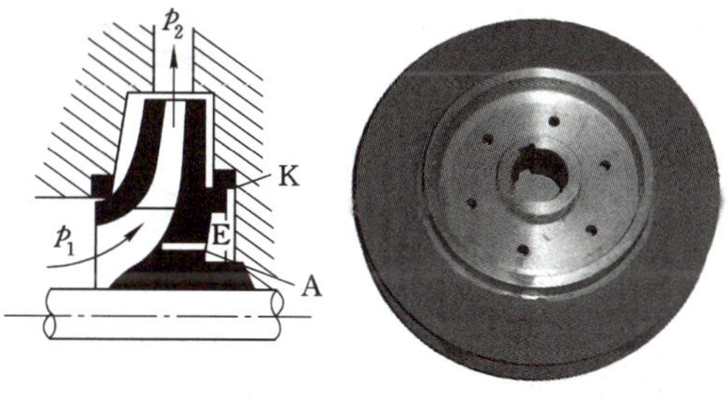

图 2-35　平衡孔

这种平衡方法结构简单，但平衡效果不佳，而且增加了流量损失，同时经过平衡孔返回的水会扰乱进口水流的正常流动，增大涡流和冲击损失，使泵的效率下降 2%～5%。因此，这种平衡方法一般用于单级泵。

2. 双吸叶轮法

如图 2-36 所示，由于叶轮结构尺寸对称，因此叶轮两侧的压力作用面积相等，理论上可使产生的轴向力互相抵消。但由于在制造上很难做到叶轮两侧过流部分的几何形状完全相同，两侧密封环的间隙也很难完全相等，所以仍会有较小的轴向推力作用在转子上。这种结构多用在流量较大的单级离心泵上。

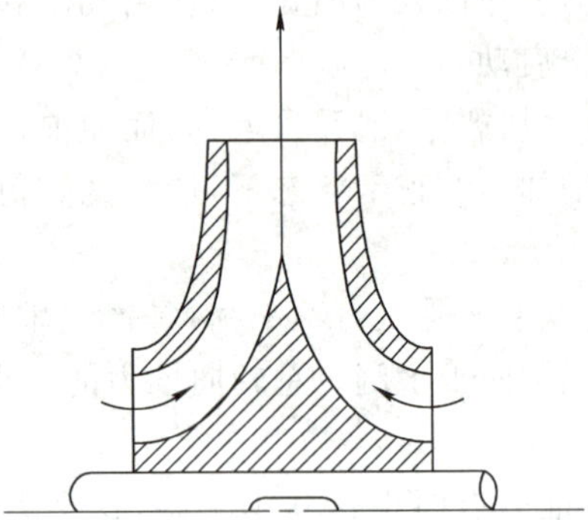

图 2-36　双吸叶轮

3. 平衡叶片法

如图 2-37 所示，在叶轮后盖板的背面对称安置几条径向叶片，如同泵叶片那样使叶轮背面的水加快旋转，离心力增大，使叶轮背面的压力显著下降，从而使叶轮前、后侧的压力趋于平衡。这种平衡方法会使泵的效率有所降低，其平衡程度取决于平衡叶片的尺寸和叶轮与泵体的间隙，通常在杂质泵上采用。

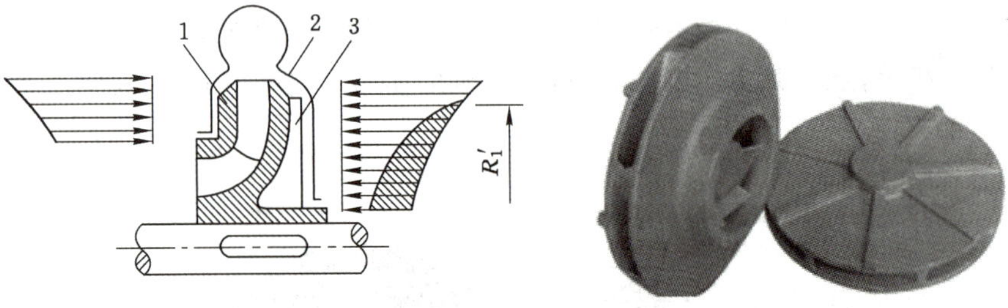

1—叶轮；2—螺壳；3—平衡叶片。

图 2-37　平衡叶片

4. 平衡鼓法

如图 2-38 所示，平衡鼓是装在末级叶轮后面与叶轮同轴的圆柱体，其外圆表面与泵体上的平衡鼓套之间有一很小的径向间隙 δ。平衡鼓右侧用连通管与泵吸水口相连，这样平衡鼓右侧 C 的压力接近泵吸水口压力，左侧 A 的压力接近最后一级叶轮后腔的压力，从而在平衡鼓两侧形成一个从左向右的推力，这个推力称为平衡力。显然，平衡力的方向与轴向推力的方向相反。这种方法不能完全平衡轴向推力，因此要采用止推轴承来承受剩余的轴向推力。

5. 平衡盘法

如图 2-39 所示，在多级水泵最后一级叶轮的后面，装配一平衡盘，并用键将它固定在泵轴上，随叶轮一起旋转。泵体上固定有支承环和平衡环。平衡盘与支承环间形成不变的径向间隙 δ_0，与平衡环间形成可变的轴向间隙 δ'。平衡盘左侧充水腔 A 为平衡腔，右侧充水腔 B 为回流腔。回流腔经回水管与水泵吸水口或大气相通。

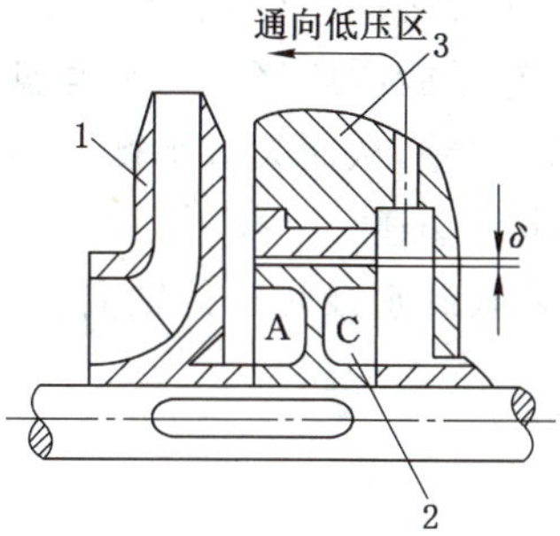

1—叶轮；2—平衡鼓；3—出水段。

图 2-38　平衡鼓

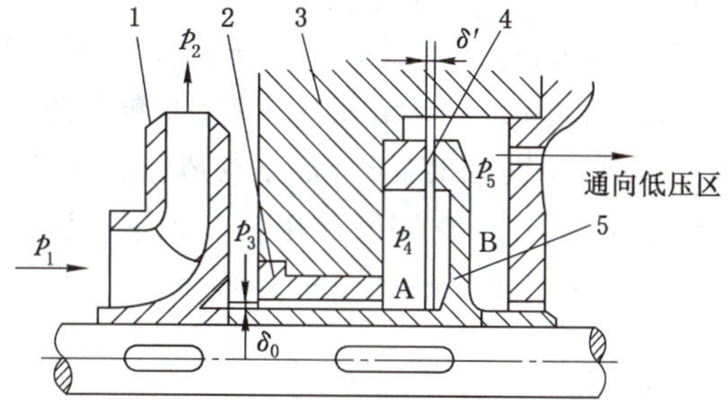

1—水泵末级叶轮；2—支承环；3—泵体；4—平衡环；5—平衡盘。

图 2-39　平衡盘

设水泵最后一级叶轮的出口压力为 p_2，径向间隙 δ_0 前面的压力为 p_3，水泵正常工作时 $p_2 \approx p_3$，可认为是不变的。当水流过径向间隙 δ_0 后，由于水力损失的存在，平衡腔 A 内的压力降为 p_4。当水流过轴向间隙 δ'后，压力再下降至 p_5，$p_5 \approx p_1$，也认为是不变的。这样，平衡盘左、右两侧形成压力差 $p_4 - p_5$，产生平衡力 F_p，F_p 的方向与轴向推力 F_z 的方向相反。当平衡力 F_p 等于轴向推力 F_z 时，水泵便处在平衡状态下运转。

轴向推力 F_z 的大小与扬程的高低有关，因此，水泵的工况变化时，轴向推力 F_z 也要相应变化。当轴向推力 F_z 大于平衡力 F_p 时，转子就向吸水侧移动，使轴向间隙 δ'减小，通过间隙 δ'的泄漏量也就减少，A 腔内的压力 p_4 增大，由于 p_5 基本不变，所以平衡盘两边的压力差增加，平衡力 F_p 也就相应增大。当转子继续向左移动时，平衡力 F_p 不断增加，直到平衡力 F_p 和轴向推力 F_z 相等而达到平衡。

但由于惯性，运动着的转子不会立刻停止在新的平衡位置上，而要继续向左移动，轴向间隙 δ'继续减小，使得平衡力 F_p 超过轴向推力 F_z 以阻止转子继续左移，直到停止。但是，转子停止移动的位置并非平衡位置，此时的平衡力 F_p 大于轴向推力 F_z，从而使转子向右移动，又开始了从不平衡到平衡的运动。

平衡盘的工作过程如下(以 $F_z > F_p$ 为例)：

→ $F_z > F_p$ (开始) → 平衡盘左移 → δ'↘ → p_4↗ → F_p↗ → $F_z = F_p$ (平衡位置) → 平衡盘继续左移 → δ'↘ → p_4↗ → F_p↗ → $F_z < F_p$ → 平衡盘右移 → δ'↗ → p_4↘ → F_p↘ → $F_z = F_p$ (平衡位置) → 平衡盘继续右移 → δ'↗ → δ'↗ → P_4↘ → F_p↘ $F_z > F_p$ ┘

综上所述，平衡盘的平衡状态是动态的，也就是说，泵轴是在平衡位置左右做轴向移动。由于平衡盘的这种自动平衡轴向推力的特点，因而被广泛地应用在多级水泵上。

用平衡盘平衡轴向推力的效果好。但在水泵的启动过程中，因水泵的流量小、扬程大，所以水泵的轴向推力较大；而这时的平衡力较小，故会引起泵轴向吸水侧窜动，使平衡盘和平衡环接触而造成磨损。为了减少这种磨损，应尽量减少水泵的启、停次数。同时，为了增加平衡盘与平衡环的耐磨性，在平衡盘的材料选择和热处理加工方面都有严格要求，以保证工作面具有足够的硬度且耐磨。

一般从平衡盘中流出的水量应不超过水泵流量的 1.5%～3%，否则水泵的效率大大降低。因此，为了减少从平衡盘中流出的水量，应使平衡盘和平衡环之间的轴向间隙在 0.5～1 mm 之间。泵轴的自由窜量不小于 1 mm、不大于 4 mm，但绝不能因此堵死与平衡盘右侧相通的回水管。因为一旦堵死回水管，平衡盘两边就不存在压力差，从而失去平衡轴向推力的作用。因此，在维修水泵时，要注意疏通回水管，以保证回水管畅通。

使用平衡盘，就不能同时使用推力轴承。因为推力轴承将限制水泵转子的轴向位移，从而使平衡盘失去自动平衡轴向推力的优点。

任务实施

一、离心式水泵的日常维护

（一）日常检查

日常检查的主要内容是：真空表、压力表、电流表和电压表是否正常和稳定；轴承温度是否正常；机体有无异常音响和振动；盘根松紧是否合适；管路是否漏水漏气；平衡装置工作是否正常；滤水器是否堵塞；电机温度是否正常。

离心式水泵的日常维护

（二）日常维护

（1）轴承润滑：

① 滑动轴承一般用 20 号机械油，滚动轴承一般用钙基润滑脂。

② 水泵采用滑动轴承时，每周应加油一次，每运行 2 000～2 500 h 换油一次；若采用滚动轴承，应用黄油杯加油，应每班拧紧油杯丝扣 1～2 转，每 3～4 个月换油一次。

（2）更换填料：

① 填料磨损、老化后应及时更换。

② 新填料的安装要求：填料接口互错 120°，接口两端间隙越小越好。填料压盖压紧到最大限度后拧回 0.5～2.5 扣，至填料有水滴滴出为止（每分钟 10～20 滴为宜）。

③ 更换填料应在停泵时进行，但松紧可在开泵后做最后调整。

（3）定期清扫滤水器，清除吸水井杂物。

（4）工作泵、备用泵、检修泵应轮换运行。

二、离心式水泵的拆装

离心式水泵的拆装

（一）泵的拆卸

1. 拆卸泵时的准备事项

① 按停泵程序停泵。

② 将泵壳内的液体放掉。

③ 如果轴承部件是润滑油润滑，应将润滑油放掉。

④ 拆去妨碍拆卸的附属管路，如平衡盘水管、水封环水管和仪器仪表等。

⑤ 拆卸泵与电机的联轴器。

⑥ 安装好起吊设备。

2. 拆卸泵的顺序

泵的拆卸步骤应从拆下出水侧的轴承部件开始，其顺序大体如下：

① 拧下出水侧轴承压盖上的螺栓和吐出段（出水段）、填料函体（尾盖）、轴承体三个部件之间的连接螺母，卸下轴承部件。

② 拧下轴上的圆螺母，依次卸下轴承内圈、轴承压盖和挡套后，卸下填料函体或尾盖（包括填料压盖、填料环、填料等在内）。

③ 依次卸下轴上的O形密封圈、轴套、平衡盘和键，然后卸下出水段（包括末级导叶、平衡环等在内）。

④ 卸下末级叶轮和键后，卸下中段（包括导叶在内）。

⑤ 按同样方法，继续卸下其余各级的叶轮、中段和导叶，直到卸下首级叶轮为止。

⑥ 拧下吸入段（进水段）和轴承体的连接螺母，拧下轴承压盖上的螺栓后，卸下轴承部件（在这之前应预先将泵联轴器卸下）。

⑦ 将轴从吸入段（进水段）中向后抽出，拧下轴上的固定螺母，依次将轴承内圈、O形密封圈、轴套、挡套等卸下。

至此拆卸工作基本完成，但在上述拆卸过程中，还有部分零件互相是连接在一起的，一般情况下拧下连接螺栓或螺母后即可卸下。

3. 清洗和检查

① 用煤油清洗全部的零件，在空气中干燥或用布擦干。

② 检查全部零件的磨损情况，对不能确保正常运转的零件应更换新的。

③ 检查泵轴是否有灰尘或生锈，用千分表检查轴的直线度（轴的径向跳动值不大于8级精度）。

④ 当密封间隙超过推荐值最大值的50%时，应更换密封元件。

（二）泵的装配

D型、MD型泵装配质量的好坏对泵的性能及运行稳定性影响显著，在装配时务必注意以下几点：

① 叶轮出口中心与导叶进口中心对准。如果对不准，应在叶轮轮毂与轴肩通过加设垫片调整。应将两中线控制在0.5 mm的范围内。

② 泵的转子部分与定子部分的各个密封间隙值大小均匀，稍有偏差，就会使水泵的性能受到影响，流量减小，扬程降低，效率差，以致降低泵的使用寿命。各个密封间隙值大小见表2-6。

表2-6　泵体密封环与叶轮密封环的名义径向间隙　　单位：mm

名义尺寸	30～90	>90～120	>120～180	>180～250	>250～500	>500～800	>800～1 250	>1 250
直径间隙	0.3～0.4	0.4～0.5	0.5～0.6	0.6～0.7	0.7～0.85	0.85～1.2	1.2～1.6	1.6～2.0

③ D型、MD型泵必须有良好的同心度，故在装配时务必使装配好的转子部件及各零件的径向跳动满足表2-7的规定。

④ 泵的装配顺序，可按拆卸顺序反向进行。装配完毕后，用手转动转子，检查泵内是否

有摩擦声或转动不灵活等不正常现象。除了 MD6-25 和 MD12-25 型泵以外，其余泵型的转子应有轴向窜动量。

表 2-7　各零件的径向跳动允许误差　　单位：mm

部位	公称直径				
	≤50	>50～120	>120～260	>260～500	>500～800
叶轮密封环外圆	0.06	0.06～0.08	0.07～0.09	0.08～0.10	0.10～0.13
轴套外圆	0.04	0.04～0.06	0.06～0.07	—	—
平衡套外圆	0.05	0.06	0.07	—	—
平衡盘外圆	0.03	0.04	0.05	0.06	—

三、水泵完好标准

主水泵和一般水泵的完好标准见表 2-8 和表 2-9。

表 2-8　主水泵的完好标准

<table>
<tr><th>项目</th><th>完好标准</th><th>备注</th></tr>
<tr><td>螺栓、螺母、背帽、垫圈、开口销、护罩、放气阀</td><td>齐全、完整、紧固</td><td>1. 包括从底阀到逆止阀的管路；
2. 每台水泵不少于一个放气阀</td></tr>
<tr><td>泵体与管路</td><td>无裂纹、不漏水；泵体和泵房内排水管路防腐良好；吸水管径不小于水泵吸水口径；平衡盘调整合适，轴窜量为 1～4 mm（或按厂家规定）；填料滴水不成线；填料箱不过热</td><td></td></tr>
<tr><td>逆止阀、闸阀、底阀</td><td>齐全、完整、不漏水，闸门操作灵活</td><td>底阀以自灌满引水起 5 min 后能启动水泵为合格</td></tr>
<tr><td>轴承</td><td>油圈转动灵活，油质合格，不漏油；滚动轴承温度不超过 75 ℃，滑动轴承温度不超过 65 ℃；轴承最大间隙不超过以下规定：
单位：mm
<table>
<tr><th>轴颈直径</th><th>滑动轴承</th><th>滚动轴承</th></tr>
<tr><td>30～50</td><td>0.24</td><td>0.2</td></tr>
<tr><td>>50～80</td><td>0.30</td><td>0.20</td></tr>
<tr><td>>80～120</td><td>0.35</td><td>0.30</td></tr>
<tr><td>>120～180</td><td>0. 5</td><td>0.30</td></tr>
</table></td><td></td></tr>
<tr><td>联轴器</td><td>端面间隙比轴的最大窜量大 2～3 mm，径向位移不大于 0.2 mm，端面倾斜不大于 1‰，胶圈外径和孔径差不大于 2 mm</td><td>螺栓有防脱装置</td></tr>
<tr><td>电气与仪表</td><td>电机和开关柜应符合其完好标准；压力表、电压表、电流表齐全、完整、准确</td><td>仪表校验期不超过一年</td></tr>
</table>

表 2-8(续)

项目	完好标准	备注
运转	运转正常、无异常振动；水泵每年至少测定一次；排水系统综合效率：立井≥45%，斜井≥40%	测定记录有效期不超过一年
整洁	设备与泵房整洁，水井无杂物，工具、备件存放整齐；有运行日志和检查、检修记录	

表 2-9　一般水泵的完好标准

项目	完好标准	备注
螺栓、螺母、背帽、垫圈、开口销、护罩、放气阀	齐全、完整、紧固	
泵体与管路	无裂纹、不漏水；泵体和泵房内排水管路防腐良好；吸水管径不小于水泵吸水口径；平衡盘调整合适，轴窜量为 1～4 mm(或按厂家规定)；填料滴水不成线；填料箱不过热	
逆止阀、闸阀、底阀	齐全、完整、不漏水，闸门操作灵活	排水垂高低于 50 m 的可以不装逆止阀
轴承	油圈转动灵活，油质合格，不漏油；滚动轴承温度不超过 75 ℃，滑动轴承温度不超过 65 ℃	
联轴器	端面间隙比轴的最大窜量大 2～3 mm，径向位移不大于 0.2 mm，端面倾斜不大于 1.5‰	
电气	电机符合其完好标准；启动设备齐全、可靠；接地装置合格	
整洁	设备无油垢，周围无杂物	

四、常见故障分析与排除方法

离心式水泵常见故障

1. *启动时水泵不出水，或者启动时吸不上水*

产生这种故障的原因不同，处理的方法也不一样，通常有：

① 启动时水泵没有注满水，水泵内的空气没有完全排除，所以启动后水泵不出水。解决的方法很简单，那就是重新向水泵注水，直到打开水泵上的放气塞冒水为止。

② 底阀漏水：虽然向水泵内持续注水，但一直注不满，所注的水都经底阀漏掉了。解决的方法是使底阀阀板与阀座接触严密。

③ 水龙头堵塞：虽然吸水管中已经注满水，水泵也已经注满水，但启动时仍不出水。需要观察真空表指示，如果指示值比正常值大，有可能是龙头被堵塞。解决的方法就是清除龙头的堵塞物。

④ 吸水管漏水：吸水管接头不严密漏入空气或者安装真空表的地方漏水，使吸水管中空气排不尽，有可能会出现压力表和真空表激烈摆动。解决的方法即更换吸水管接头橡胶垫圈、重新拧紧连接螺栓或真空表丝扣。

⑤ 吸水高度过大：在移动式排水时，经常由于疏忽而造成吸水高度过高吸不上水。解决的方法就是降低水泵的安装高度至规定值以下。

⑥ 排水高度太大:排水高度超过水泵的扬程造成排水口不出水。解决的方法即通过计算降低排水高度,使其不超过水泵可能的范围,或更换大扬程的水泵。

2. 水泵振动大,声音不正常

① 水泵吸入口的真空高度,超过允许的吸上真空度,水泵产生汽蚀并伴随着振动和噪声。解决的方法即及时停泵,查明原因,进行处理。

② 安装质量不好,两联轴器不同心,所以产生振动。解决的方法是重新调整电机与水泵的同心度,使之符合质量标准。

③ 泵轴弯曲,泵内零件磨损引起振动。解决的方法是校正或者更换泵轴。

④ 轴承磨损严重或者轴承损坏,引起水泵振动。解决的方法就是更换轴承。

⑤ 水泵或电机底座地脚螺栓没有紧固,机座下基础不实,运行时水泵不稳。解决的方法是拧紧地脚螺栓,加固机座下基础。

3. 轴承发热

① 轴承缺油或油太多。解决的方法是保持适量的润滑油。

② 油脂使用时间过长,油脂过脏。解决的方法是润滑油使用必须符合规定,油质必须清洁。

③ 滑动轴承油环不转动或不灵活,带不上油,引起轴承发热。解决的方法是经常检查是否有轻微阻碍造成转动不灵活或者时停时转,遇到问题及时处理。

④ 轴承安装不良,引起轴承发热。解决的方法是重新安装,保证安装精度。

⑤ 平衡盘与平衡环磨损严重,水泵轴向吸水侧移动。解决的方法是及时调整平衡盘尾部垫圈或者更换平衡盘及平衡环。

⑥ 轴承损坏。解决的方法是更换轴承。

4. 其他常见故障分析及排除方法

其他常见故障分析及排除方法见表 2-10。

表 2-10 水泵常见故障分析与排除方法

序号	故障现象	原因分析	排除方法
1	水泵不吸水,吸入真空表指示高度真空	底阀没有打开或已淤塞	检查或更换底阀
		吸水管阻力太大,吸水高度太高	清洗或更换吸水管,降低吸水高度
2	流量不足	电机转数不足	检查电源电压或改变转速
		填料箱漏气	拧紧填料箱压盖
		密封环磨损过多,内泄漏严重,水泵叶轮局部淤塞	更换密封环,清洗水泵叶轮
		叶轮出水口与导水圈进水口没对正	调整导水圈安装位置
3	水泵运转功率过大	填料压盖压得太紧,填料室发热	拧松填料压盖或更换填料
		泵旋转部分发生摩擦	检查泵内各旋转零件并加以修正
		平衡盘平衡效果差	检查平衡盘及回水管
		密封环间隙过大,使轴向推力增大	检查密封环间隙或更换
		水泵排水量增加	调节闸阀,降低流量

表 2-10(续)

序号	故障现象	原因分析	排除方法
4	水泵内部声音反常，水泵不上水	吸水管内阻力过大，吸水高度过高	检查吸水管和底阀，降低吸水高度
		在吸水处有空气渗入	查找堵塞漏气处
		所输送液体温度过高	降低输送液体温度
		发生汽蚀现象	消除汽蚀现象
5	平衡水中断，平衡室发热，电机功率增加	水泵在大流量、低扬程下运转	关小出口闸阀至泵的规定参数范围内运转
		平衡盘与平衡环产生研磨	拆卸平衡盘与平衡环进行检修
6	填料箱或泵壳发热	长时间关闭排水闸阀使泵壳发热	打开排水闸阀或停泵待冷却后再启动
		平衡盘歪斜或无水使平衡室发热	检查平衡盘及回水管
		填料箱压盖歪斜或压得太紧	检查调整填料箱压盖
		填料失水	检查水封管及水封环是否堵塞
7	水泵不启动	叶轮与导水圈的间隙太小，摩擦阻力太大	检查叶轮与导水圈的间隙是否符合标准，然后修理
		填料箱压盖歪斜或压得太紧	调整压盖松紧
		转子窜量太大使叶轮与泵体摩擦	调整转子窜量
		电机缺相	检查电源及熔断器
		启动器有故障	检查启动器
8	启动时功率过大	未关闭排水闸阀	关闭排水闸阀再启动
		平衡盘不正或无水	停泵检查平衡盘间隙及回水管
		转动部分与固定部分间阻力太大	停泵检查转动部分与固定部分各处间隙并修理调整
		电网压降太大	待电压稳定后再启动

五、常用简易的故障诊断方法

常用简易的水泵状态监测方法主要有听诊法、触测法和观察法等。

1. 听诊法

设备正常运转时，伴随发生的声响总是具有一定的音律和节奏。只要熟悉和掌握这些正常的音律和节奏，通过人的听觉功能就能对比出设备是否出现了重、杂、怪、乱的异常噪声，以此来判断设备内部出现的松动、撞击、不平衡等隐患。例如用手锤敲打零件，听其是否发出破裂杂声，可判断有无裂纹产生。

听诊可以用螺丝刀尖（或金属棒）对准所要诊断的部位，用手握螺丝刀把，贴耳细听，这样可以滤掉一些杂音。

现在使用的电子听诊器是一种振动加速度传感器。它将设备振动状况转换成电信号并进行放大，工人用耳机监听运行设备的振动声响，以实现对声音的定性测量。通过测量同一测点、不同时期、相同转速、相同工况下的信号，并进行对比，来判断设备是否存在故障。当耳机出现清脆尖细的噪声时，说明振动频率较高，一般是尺寸相对较小的、强度相对较高的零件发生局部缺陷或微小裂纹。当耳机传出混浊低沉的噪声时，说明振动频率较低，一般是尺寸相对较大的、强度相对较低的零件发生较大的裂纹或缺陷。当耳机传出的噪声比平时增强时，说明故障正在发展，声音越大，故障越严重。当耳机传出的噪声是杂乱无规律地间歇出现时，说明有零件或部件发生了松动。

2. 触测法

用人手的触觉可以监测设备的温度、振动及间隙的变化情况。人手上的神经纤维对温度比较敏感，可以比较准确地分辨出 80 ℃以内的温度。当机件温度在 0 ℃左右时，手感冰凉，若触摸时间较长会产生刺骨痛感。10 ℃左右时，手感较凉，但一般能忍受。20 ℃左右时，手感稍凉，随着接触时间延长，手感渐温。30 ℃左右时，手感微温，有舒适感。40 ℃左右时，手感较热，有微烫感觉。50 ℃左右时，手感较烫，若用掌心按的时间较长，会有汗感。60 ℃左右时，手感很烫，但一般可忍受 10 s 左右的时间。70 ℃左右时，手感烫得灼痛，一般只能忍受 3 s 左右的时间，并且手的触摸处会很快变红。触摸时，应试触后再细触，以估计机件的温升情况。用手晃动机件可以感觉出 0.1～0.3 mm 的间隙大小。用手触摸机件可以感觉振动的强弱变化和是否产生冲击。

用配有表面热电偶探头的温度计测量滚动轴承、滑动轴承、主轴箱、电机等机件的表面温度，具有判断热异常位置迅速、数据准确、触测过程方便的特点。

3. 观察法

人的视觉可以观察设备上的机件有无松动、裂纹及其他损伤等；可以检查润滑是否正常，有无干摩擦和跑、冒、滴、漏现象；可以查看油箱沉积物中金属磨粒的多少、大小及特点，以判断相关零件的磨损情况；可以监测设备运动是否正常，有无异常现象发生；可以观看设备上安装的各种反映设备工作状态的仪表，了解工况的变化情况；可以通过测量工具和直接观察表面状况，判断设备工作状况。把观察到的各种信息进行综合分析，就能对设备是否存在故障、故障部位、故障的程度及故障的原因做出判断。

任务考评

任务考评的内容及评分标准见表 2-11。

表 2-11　任务考评的内容及评分标准

序号	考核内容	考核项目	配分	评分标准	得分
1	D 型水泵结构	各部件结构及作用	10	错一项扣 2 分	
2	D 型水泵拆装	拆装顺序、方法及工具使用	30	错一项扣 5 分	
3	水泵完好标准	水泵完好标准内容理解	20	错一项扣 2 分	
4	水泵常见故障分析与排除方法	对假设故障分析与排除	20	错一项扣 5 分	
5	常用的简易水泵状态监测方法	听诊法、触测法、观察法	10	错一项扣 3 分	
6	遵章守纪，文明操作	遵章守纪，文明操作	10	错一项扣 5 分	
合计					

复习思考题

1. D型水泵有哪些组成部分？各有何作用？
2. D型水泵的型号意义是什么？
3. 离心式水泵平衡轴向推力的方法有哪些？
4. 离心式水泵的密封装置有哪些？
5. 离心式水泵的拆、装步骤有哪些？
6. 离心式水泵的完好标准有哪些内容？
7. 水泵的常见故障有哪些？如何分析与排除？

任务四　排水设备选型设计

【知识要点】 常见排水系统的优缺点；水泵及管路选择的相关规定。

【技能目标】 了解排水系统的确定；熟悉水泵及管路选择的方法；掌握水泵工况点的确定及验算。

任务描述

排水设备选型的任务就是在现有产品中选择出能够在特定矿井条件下既能安全可靠运行，又能高效经济工作，还便于操作维护的排水设备。为此，在选型设计过程中，必须遵守《煤矿安全规程》和《煤炭工业矿井设计规范》的相关规定，在保证及时排除矿井涌水的前提下选择最优方案，使排水总费用最小。

任务分析

一、收集相关资料

设计时必须具备的相关资料有：

① 矿井年产量、服务年限及井口标高。

② 井筒形式（竖井、斜井）、同时开采水平数及各开采水平标高。

③ 各水平正常涌水量和最大涌水量及持续时间。

④水的密度、泥沙含量及化学性质（如 pH 值）。

⑤ 瓦斯等级。

⑥ 供电电压。

⑦ 井筒及井底车场布置图。

二、设计的主要任务

① 确定排水系统。

② 选定排水设备。

③ 提出经济核算指标。

④ 绘制水泵房、管路及管子道布置图。

任务实施

一、确定排水系统

确定排水系统时，应从基本投资少、易于施工、操作简单、维护方便、运行可靠、高效经济等方面，结合矿井的开拓方式、开采深度和各水平涌水量的大小等实际因素加以综合考虑。常见的排水系统主要有：

1. 单水平开采的排水系统

图 2-40 为几种单水平开采时的排水系统示意图。

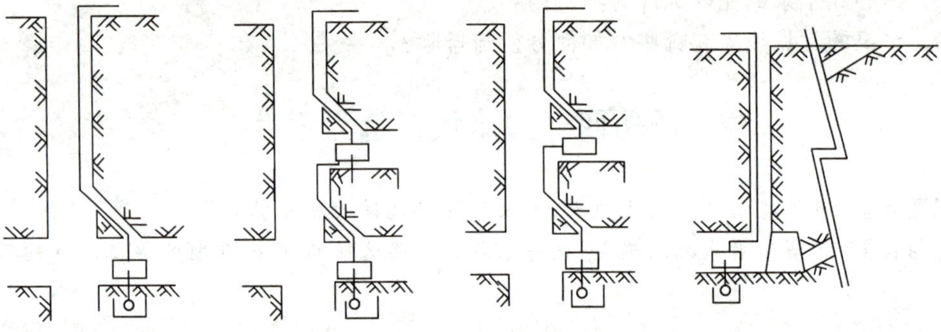

图 2-40　单水平开采时的排水系统示意图

(1) 直接排水系统

竖井单水平开采时，可将全部矿水聚集于水仓中，并用排水设备直接排至地面，如图 2-40(a)所示。斜井单水平开采时，排水管可沿井筒敷设或敷设在专用钻孔中，如图 2-40(d)所示。

直接排水具有系统简单、开拓量小、基建费用低、管理方便等优点。它是我国矿井采用最多的方案。

(2) 分段排水系统

单水平开采时，若井筒较深，排水所需扬程超过了水泵可能产生的扬程，便可分段排水。这种排水方法有两种方案：① 在井筒中部开拓泵房和水仓，如图 2-40(b)所示，下部泵房的水泵先将矿水排至中间水仓，然后再由中间泵房的水泵将水排至地面；② 只开中间泵房，不开水仓，上、下泵房中的水泵按间接串联方式工作，如图 2-40(c)所示。

两者比较，前者的优点是上、下设备互不影响，可靠性高，但开拓工程量大；后者的优点是不开拓中间水仓，但因要求上、下任意两台水泵都能串联工作，而使管路布置十分复杂，并且下部的排水设备可能受到全井深的水头压力。因此，为保证工作可靠，应尽可能采用前一方案。

2. 多水平同时开采的排水系统

(1) 独立排水系统

当各水平涌水量都较大时，在各水平分别设置水仓、泵房和排水设备，以便将各自水平的水直接排至地面，如图 2-41(a)所示。这种方案的优点是上、下水平互不干扰；缺点是设备多，管路多。

(2) 集中排水系统

当上水平的涌水量较小，没有必要单独设置排水设备时，可将上水平的水下放到下水平，而后由下水平的水泵排至地面，如图2-41(b)所示。这种方案的优点是只需一套排水设备；缺点是上水平的水下放后再上排，损失了水的位能，增加了电耗。

(3) 分段排水系统

如图2-41(c)所示，这种方案常用于具有下山的缓倾斜煤层矿井且涌水量较小的情况，即将下水平的水用辅助排水设备排至上水平的水仓中，然后集中排至地面。它的缺点是，一旦上水平的排水设备发生故障，两水平都有被淹没的危险。

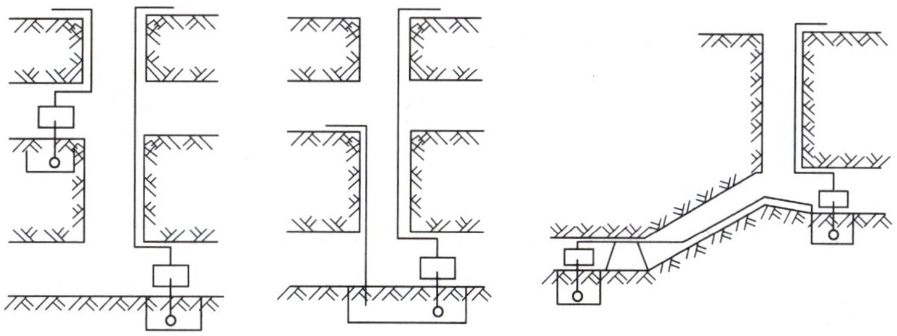

图2-41　多水平同时开采时的排水系统示意图

总之，无论是单水平开采还是多水平开采，在确定排水系统方案时，都要进行技术经济的综合比较。

二、水泵的选型计算

1. 水泵必须具备的总排水能力

正常涌水时，工作水泵必须具备的总排水能力为：

$$Q_B = \frac{24q_z}{20} = 1.2q_z \tag{2-32}$$

最大涌水时，工作水泵和备用水泵必须具备的总排水能力为：

$$Q_{max} = \frac{24q_{max}}{20} = 1.2q_{max} \tag{2-33}$$

式中　q_z、q_{max}——矿井正常涌水量和最大涌水量，m^3/h。

2. 水泵所需扬程的估算

由于水泵和管路均未确定，因此就无法确切知道所需的扬程，一般可由下面公式中任选一个进行估算：

$$H_B = H_{sy}\left(1 + \frac{0.1 \sim 0.12}{\sin\alpha}\right) \tag{2-34}$$

$$H_B = \frac{H_{sy}}{\eta_g} \tag{2-35}$$

式中　H_{sy}——测地高度(实际扬程)，一般可取 H_{sy}＝泵房底板与井口标高差＋(4～5)吸水扬程，m。

α——管路倾斜敷设时的倾角，(°)。

η_g——管路效率。对竖井，η_g＝0.9～0.87。对斜井，当倾角 $\alpha>30°$ 时，η_g＝0.83～

0.8；当 $\alpha=20°\sim30°$ 时，$\eta_g=0.8\sim0.77$；当 $\alpha<20°$ 时，$\eta_g=0.77\sim0.74$。

3. 预选水泵的型号和级数

根据 Q_B、H_B 及矿水的 pH 值，从泵类产品样本中选取水泵，最好是一台泵就能达到所需要求的排水能力。在满足要求的各型号水泵中，优先选择工作可靠、性能良好、体积小、质量轻且价格便宜的产品。当矿水的 pH 值小于 5 时，应采取降低矿水酸度的措施，若技术上有困难或经济上不合理，就应选取耐酸泵；当矿水泥沙含量太大时，应考虑选择 MD 型耐磨泵。符合上述条件的可能有多种型号，待选择了配套管路并经过技术经济比较后，最终确定出一种型号的泵。

若采用多级水泵，水泵级数可按下式计算：

$$i=\frac{H_B}{H_i} \tag{2-36}$$

式中　H_i——所选取水泵的单级扬程，m。

应当指出的是：计算的结果，i 值一般不是整数，但水泵级数只能是整数；选取大于 i 的整数当然能满足要求，但取小于 i 的整数有时也能达到要求，此时应同时考虑两种方案，进行技术比较后再确定。

4. 校验水泵的稳定性

为保证水泵工作的稳定性，应满足 $H_{sy}\leqslant0.9H_0$。通过稳定性校验，可以淘汰不能满足稳定性要求的水泵，从而减少可比的方案。

5. 确定水泵台数

（1）正常涌水时工作水泵的台数

$$n_1=\frac{Q_B}{Q_e} \tag{2-37}$$

式中　Q_e——预选水泵额定流量，m^3/h。

（2）备用水泵的台数

$$n_2\geqslant0.7n_1 \tag{2-38}$$

$$n_1+n_2=\frac{Q_{Bmax}}{Q_e} \tag{2-39}$$

（3）检修水泵的台数

$$n_3\geqslant0.25n_1 \tag{2-40}$$

在上述公式计算中，结果均取偏上的整数。因此，水泵的总台数 $n=n_1+n_2+n_3$。

水文地质复杂、有突水危险的矿井，按《煤炭工业矿井设计规范》可视情况增设抗灾水泵或在主排水泵房内预留安装水泵设备位置。

三、管路的选择

1. 管路条数的确定

根据《煤矿安全规程》和《煤炭工业矿井设计规范》的有关规定，至少应设置两趟管路，其中一趟工作，一趟备用。一般不宜超过 4 趟。

2. 泵房内管路布置的选择

泵房内管路布置主要取决于泵的台数和管路趟数，图 2-42 所示为矿井常用管路布置方式。其共同特点是任意一台水泵都要与任意一条管路相连接。

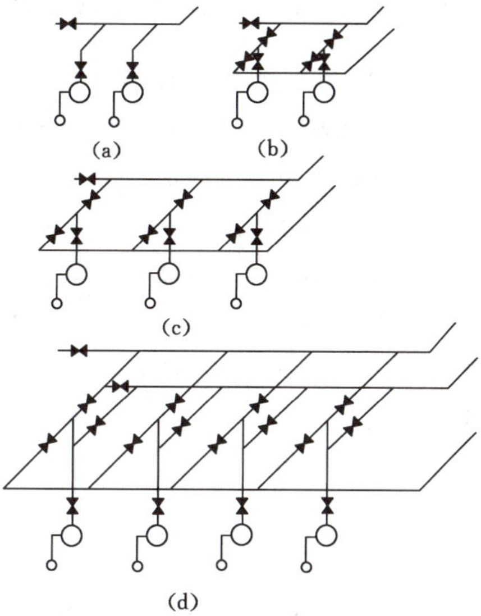

图 2-42　排水管路布置图

3. 管材的选择

选择管材的主要依据是管道所需承受的压力。由于矿井排出的水一般进入地表水渠，因此压力与井深成正比。通常情况下，对井深不超过 200 m 的，多采用焊接钢管；井深超过 200 m 时，多采用无缝钢管；当压力小于 1×10^6 Pa 时，可选用铸铁管；吸水管一般选用无缝钢管。

4. 管径与壁厚的计算

选择管径就是针对一定的流量寻找运行费用和初期投资费用两者之和最低的管径。

管路的初期投资费用与管径成正比，而运行所需的电耗与管径成反比。若管径选择偏小，水头损失大，电耗高，但所需的初期投资少；若管径选择偏大，水头损失小，电耗低，但所需的初期投资高，因此，管径是确定运行费用和初期投资费用在总费用中所占比重的决定因素，选择时应综合两方面考虑找出最佳的管径。通常是按经济流速的方法来确定管径。其计算公式如下：

(1) 排水管内径

$$d'_{\mathrm{p}}=\sqrt{\frac{4Q_{\mathrm{e}}}{3\,600\pi v'_{\mathrm{p}}}}=0.018\,8\sqrt{\frac{Q_{\mathrm{e}}}{v'_{\mathrm{p}}}} \tag{2-41}$$

(2) 吸水管内径

$$d'_{\mathrm{x}}=\sqrt{\frac{4Q_{\mathrm{e}}}{3\,600\pi v'_{\mathrm{x}}}}=0.018\,8\sqrt{\frac{Q_{\mathrm{e}}}{v'_{\mathrm{x}}}} \tag{2-42}$$

式中　v'_{p}——排水管的经济流速，一般取 1.5～2.2 m/s；

v'_{x}——吸水管的经济流速，一般取 0.8～1.5 m/s。

为了提高吸水性能，防止汽蚀发生，吸水管直径至少比排水管直径大一级。

由于钢管规格以外径为基准形成系列，同时对同一外径管有多种壁厚，因此，选择管径时，应根据井深试选标准管径。当矿井排水垂直高度小于 400 m 时，可选用管壁厚度较薄的一种；当排水垂直高度超过 400 m 时，可选用管壁较厚的管子。由表 2-12 选取标准管径。

表 2-12　热轧无缝钢管（YB231-70）　　单位：mm

外径	壁厚	外径	壁厚	外径	壁厚	外径	壁厚
32	2.5～8.0	76	3.0～19.0	152	4.5～36.0	377	9.0～75.0
38	2.5～8.0	83	3.5～24.0	159	4.5～36.0	402	9.0～75.0
42	2.5～10.0	89	3.5～24.0	169	5.0～45.0	426	9.0～75.0
45	2.5～10.0	95	3.5～24.0	180	5.0～45.0	459	9.0～75.0
50	2.5～10.0	102	3.5～28.0	194	5.0～45.0	(465)	9.0～75.0
54	3.0～11.0	108	3.5～28.0	203	6.0～50.0	480	9.0～75.0
57	3.0～13.0	114	4.0～28.0	219	6.0～50.0	500	9.0～75.0
60	3.0～14.0	121	4.0～32.0	245	7.0～50.0	530	9.0～25.0
63.5	3.0～14.0	127	4.0～32.0	273	7.0～50.0	(550)	9.0～25.0
68	3.0～16.0	133	4.0～32.0	299	8.0～75.0	560	9.0～25.0
70	3.0～16.0	140	4.5～36.0	325	8.0～75.0	600	9.0～25.0
73	3.0～19.0	146	4.5～36.0	351	8.0～75.0	630	9.0～25.0

壁厚尺寸系列																
	2.5	3.0	3.5	4.0	4.5	5.0	5.5	6	7	7.5	8	8.5	9	9.5	10	11
	12	13	14	15	16	17	18	19	20	22	24	25	26	28	30	32
	34	35	36	38	40	42	45	48	50	56	60	63	65	70	75	

注：1. 管长度 4～12.5 m。

2. 常用材料：10、20、45 号钢。

3. 管的理论质量（钢密度为 7.85）$G=0.246\,6\times\delta(D-\delta)$ kg/m（δ、D 单位为 mm）。

4. 标记示例：外径 60 mm、壁厚 10 mm、长度 1 000 mm 的热轧无缝管——管 $\phi 60\times 10\times 1\,000$。

5. 带括号的规格不推荐使用。

5. 管壁厚度的验算

管子选定后，其壁厚也就确定了。但此厚度能否满足承压要求，需按下式进行验算：

$$\delta=\frac{1}{1+\dfrac{2p}{2.3(R-6.5\times10^{6})-p}}\left[\frac{pd}{2.3(R-6.5\times10^{6})-p}+c\right] \tag{2-43}$$

式中　δ——管壁厚度，m；

d——所选管子标准管径，m；

R——管材许用应力，铸铁管 $R=20\times10^{6}$ Pa，焊接钢管 $R=60\times10^{6}$ Pa，无缝钢管 $R=80\times10^{6}$ Pa；

c——附加厚度（考虑运输和其他原因形成的表面损伤），铸铁管 $c=0.007\sim0.009$ m，焊接钢管 $c=0.002$ m，无缝钢管 $c=0.001\sim0.002$ m；

p——水管内部工作压力（Pa），作为估算：$p=1.1\times10^{4}H_{p}$，H_{p} 为排水扬程，Pa。

所选标准管的壁厚应等于或略大于按上式计算所得的 δ 值。吸水管不需验算壁厚。

四、管路特性的计算

由式（2-10）和式（2-12）可知，管路特性方程式为：

$$H = H_{sy} + ARQ^2 \tag{2-44}$$

式中　A——考虑管内径因污泥淤积后减小而引起阻力损失增大的系数。对于新管 $A=1$；对于管内挂垢后管径缩小 10%的旧管，$A=1.7$。

由式(2-11)可知：

$$R = \frac{8}{\pi^2 g}\left[\left(\sum\xi_x \frac{1}{d_x^4} + \frac{\lambda_x l_x}{d_x^5}\right) + \left(\sum\xi_p + 1\right)\frac{1}{d_p^4} + \frac{\lambda_p l_p}{d_p^5}\right]$$

式中　λ_x、λ_p——吸、排水管的沿程阻力系数，可查表 1-7。

d_x、d_p——吸、排水管内径，m。

l_x——吸水管的总长度，一般取 $l_x=8\sim10$ m。

$\sum\xi_x$、$\sum\xi_p$——吸、排水管路上的局部阻力系数之和，管路附件如图 2-43 所示，局部阻力系数值按表 1-8 查取。

l_p——排水管实际长度(m)，对于竖井：$l_p=(H_p-7.5)+l_1+l_2+l_3$，其中，$l_1$ 为水流经泵房内排水管的长度，一般取 $l_1=20\sim30$ m；l_2 为管子道中的管子长度，一般取 $l_2=20\sim30$ m；l_3 为井口出水管长度，一般取 $l_3=15\sim20$ m。

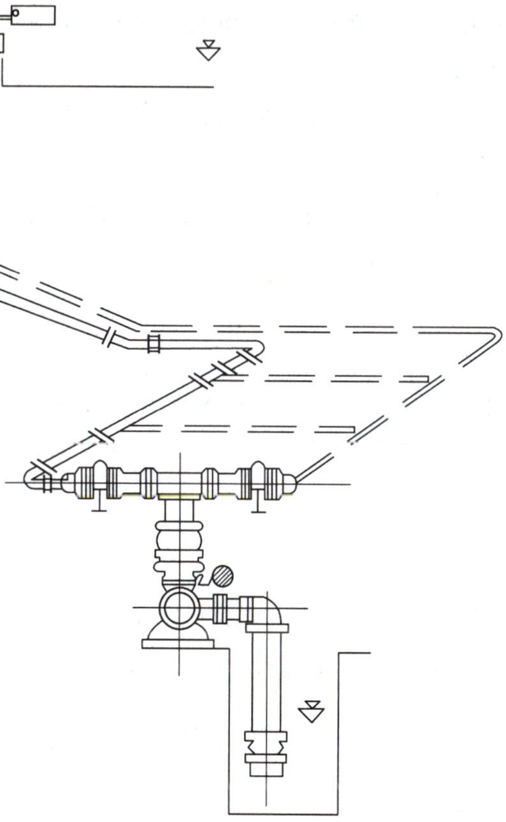

图 2-43　管路附件

五、水泵工况点的确定

在求得管路特性曲线方程后，可取不同的 Q_i，计算出相应的 H_{i1} 和 H_{i2}，据此在 Q-H 坐标图上画出管路的初期特性曲线 1 和挂垢后的特性曲线 2，从而得到工况点 M_1 和 M_2，如图 2-44所示。其工况参数分别为流量 Q_{M_1}、Q_{M_2}，扬程 H_{M_1}、H_{M_2}，效率 η_{M_1}、η_{M_2}，轴功率 N_{M_1}、N_{M_2} 和允许吸上真空度 H_{sM_1}、H_{sM_2} 或必需汽蚀余量 $NPSH_{rM_1}$ 和 $NPSH_{rM_2}$。

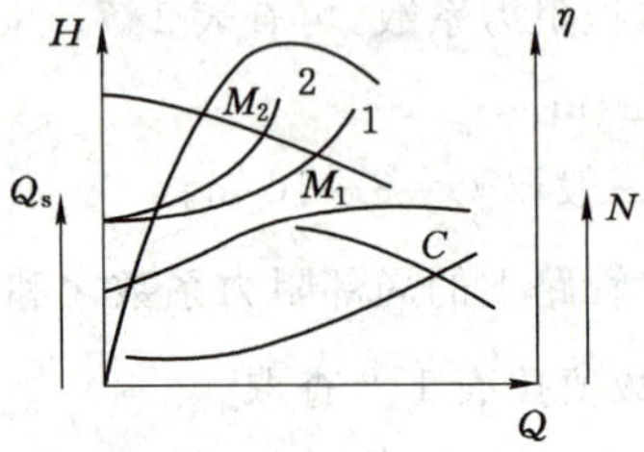

1—初期管路特性曲线；2—挂垢后的管路特性曲线。

图 2-44　水泵工况点

根据《煤炭工业矿井设计规范》，水泵的允许吸上真空度不应小于 5 m。

六、吸水高度的计算

如前所述，在计算吸水高度时，应按水泵运行期间可能出现的最大流量所对应的值进行计算。由式(2-23)和式(2-18)得：

$$H_x \leqslant \frac{p_a}{\rho g} - \frac{p_n}{\rho g} - h_x - NPSH_{rM_1} \tag{2-45}$$

或

$$H_x < H_{sM_1} - \frac{v_x^2}{2g} - h_x \tag{2-46}$$

当水泵安装地点的大气压不是一个标准大气压，水温不是 20 ℃时，应对图 2-44 中读出的 H_{sM_1} 按式(2-17)加以修正，然后将修正后的值$[H_{sM_1}]$代入上式计算出 H_x。

七、校核计算

1. 汽蚀性校核

为保证不发生汽蚀，工况点 M_1 所对应的允许吸上真空度 H_{sM_1} 应大于水泵入口实际真空度(即工况点 M_1 应位于图 2-44 中临界汽蚀点 C 的左侧)：

$$H_{sM_1} \geqslant H'_s = H_x + h_x + \frac{v^2}{2g} \tag{2-47}$$

或

$$\frac{p_a}{\rho g} - \frac{p_n}{\rho g} - H_x - h_x \geqslant NPSH_r \tag{2-48}$$

2. 排水时间的校核

(1) 正常涌水量时，水泵每天工作小时数为：

$$T_{H}=\frac{24q_{z}}{n_{1}Q_{M_{1}}}\leqslant 20\ \text{h} \tag{2-49}$$

(2) 最大涌水量时,水泵每天工作小时数为:

$$T_{max}=\frac{24q_{z}}{(n_{1}+n_{2})Q_{M_{2}}}\leqslant 20\ \text{h} \tag{2-50}$$

式中　Q_{M_1}——初期水泵的工况流量,m^3/h;

Q_{M_2}——管路挂垢后水泵的工况流量,m^3/h。

如在最大涌水时,为多台水泵和多条管路并联工作,则应用并联运行的工况流量代替式(2-50)中的分母$(n_1+n_2)Q_{M_2}$。

八、电机容量的验算

电机容量应按下式验算:

$$P_{d}=\frac{k\rho gQ_{M_{1}}P_{M_{2}}}{3\ 600\times 1\ 000\eta_{c}\eta_{M_{1}}} \tag{2-51}$$

式中　P_{M_1}——工况点 M_1 所对应的轴功率,kW。

η_c——传动效率,一般取 $\eta_c=0.95\sim0.98$,直联时取 $\eta_c=1$。

k——备用系数。当 $Q_{M_1}<20\ m^3/h$ 时,$k=1.5$;$Q_{M_1}=20\sim80\ m^3/h$ 时,$k=1.3\sim1.2$;$Q_{M_1}=80\sim300\ m^3/h$ 时,$k=1.2\sim1.15$;$Q_{M_1}>300\ m^3/h$ 时,$k=1.1$。

通常井下水泵配用相应的防滴式电机,但有瓦斯、煤尘爆炸危险的辅助排水设备的电机,则必须是防爆型的。

九、电耗量的计算

1. 年电耗量的计算

年电耗量按式(2-25)计算。对于大容量电机取 $\eta_d=0.9\sim0.94$;小容量电机取 $\eta_d=0.82\sim0.9$;η_d 亦可从电机手册中查取。电网效率 η_w 一般取 $0.95\sim0.98$。

$$W=1.05\times\frac{\gamma Q_{M}H_{M}}{1\ 000\times 3\ 600\times\eta_{M}\eta_{c}\eta_{d}\eta_{w}}[n_{1}Z_{H}T_{H}+(n_{1}+n_{2})Z_{max}T_{max}] \tag{2-52}$$

式中　Z_H、Z_{max}——矿井每年正常涌水天数和最大涌水天数。

2. 吨煤排水电耗

$$W_{dm}=\frac{W}{A} \tag{2-53}$$

式中　W_{dm}——吨煤排水电耗,kW·h/t;

A——矿井年产量,t。

3. 吨水百米电耗

吨水百米电耗按式(2-27)计算:

$$W_{t\cdot100\ m}=1.05\times\frac{H_{M}}{3.67\eta_{M}\eta_{c}\eta_{d}\eta_{w}H_{sy}}<0.5\ [\text{kW}\cdot\text{h}/(\text{t}\cdot 100\ \text{m})] \tag{2-54}$$

十、排水系统的主要硐室

1. 水泵房

(1) 水泵房位置

水泵房是专门为安装水泵、电机等排水设备而设置的硐室。大多数主排水设备的泵房一般都设置在副井井底车场的附近,如图 2-45 所示。

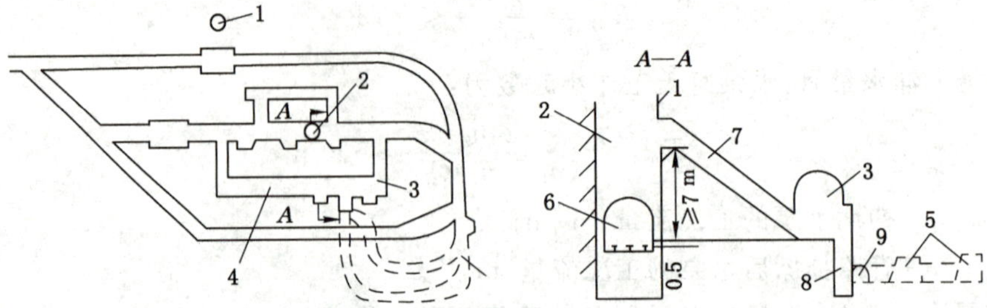

1—主井；2—副井；3—水泵房；4—中央变电所；5—水仓；
6—井底车场；7—管子道；8—吸水井；9—分水沟。

图 2-45　水泵房位置图

这样做的优点是：

① 运输大巷的坡度都向车场倾斜，便于矿水沿水沟流向水仓。

② 有良好的通风条件，利于电机冷却，改善了泵与电机的工作环境。

③ 运输方便，易于装卸设备。

④ 排水管路短，水力损失小，同时增大了排水工作的可靠性，节约了管材。

⑤ 靠近变电所，供电线路短，减少了供电损耗。

⑥ 发生水灾时，有利于抢险排水，必要时便于撤出人员及设备。

根据相同的理由，辅助排水设备的泵房，应设在靠近中央下山和下水平的井筒附近。

(2) 泵房设备布置

根据泵房内水泵、管路的多少，一般是沿泵房的长度方向布置水泵，以减小泵房断面。图 2-46 为具有三台水泵和两条管路的泵房布置图。由水仓来的水，首先经过水仓箅子、水仓闸阀进入分水井，再经分水闸阀分配到各水泵的吸水井中。分水井和吸水井内均设有人员上下用的梯子，以便安装、检查、修理设备和清理水井。井上覆盖着用花纹钢板制作的盖板。三台水泵各自都有吸水管，插在各自的吸水井中。

全部水泵共用两条排水管，一条工作，一条备用。泵房内还设有运输设备的轨道，由通往泵房的人行运输道敷入；另一端伸向倾斜管子道，以便在发生水灾危险、关闭防水门后，能继续排水。为便于起吊设备，在泵房内还装有起重梁。启动设备可放在泵房内，或安装在泵房内专用的壁龛中。

当采用综合启动柜时，可将其安放于泵房隔壁的中央变电所中。

(3) 水泵房尺寸

主要根据水泵机组的数量、安装设备的最大外形尺寸、通道的宽度和安装检修条件等因素而定。泵房的长、宽、高可按以下公式计算求得：

① 泵房长度

$$L = n_z L' + A(n_z + 1) \tag{2-55}$$

式中　L——泵房长度，m；

n_z——水泵总台数；

L'——水泵机组(泵和电机)长度，m；

A——水泵机组间净距离，一般取 1.5～2.0 m。

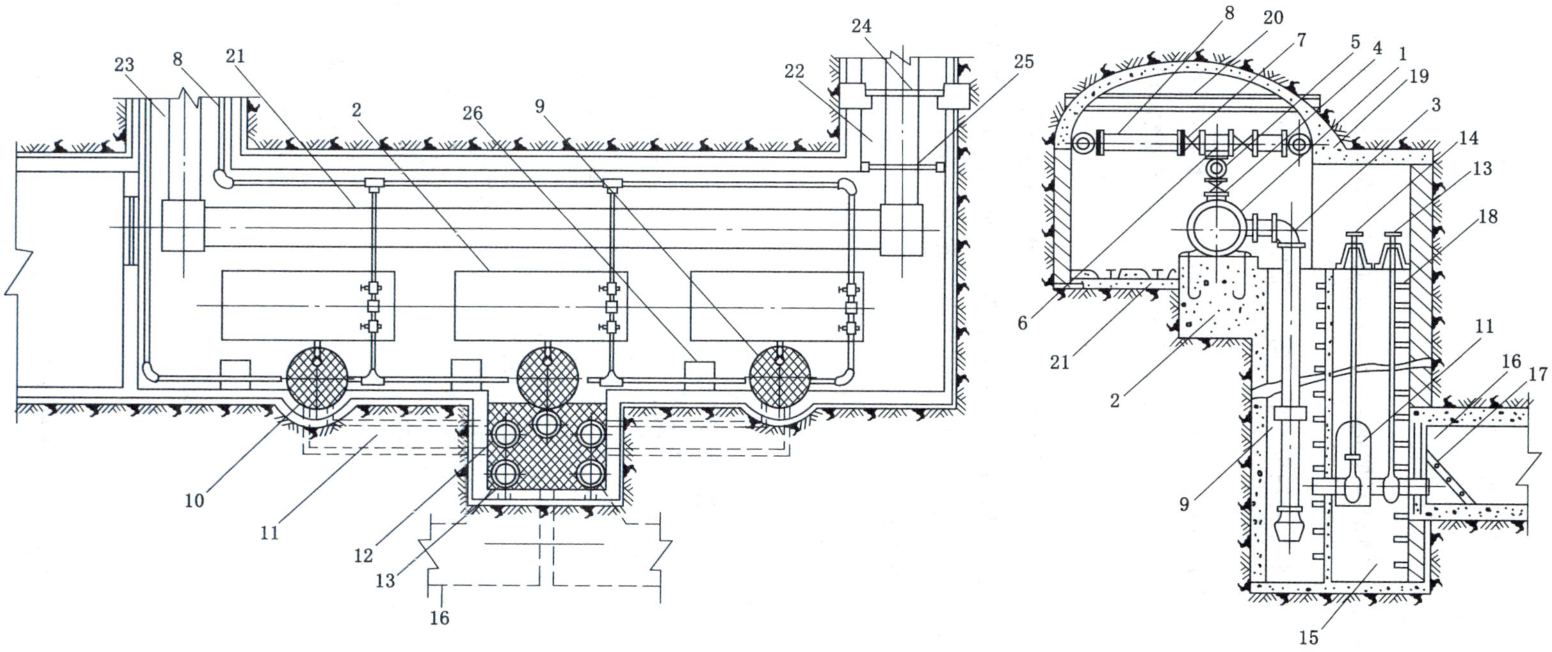

1—水泵；2—水泵基础；3—吸水管；4—调节闸阀；5—逆止阀；6—三通；7—闸阀；8—排水管；9—吸水井；10—吸水井盖板；11—分水沟；12,14—分水闸阀；13—水仓闸阀；15—分水井；16—水仓；17—水仓篦子；18—上下梯子；19—管子支撑架；20—起重梁；21—轨道；22—人形运输道；23—管子道；24—防水门；25—人门；26—启动设备。

图2-46　具有三台水泵两条管路的泵房布置图

在矿井开采过程中，涌水量有可能增加时，泵房长度应留有余地，以便增加水泵台数。

② 泵房宽度

$$B = b_1 + b_2 + b_3 \tag{2-56}$$

式中 B——泵房宽度，m；

b_1——水泵机组宽度，m；

b_2——水泵机组边到轨道一侧硐室壁的距离，以能通过最大设备为原则，一般取 1.4～2.2 m；

b_3——水泵机组另一边到吸水井一侧硐室的距离，一般取 0.7～1 m。

③ 泵房高度

泵房高度系指起重梁下边至泵房底板间的标高差，一般为 3～4.5 m，其具体数值依拆装、检修设备的需要而定。泵房底板标高应比车场轨面高 0.5 m，且向吸水侧留有 1%的坡度，以防突然涌水淹没泵房。

2. 管子道

图 2-47 所示的管子道是一倾斜 25°～30°的斜巷。斜巷与井筒相接处有一段 2 m 长的平台，平台较井底车场钢轨面高 7 m。排水管沿管子道壁架设在管墩上，并用管卡固定。管子道中间铺轨，轨中间设人行台阶。若因突然涌水淹没了井底车场和运输大巷，管子道可作为安全出口，必要时撤离人员和搬运设备。

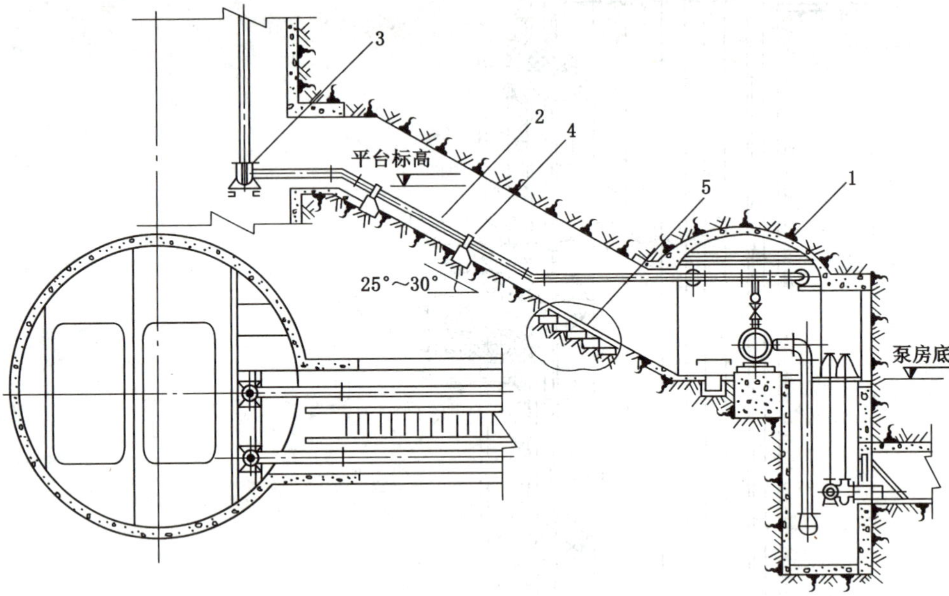

1—泵房；2—管道；3—弯管；4—管墩和管卡；5—人行台阶和运输轨道。

图 2-47 管子道布置图

3. 水仓

水仓的形状和普通运输大巷相同，位于井底车场标高之下，是专门用来储存矿水的巷道。

水仓的作用有二：一是遇到突然断电或排水设备发生事故暂时停止运行时，容纳无法排水期间的涌水；二是具有减小水流速度，沉淀矿水中的泥沙，防止排水系统堵塞和减少排水设备磨损。

《煤矿安全规程》第三百一十三条规定：矿井主要水仓应当有主仓和副仓，当一个水仓清理时，另一个水仓能正常使用。新建、改扩建矿井或者生产矿井的新水平，正常涌水量在 1 000 m^3/h 以下时，主要水仓的有效容量应能容纳 8 h 的正常涌水量。正常涌水量大于 1 000 m^3/h 的矿井，主要水仓有效容量可以按下式计算：

$$V = 2(Q + 3\,000)$$

式中 V——主要水仓的有效容量，m^3；

Q——矿井每小时的正常涌水量，m^3。

采区水仓的有效容量应当能容纳 4 h 的采区正常涌水量。

水仓入口处应设置箅子。对水砂充填和其他涌水中带有大量杂质的矿井，还应当设置沉淀池。水仓的空仓容量应当经常保持在总容量的 50%以上。

【例 2-5】 某矿年产量 90 万 t，竖井单水平开采，井深 185 m，矿井正常涌水量为 100 m^3/h，最大涌水量为 150 m^3/h，正常涌水和最大涌水期的天数分别为 300 天和 65 天，矿水呈中性，密度为 1 020 kg/m^3，试选择排水设备。

解 (1) 水泵的选型

① 水泵必需的排水能力：

正常涌水时： $Q_B = 1.2q_z = 1.2 \times 100 = 120\ (m^3/h)$

最大涌水时： $Q_B = 1.2q_{max} = 1.2 \times 150 = 180\ (m^3/h)$

② 水泵必需的扬程：

$$H_B = \frac{H_p + H_x}{\eta_g} = \frac{185 + 5}{0.9} = 211.1\ (m)$$

③ 预选水泵的结构形式：

根据计算所得的流量 Q_B 和扬程 H_B，查产品样本，初步决定选用 150D30 型水泵。该水泵额定流量为 155 m^3/h，单级额定扬程为 30.7 m，单级初始扬程为 34.2 m。

所选水泵级数为：

$$i = \frac{H_B}{H_i} = \frac{211.1}{30.7} = 6.88$$

取 7 级。

④ 校验水泵的稳定性：

因 $H_{sy} = H_p + H_x = 185 + 5 = 190\ (m)$

而 $H_0 = iH_{i0} = 7 \times 34.2 = 239.4\ (m)$

故 $H_{sy} = 190 \leqslant 0.9H_0 = 0.9 \times 239.4 = 215.46\ (m)$

满足水泵的稳定性要求。

⑤ 水泵台数的确定：

工作水泵台数： $n_1 = \frac{Q_B}{Q_e} = \frac{120}{155} = 0.77$

取 1 台。

备用水泵台数： $n_2 \geqslant 0.7n_1 = 0.7$

取1台。

检修水泵台数： $n_3 \geqslant 0.25n_1 = 0.25$

取1台。

故选用150D30×7型水泵3台。正常涌水量时，1台工作，1台备用，1台检修；最大涌水量时，2台工作，1台检修。

(2) 管路的选择计算

① 管路条数的确定：

根据设计原则，设置2条管路，1条工作，1条备用。

② 管路在泵房中的布置：

管路在泵房中的布置如图2-42(c)所示。

③ 管材的选择：

根据竖井排水要求，确定选用热轧无缝钢管。

④ 管径的计算：

a. 排水管内径。取排水管的经济流速 $v'_p = 1.8$ m/s，则：

$$d'_p = \sqrt{\frac{Q_e}{900\pi v'_p}} = \sqrt{\frac{155}{900\pi \times 1.8}} = 0.175\ (\text{mm})$$

查表2-12，选取 $\phi194\times5$ 的无缝钢管为排水管。

b. 吸水管内径。取吸水管的经济流速 $v'_x = 1$ m/s，则：

$$d'_x = \sqrt{\frac{Q_e}{900\pi v'_p}} = \sqrt{\frac{155}{900\pi \times 1.8}} = 0.234\ (\text{mm})$$

查表2-13，选取 $\phi245\times7$ 的无缝钢管为排水管。

⑤ 排水管壁的验算：

$$\delta = \frac{1}{1+\frac{2p}{2.3(R-6.5\times10^6)-p}}\left[\frac{pd}{2.3(R-6.5\times10^6)-p}+c\right]$$

$$= \frac{1}{1+\frac{2\times1.1\times185\times10^4}{2.3(80\times10^6-6.5\times10^6)-1.1\times185\times10^4}} \times$$

$$\left[\frac{1.1\times185\times10^4\times0.194}{2.3(80\times10^6-6.5\times10^6)-1.1\times185\times10^4}+0.001\right]$$

$$= 3.28\ (\text{mm})$$

因所选管子壁厚为5 mm，大于要求的3.28 mm，故满足要求。

(3) 管路特性计算

管路阻力损失常数：

$$R = \frac{8}{\pi^2 g}\left[\left(\sum\xi_x \frac{1}{d_x^4}+\frac{\lambda_x l_x}{d_x^5}\right)+\left(\sum\xi_p+1\right)\frac{1}{d_p^4}+\frac{\lambda_p l_p}{d_p^5}\right)\right]$$

查表1-7，根据内插法，取 $\lambda_x = 0.0291$，$\lambda_p = 0.0312$，$l_x = 8$ m，则：

$$l_p = (H_p - 7.5) + l_1 + l_2 + l_3$$

取 $l_1=30$ m，$l_2=20$ m，$l_3=20$ m，则：

$$l_p = (185 - 7.5) + 30 + 20 + 20 = 247.5 \text{ (m)}$$

据图 2-43 和表 1-8，吸、排水管路的局部附件名称、数量和局部阻力系数见表 2-13。

表 2-13　吸、排水管路的局部附件名称、数量和局部阻力系数

水管种类	附件名称	数量水管种类	局部阻力系数	$\sum\xi$
吸水管	底阀	1	4.7	5.094
	90°弯头	1	0.294	
	异径管(大头到小头)	1	0.1	
排水管	闸阀	2	2×0.26	6.492
	逆止阀	1	1.7	
	转弯流三通	1	1.5	
	直流三通	2	2×0.7	
	90°弯头	4	4×0.294	
	30°弯头	2	2×0.294×30/90	

$$R = \frac{8}{\pi^2 g}\left[\left(\frac{5.094}{0.231^4} + \frac{0.029\,1 \times 8}{0.231^5}\right) + \left(\frac{6.492+1}{0.184^4}\right) + \frac{0.031\,2 \times 247.5}{0.184^5}\right]$$

$$= 3\,746.18 \text{ (s}^2/\text{m}^5)$$

$$= 2.89 \times 10^{-4} \text{ (h}^2/\text{m}^5)$$

新管特性和挂垢后的管路特性方程分别为：

$$H_1 = H_{sy} + RQ^2 = 190 + 2.89 \times 10^{-4} Q^2$$

$$H_2 = H_{sy} + 1.7RQ^2 = 190 + 4.91 \times 10^{-4} Q^2$$

(4) 水泵工况点的确定

参照水泵的流量范围选取 7 个流量值，分别计算排水所需扬程，见表 2-14。

表 2-14　特性参数表

$Q/(\text{m}^3/\text{h})$	0	36	72	108	144	180	216
H_1/m	190	190.4	191.5	193.3	196.0	199.3	203.4
H_2/m	190	190.6	192.5	195.7	200.1	205.8	212.8

利用表 2-14 中的数据，在所选水泵特性曲线图上画出管路特性曲线 1、2，如图 2-48 所示，即得水泵工作初期和管子挂垢后的工况点 M_1、M_2，其工况参数见表 2-15。

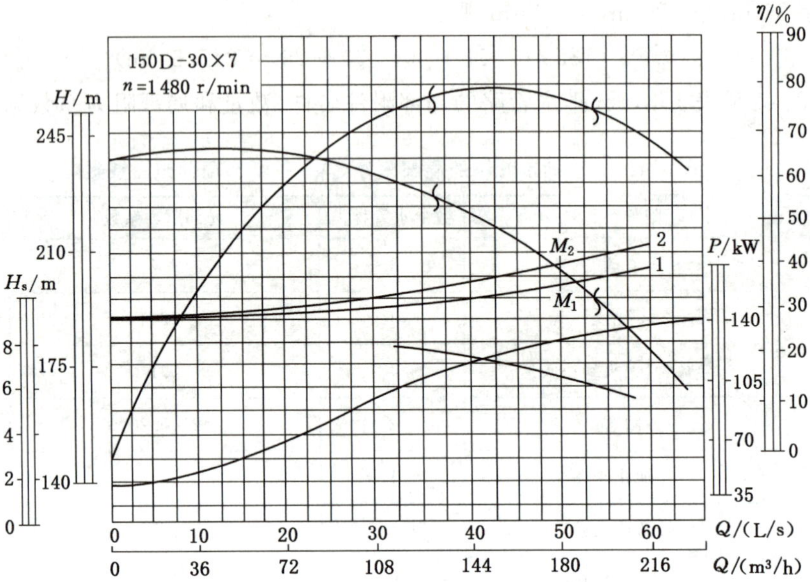

图 2-48　水泵工况点

表 2-15　工况参数表

工况点	流量 $Q/(m^3/h)$	扬程 H/m	轴功率 P/kW	效率 $\eta/\%$	允许吸上真空度 H_s/m
M_1	183.6	200	128.3	76	6.2
M_2	177.8	205	126	77	6.5

(5) 吸水高度 H_x 的计算

因
$$v_x=\frac{Q_{M_1}}{900\pi d_x^2}=\frac{183.6}{900\pi\times0.231^2}=1.22\ (\text{m})$$

$$h_x=\left(\sum\xi_x+\lambda_x\frac{l_x}{d_x}\right)\frac{v_x^2}{2g}=\left(5.094+0.029\ 1\times\frac{8}{0.231}\right)\times\frac{1.22^2}{2\times9.81}=0.463\ (\text{m})$$

故
$$H_x=H_{sM_1}-\frac{v_x^2}{2g}-h_x=6.2-\frac{1.22^2}{2\times9.81}-0.463=5.66\ (\text{m})$$

取 $H_x=5$ m，符合要求。

(6) 校核计算

① 汽蚀性校核：

$$H_s'=H_x+\frac{v_x^2}{2g}+h_x=2+\frac{1.22^2}{2\times9.81}+0.463=5.54\ (\text{m})$$

由于 $H_{sM_1}>H_s'$，不会发生汽蚀现象。

② 排水时间的校核：

a. 正常涌水量时，水泵每天工作小时数。

初期：

$$T_{H_1}=\frac{24q_z}{n_1Q_{M_1}}=\frac{24\times100}{1\times183.6}=13.07\ (\text{h})<20\ (\text{h})$$

管子挂垢后：

$$T_{H_2}=\frac{24q_z}{n_1Q_{M_2}}=\frac{24\times100}{1\times177.8}=13.5\ (\text{h})<20\ (\text{h})$$

b. 最大涌水量时，水泵每天工作小时数。

初期：

$$T_{\max1}=\frac{24q_{\max}}{(n_1+n_2)Q_{M_1}}=\frac{24\times150}{(1+1)\times183.6}=9.8\ (\text{h})<20\ (\text{h})$$

管子挂垢后：

$$T_{\max2}=\frac{24q_{\max}}{(n_1+n_2)Q_{M_2}}=\frac{24\times150}{(1+1)\times177.8}=10.12\ (\text{h})<20\ (\text{h})$$

(7) 电机容量的验算

$$P_d=\frac{k\rho gQ_{M_1}P_{M_1}}{3\ 600\times1\ 000\eta_c\eta_{M_1}}=\frac{1.15\times1\ 020\times9.81\times183.6\times200}{3\ 600\times1\ 000\times0.98\times0.76}=157.59\ (\text{kW})$$

水泵配套电机为 YB_2-315L_1-4，功率 160 kW，大于计算容量，满足要求。

(8) 电耗量计算

① 年电耗量。

初期：

$$W_1=1.05\times\frac{\gamma Q_{M_1}H_{M_1}}{1\ 000\times3\ 600\eta_{M_1}\eta_c\eta_d\eta_w}[n_1Z_HT_{H_1}+(n_1+n_2)Z_{\max}T_{\max1}]$$

$$=1.05\times\frac{1\ 020\times9.81\times183.6\times200}{1\ 000\times3\ 600\times0.76\times0.98\times0.92\times0.95}[1\times300\times13.07+(1+1)\times65\times9.8]$$

$$=855\ 250\ (\text{kW}\cdot\text{h/a})$$

管子挂垢后：

$$W_2=1.05\times\frac{\gamma Q_{M_2}H_{M_2}}{1\ 000\times3\ 600\eta_{M_2}\eta_c\eta_d\eta_w}[n_1Z_HT_{H_2}+(n_1+n_2)Z_{\max}T_{\max2}]$$

$$=1.05\times\frac{1\ 020\times9.81\times177.8\times205}{1\ 000\times3\ 600\times0.77\times0.98\times0.92\times0.95}[1\times300\times13.5+(1+1)\times65\times10.12]$$

$$=865\ 429\ (\text{kW}\cdot\text{h/a})$$

② 吨煤排水电耗。

初期：

$$W_{dm1}=\frac{W_1}{A}=\frac{855\ 250}{900\ 000}=0.95\ (\text{kW}\cdot\text{h/t})$$

管子挂垢后：

$$W_{dm2}=\frac{W_2}{A}=\frac{865\ 429}{900\ 000}=0.96\ (\text{kW}\cdot\text{h/t})$$

③ 吨水百米电耗。

初期：

$$W_{t\cdot100\ m.1}=1.05\times\frac{H_{M_1}}{3.67\eta_{M_1}\eta_c\eta_d\eta_w H_{sy}}$$

$$=1.05\times\frac{200}{3.67\times0.76\times0.98\times0.92\times0.95\times190}$$

$$=0.463\ [\mathrm{kW\cdot h/(t\cdot100\ m)}]$$

管子挂垢后：

$$W_{t\cdot100\ m.2}=1.05\times\frac{H_{M_2}}{3.67\eta_{M_2}\eta_c\eta_d\eta_w H_{sy}}$$

$$=1.05\times\frac{205}{3.67\times0.77\times0.98\times0.92\times0.95\times190}$$

$$=0.468\ [\mathrm{kW\cdot h/(t\cdot100\ m)}]$$

从此例可以看出：管子挂垢后，将增加电耗。所以，当管子使用一段时间后，就应清理管路，除去水垢或采用管路并联的方法，以始终保持水泵的经济运行。

任务考评

任务考评的内容及评分标准见表 2-16。

表 2-16 任务考评的内容及评分标准

序号	考核内容	考核项目	配分	评分标准	得分
1	选型设计必需的相关资料和主要任务	1. 选型设计必需的相关资料； 2. 选型设计的主要任务	10	错一项扣 1 分	
2	排水系统	不同排水系统的优缺点	10	错一项扣 2 分	
3	排水设备的选型	排水设备选型的要求和主要步骤	70	错一项扣 5 分	
4	排水系统的主要硐室	水泵房、管子道、水仓	10	错一项扣 3 分	
合计					

复习思考题

1. 不同排水系统有何优缺点？
2. 为什么要将中央水泵房设置在井底车场附近？
3. 如何确定水泵房尺寸？
4. 吸水管的内径为何比排水管的内径大？吸水管的内径为何不用验算？
5. 为什么要用初期工况点的参数来验算电机的容量？

6．某矿年产量 60 万 t，立井开拓，井深 200 m，采用一级排水。矿井正常涌水量为 220 m^3/h，最大用水量为 320 m^3/h；正常涌水量和最大用水量的天数各为 295 天和 70 天；矿水呈中性，密度为 1 020 kg/m^3。试选择合适的排水设备。

项目三　通风设备的操作与维护

任务一　通风设备的操作

【知识要点】 通风设备的作用;通风方式和通风系统;通风设备的组成及工作原理。

【技能目标】 熟悉通风设备的启动、停止操作。

任务描述

通风机是将原动机的机械能转变为气体能量的机械,广泛应用于国民经济的各个方面。在煤矿生产系统中,通风机的作用是:向井下输送足够的新鲜空气,稀释并排出有害气体,调节井下的温度和湿度,保证工人的身体健康和矿井安全生产,是矿井重要的四大固定设备之一,被誉为矿井"肺脏"。

煤矿生产是井下作业,随着工作面的推进,有毒、有害及可燃、爆炸性气体及地热会大量涌出,加之飞扬的煤尘,对人身健康和矿井安全都构成极大威胁。为了安全生产,《煤矿安全规程》对矿井通风做出了严格规定。例如:

(1) 采掘工作面进风流中,O_2 浓度不低于 20%,CO_2 浓度不得超过 0.5%。

(2) CO 的浓度≤0.002 4%;NO_2 的浓度≤0.000 25%;SO_2 的浓度≤0.000 5%;H_2S 的浓度≤0.000 66%;NH_3 的浓度≤0.004%。

这些规定都是通过通风机向井下输送新鲜气流来达到的。如果通风设备不能正常运转,将直接影响井下生产的进行,甚至造成瓦斯爆炸、煤尘爆炸等重大安全事故。因此,学习掌握通风机的操作与维护是非常必要的。

矿井通风系统

任务分析

一、矿井通风方式及通风系统

为了掌握矿井通风设备的操作方法,必须先了解矿井通风方式及通风系统。

1. 矿井通风方式

课程思政案例四

矿井通风方式分为抽出式通风和压入式通风两种。

图 3-1 所示为压入式通风,即通风机的出风侧与巷道相接,通风机向井下压送新鲜空气,井下巷道的污浊气体从井口排出。在压入式通风矿井中,井下巷道的空气压力高于井外同标高点的大气压力,故称为正压通风。

图 3-2 所示为抽出式通风,即通风机的进风侧与巷道相接,通风机将井

下污浊气体抽至地面排出，新鲜空气从井口进入。在抽出式通风矿井中，井下任何一点的空气压力都小于井外同标高点的大气压力，故称为负压通风。

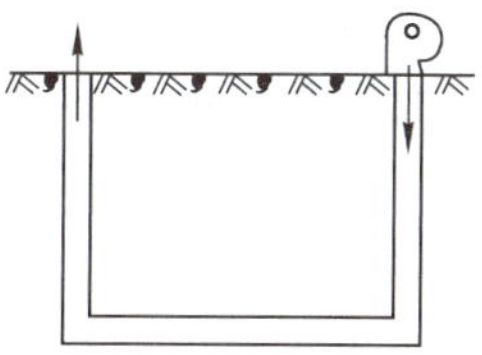

图 3-1　压入式通风

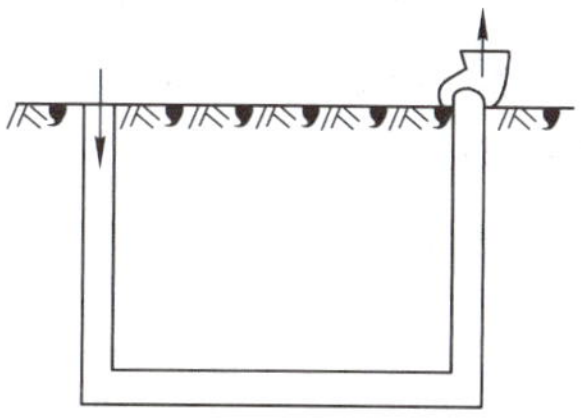

图 3-2　抽出式通风

我国矿井基本都采用抽出式通风。因为这种通风方式在正常通风时，井下巷道里的压力略低于大气压，有利于煤层瓦斯的排放；而一旦通风机发生故障停止运转，井下空气压力将自行升高，抑制有害气体的涌出，安全性较好。这种通风方式又称为负压式通风。

2. 矿井通风系统

矿井通风设备与通风网路组成的系统称为矿井通风系统，按进、出风井的布置方式可分为中央式、两翼对角式、混合式。

① 中央式。出风井与进风井大致位于矿井井田走向中央。中央式又分为中央并列式和中央边界式。中央并列式如图 3-3(a)所示，无论沿井田走向或倾斜方向，进、出风井均并列于井田中央，且布置在同一工业广场内。中央边界式如图 3-3(b)所示，进风井仍在井田中央，出风井在井田上部边界走向中央。

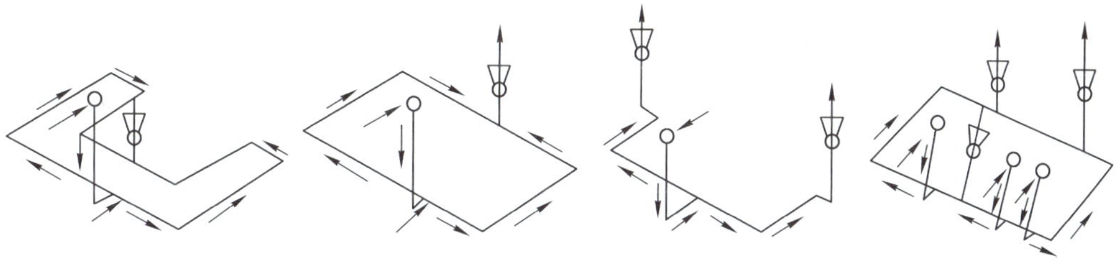

(a) 中央并列式　(b) 中央边界式　(c) 两翼对角式　(d) 混合式

图 3-3　矿井通风系统示意图

② 两翼对角式。进风井位于井田中央，出风井分别位于井田走向的两翼，如图 3-3(c)所示。

③ 混合式。井田内有两种或两种以上通风方式组成的通风系统，如图 3-3(d)所示。

二、通风设备的组成及工作原理

通风设备工作原理及性能参数

矿井常用的通风设备是离心式通风机和轴流式通风机。它们都属于叶片式通风机，都是利用高速旋转的叶轮来进行能量的传递和转换。

1. 离心式通风机的组成及工作原理

图 3-4 为离心式通风机的结构简图。它主要由叶轮、螺线形机壳、进风口及锥形扩散器组成。叶轮与轴固定在一起，形成通风机的转子，并支承在

轴承上。当叶轮逆时针方向旋转时，叶轮中的空气在叶片的作用下，随同叶轮一起旋转。由于叶片对空气的动力作用，使叶轮中的空气获得能量，并由叶轮中心流向外缘，最后经螺线形机壳和锥形扩散器排至大气中。与此同时，叶轮中心处形成负压，外部空气在大气压的作用下，不断地经进风口进入叶轮。由于气流在这种通风机中是受到离心力的作用产生的连续风流，故称为离心式通风机。有的离心式通风机在叶轮前面安装有前导器，使入口的气流发生预旋，以达到调整风量和风压的目的。

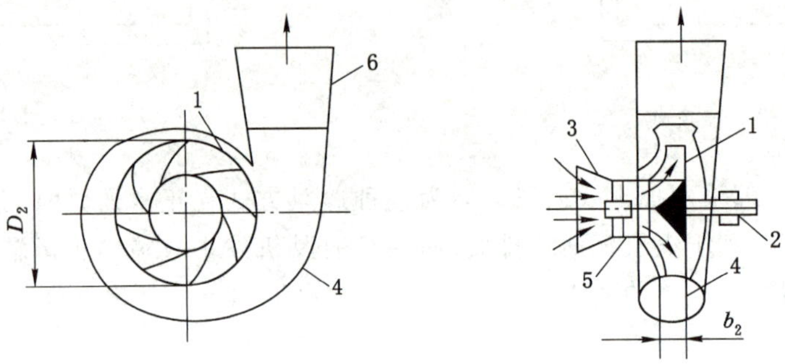

1—叶轮；2—轴；3—进风口；4—机壳；5—前导器；6—锥形扩散器。

图 3-4　离心式通风机的结构示意图

离心式通风机有单吸离心式通风机和双吸离心式通风机两种类型。单吸离心式通风机的进风口布置在主轴的一侧，如 4-72-11 型、G4-73-11 型等。双吸离心式通风机的进风口布置在主轴的两侧，如 K4-73-1 型。

2. 轴流式通风机的组成及工作原理

如图 3-5 所示，轴流式通风机主要由圆筒形外壳、集风器、流线体、整流器、扩散器以及叶轮等组成。集风器和流线体构成通风机的进风口，可使气流平滑地进入，以减少流动阻力。叶轮由轮毂和叶片组成，叶轮与轴固定在一起成为通风机的转子，并支承在轴承上。当电机驱动叶轮旋转时，就有气流通过每一个叶片，如图 3-6(a)所示。

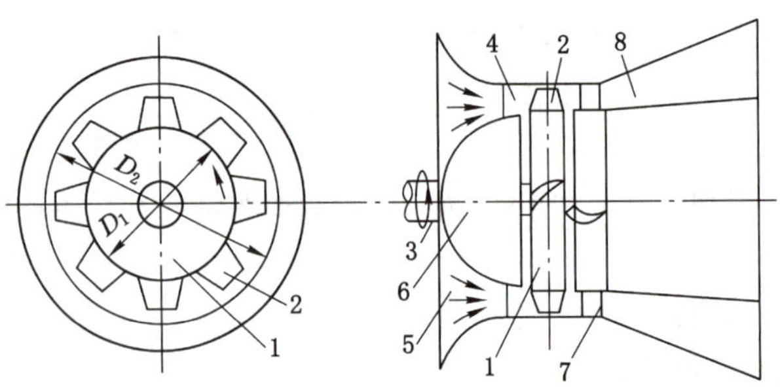

1—轮毂；2—叶片；3—轴；4—外壳；5—集风器；6—流线体；7—整流器；8—扩散器。

图 3-5　轴流式通风机结构示意图

为了分析工作原理，现取一个叶片断面(机翼形)进行研究。

如图 3-6(b)所示，机翼形叶片上表面为凸面、下表面为凹面，两端连线与水平面的夹角

为安装角 θ。由于气流在同一瞬时相对流过上、下表面的路程不同，所以流经较长路程的上表面的气流速度比下表面大。根据伯努利方程，气流对下表面的压力大于对上表面的压力，这样叶片的上、下表面就存在一个压差 Δp。Δp 可分解为两个分力：一个与轴平行推动叶轮向上的升力 Δp_y，另一个与叶轮旋转方向相反的阻力 Δp_x。因为轴流式通风机的轴端有止推轴承，限制了叶轮沿轴向移动，于是就给气流一个与 Δp_y 大小相等、方向相反的力，使气流沿轴向向下移动，从而在进风口形成负压；叶轮连续转动，气流就被连续推出。由于气流在这种通风机中是沿轴向流动的，故称为轴流式通风机。

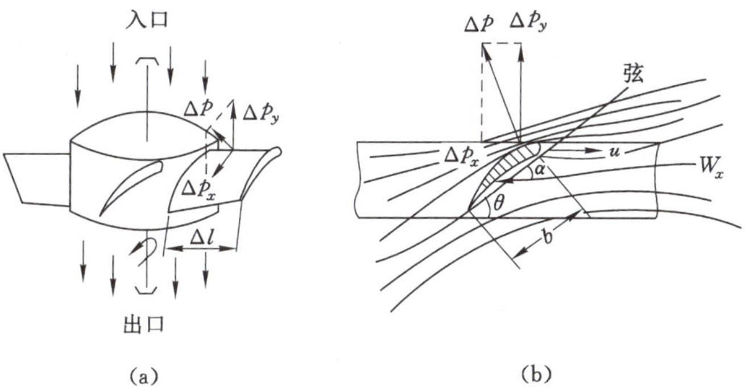

图 3-6　轴流式通风机工作原理图

相关知识

通风机的性能参数：

(1) 风量：单位时间内通风机输送的气体体积量，用 Q 表示，单位为 m^3/s，m^3/min，m^3/h。

(2) 风压：单位体积的空气流经通风机后所获得的总能量，以 H 表示，单位为 Pa。

(3) 功率：

① 轴功率：电机传递给通风机轴的功率，即通风机的输入功率，用 P 表示，单位为 kW。

② 有效功率：单位时间内空气自通风机所获得的实际能量，即通风机的输出功率，用 P_x 表示。

$$P_x = \frac{QH}{1\,000} \tag{3-1}$$

式中　P_x——通风机的有效功率，kW；

Q——通风机的风量，m^3/s；

H——通风机的风压，Pa。

(4) 效率：由于通风机在运转中要产生流动损失、泄漏损失和机械损失，因此通风机的轴功率不可能全部变为有效功率。其有效功率与轴功率之比叫作通风机的效率，用 η 表示。

$$\eta = \frac{P_x}{P} = \frac{QH}{1\,000P} \tag{3-2}$$

(5) 转速：通风机轴每分钟的转数，用符号 n 表示，单位为 r/min。

任务实施

一、通风机的启动

1. 通风机的启动方式

通风设备的操作

由于离心式通风机和轴流式通风机的工作原理不同，因而其启动方式也有所不同。对于风压特性曲线没有不稳定段的离心式通风机，因其流量为零时功率最小，故应在风门完全关闭的情况下进行启动。对于风压特性曲线上有不稳定段的轴流式通风机，若由于不稳定而产生的风压波动量不大时，也可选择功率最低点为启动工况点，此时风门应半开，流量约为正常流量的 30%～40%；若不稳定段使风压波动太大，也允许在全开风门的情况下启动，但启动工况点应落在稳定区域内。即离心式通风机必须关闭风门启动，而轴流式通风机必须在风门全开或半开的情况下启动。

2. 通风机启动前的检查

通风机启动前要进行认真的检查。检查的内容有：

① 检查润滑油的名称、牌号、注油量是否符合技术文件规定。

② 检查轴承的润滑系统、密封系统是否完好。

③ 联轴器(或传动皮带)附近是否有妨碍转动的物体。

④ 通风机、轴承座、电机的地脚螺栓是否有松动。

⑤ 将通风机转子盘动 1～2 次，检查转子是否有卡阻和摩擦现象。

⑥ 检查电源及启动设备是否正常。

3. 通风机启动

通风机启动的一般顺序是：

① 关闭通风机入口风门(离心式通风机)或打开通风机入口风门(轴流式通风机)。

② 启动润滑系统油泵(有润滑系统的通风机)。

③ 启动冷却水泵或打开冷却水阀门(有冷却系统的通风机)。

④ 启动通风机。

启动通风机时还要注意观察电压表、电流表、功率表、测压计等仪表，发现异常需立即停机，以免造成重大事故。

二、通风机的停机

通风机的停机操作是启动操作的逆过程，其操作顺序如下：

① 停止通风机。

② 停润滑油泵(有润滑系统的通风机)。

③ 停冷却水泵或关闭冷却水阀(有冷却系统的通风机)。

④ 切断电源。

任务考评

任务考评的内容及评分标准见表 3-1。

表 3-1　任务考评的内容及评分标准

序号	考核内容	考评项目	配分	评分标准	得分
1	通风机的作用	通风机的作用	10	错一项扣 2 分	
2	通风方式和通风系统	通风方式和通风系统	10	错一项扣 2 分	
3	通风机的组成及工作原理	通风机的组成及工作原理	20	错一项扣 5 分	
4	通风机的启动	启动前的检查和启动的操作步骤	30	错一项扣 5 分	
5	通风机的停止	停止的操作步骤	20	错一项扣 5 分	
6	遵守纪律，文明操作	遵守纪律，文明操作	10	错一项扣 5 分	
合计					

复习思考题

1. 通风机的作用是什么？
2. 《煤矿安全规程》对矿井通风有哪些规定？
3. 矿井通风的方式有哪些？
4. 矿井通风系统有几种？
5. 离心式通风机的组成和工作原理是什么？
6. 轴流式通风机的组成和工作原理是什么？
7. 离心式通风机和轴流式通风机的启动方式为何不同？
8. 通风机启动前应进行哪些检查？
9. 通风机启动的操作步骤如何？
10. 通风机停机的操作步骤如何？

任务二　通风设备的运行与调节

【知识要点】 通风机的个体特性曲线；通风机的类型特性曲线；通风网路曲线；通风机工况点的确定；通风机的正常工作条件。

【技能目标】 熟悉通风机的运行；掌握通风机的工况调节。

任务描述

由任务一的学习可知，矿井通风设备在煤矿生产中起着非常重要的作用，所以必须全天候地正常运转，并且要求能随矿井巷道的延伸、井下所需风量的变化及时调节。因此，必须先学习掌握通风机的性能曲线、通风网路的特性曲线以及两者之间的关系，和两条曲线对通风机工作的影响，然后才能理解掌握通风机的正常运行和调节方法，以便今后在工作中正确地运用这些方法。

课程思政案例五

任务分析

通风机特性曲线

一、通风机的特性曲线

1. 通风机的个体性能曲线

通风机的个体特性曲线是反映某一台风机在某一转速下，风量、风压、功率、效率和转速等性能参数之间变化关系的曲线。它是生产厂家通过试验测得的。

(1) 轴流式通风机的个体特性曲线

轴流式通风机根据结构的不同，分为传统的轴流式通风机和对旋式轴流通风机。根据机壳内叶轮的个数，分为单级通风机和两级通风机。对旋式轴流通风机均为两级通风机。

轴流式通风机的理论风压曲线是一条向下的直线。实际风压特性曲线呈马鞍形，如图 3-7 所示。图中 C 点之左是通风机的不稳定工作区，当通风机工作在此区域时，会发生喘振啸叫。因此，应避开在此区域工作。这就是为什么轴流式通风机要半开或全开风门启动的原因。

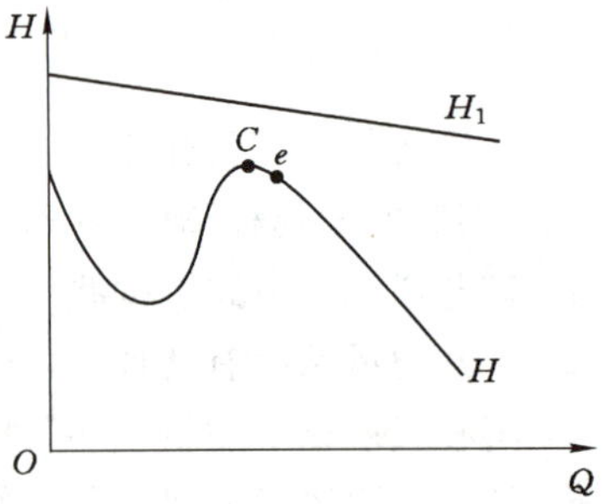

图 3-7　轴流式通风机的理论和实际风压特性曲线

为保证通风机高效稳定工作，通风机的工况点一般应位于图 3-7 中 e 点之右。

轴流式通风机的叶片安装角可在一定范围内调节。叶片安装角不同，通风机的性能也不同。

为满足不同用户的需要，生产厂家一般提供不同叶片安装角的个体特性曲线。图 3-8(a)、(b)分别是传统的轴流式通风机和对旋式轴流通风机在某一转速下的个体特性曲线。

轴流式通风机的个体特性曲线分上、下两部分。上部分是在某一转速下不同叶片安装角的功率曲线，反映了通风机的轴功率与风量之间的变化关系。从功率曲线看，随着风量的增加，轴功率是减小的，这也是轴流式通风机要半开或全开风门启动的又一原因。曲线的下部分是轴流式通风机在某一转速下不同叶片安装角的风压曲线和等效率曲线。风压曲线反映了通风机静压与风量之间的变化关系。等效率曲线是指在同一条效率曲线上，每一点的效率均相等。若某工况点位于 70% 和 75% 两条等效率曲线之间，则该工况点的效率 $\eta \in (70\%, 75\%)$。

在读轴流式通风机的个体特性曲线时，必须首先核对通风机的实际转速与曲线图上标定的转速是否一致。若一致，再根据叶片的安装角在图上找对应的风压曲线和功率曲线。若转速不一致，则需按比例定律式(2-5)、式(2-6)、式(2-7)进行换算。

对旋式轴流通风机两个叶轮的叶片安装角是不同的。如图 3-8(b)中风压曲线和功率曲线上所标的 32/19，表示一级叶轮的叶片安装角是 32°，二级叶轮的叶片安装角是 19°。

(2) 离心式通风机的个体特性曲线

与离心式水泵一样，离心式通风机的叶轮按叶片出口安装角 β_2 的不同，分前弯叶轮（$\beta_2 > 90°$）、径向叶轮（$\beta_2 = 90°$）和后弯叶轮（$\beta_2 < 90°$）三种。在实践中，常用后弯叶轮的通

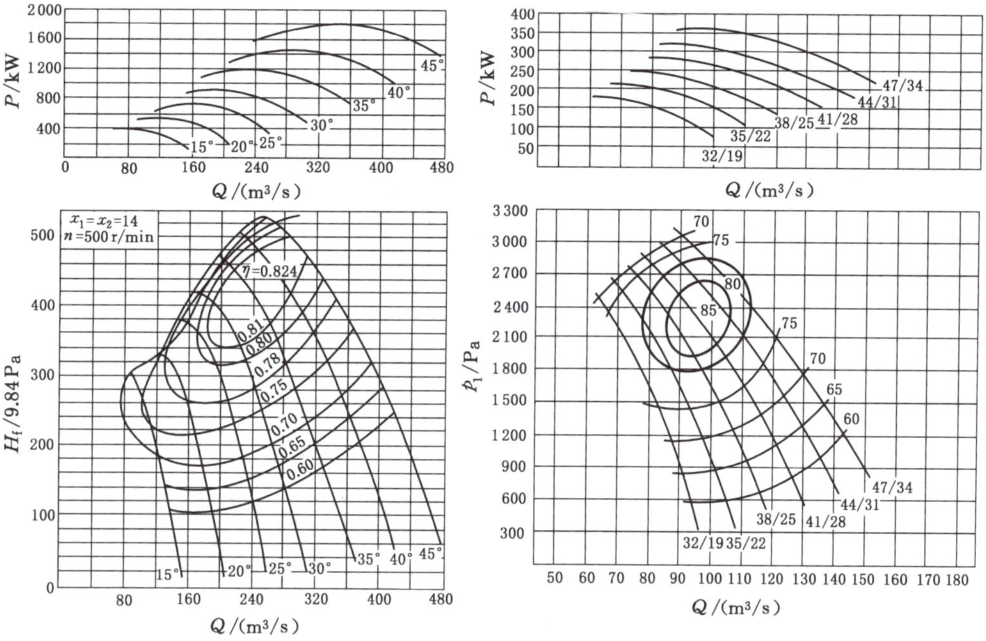

(a)　　　　(b)

图 3-8　轴流式通风机的个体特性曲线

风机。

离心式通风机的个体特性曲线也是生产厂家在某一转速下通过测试得到的。图 3-9 是某一转速下离心式通风机的个体特性曲线。图中的风压曲线反映了通风机的全压与风量之间的变化关系：风量为零时，全压最大；随着风量的增加，通风机的全压将减小。效率曲线反映了通风机的效率与风量之间的变化关系：当风量为零时，通风机的效率为零；随着风量的增加，通风机的效率也增大；当风量为额定风量时，通风机的效率最大；风量再增大，效率则减小。因此，为使通风机在较高效率下工作，其风量不可过大。功率曲线反映了通风机的轴功率与风量之间的变化关系：当风量为零时，通风机的轴功率最小；随着风量的增大，轴功率也将增大。因此，离心式通风机应在风门关闭的情况下启动，这样启动电流最小，不易烧电机。

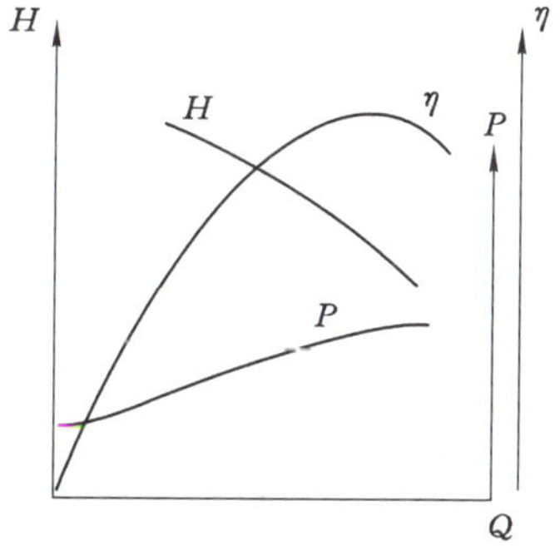

图 3-9　离心式通风机的个体性能曲线

若通风机的实际转速与厂家所提供曲线的转速不同，则应按比例定律式(2-5)、式(2-6)、式(2-7) 进行换算。图 3-10 是 4-72-11No. 16B、No. 20B 型离心式通风机在不同转速下的特性曲线。

2. 通风机的类型曲线

凡满足相似条件的通风机，便称为同系列或同类型风机。同类型风机必有其共同特性。

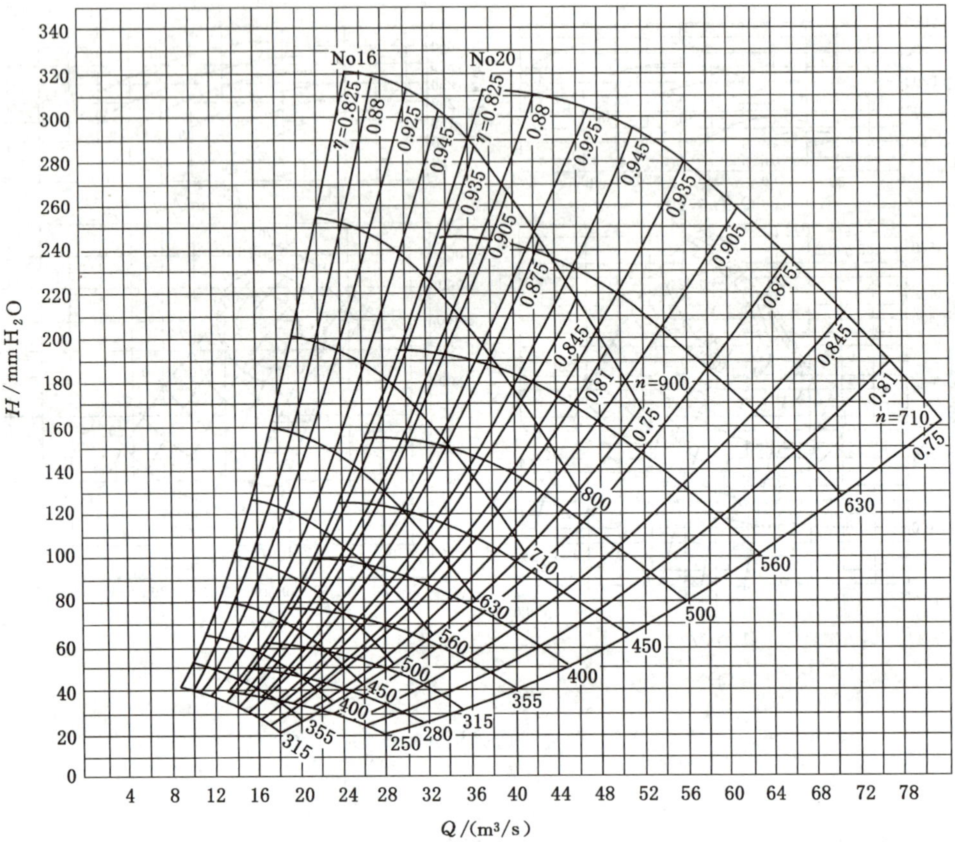

图 3-10　4-72-11No. 16B、No. 20B 型离心式通风机在不同转速下的特性曲线

反映同类型风机共同特性的曲线称为类型特性曲线。它是以无量纲的风量系数为横坐标，风压系数、功率系数、效率为纵坐标绘制出来的，故又称为无因次特性曲线，如图 3-11 所示。

类型特性曲线的作用有：

① 推算该类型通风机任意机号（包括新机号）的性能数据，而不需要再进行试验验证。

② 比较不同类型通风机的性能。

③ 方便地选取最有利的通风机。

④ 利用该曲线可以方便地算出通风机性能规格表以外的性能数据。

3. 类型特性曲线与个体特性曲线的换算

对于离心式通风机，厂家一般提供类型特性曲线。而在实际工作中常常需要了解通风机实际的风量、风压是多少？因此，需要将通风机的类型特性曲线换算为某一风机在某一转速的个体特性曲线。

（1）类型系数

由通风机的相似原理可知：

风量系数：
$$\overline{Q}=\frac{Q}{\frac{\pi}{4}D_2^2u_2} \tag{3-3}$$

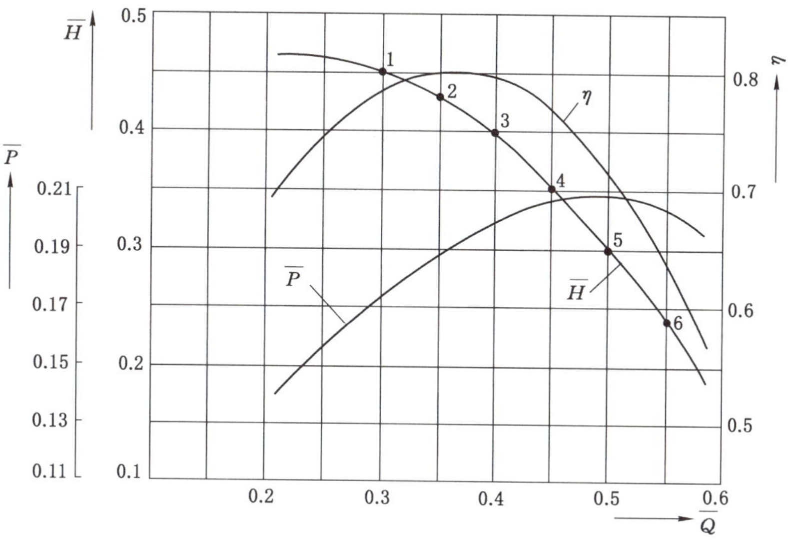

图 3-11　通风机的类型特性曲线

由此得通风机的风量 Q 为：

$$Q=\frac{\pi}{4}D_2^2u_2\overline{Q} \tag{3-4}$$

风压系数：

$$\overline{H}=\frac{H}{\rho u_2^2} \tag{3-5}$$

由此得通风机的风压 H 为：

$$H=\rho u_2^2\overline{H} \tag{3-6}$$

功率系数：

$$\overline{P}=\frac{P}{\frac{\pi}{4}\rho D_2^2U_2^3}=\frac{\overline{Q}\overline{H}}{\eta} \tag{3-7}$$

由此得通风机的功率 P 为：

$$P=\frac{\pi}{4}\rho D_2^2u_2^3\overline{P} \tag{3-8}$$

式中　$\overline{Q}$、$\overline{H}$、$\overline{P}$——某一工况下的风量系数、风压系数和功率系数；

Q、H、P——某一工况下的风量、风压和功率；

D_2——通风机叶轮外径，m；

u_2——通风机叶轮的圆周速度，m/s；

ρ——空气密度，标准状况下 $\rho=1.2\ \text{kg/m}^3$；

η——某一工况下的效率。

(2) 类型特性曲线与个体特性曲线的换算

图 3-12 所示为 K4-73-01 型通风机的类型特性曲线。现求 K4-73-01No. 25 型通风机在600 r/min 时的个体特性曲线。

在图 3-11 的风量系数曲线上选取若干个点(如取 6 个点)，分别读出这 6 个点所对应的 $\overline{Q}$、$\overline{H}$、$\overline{P}$ 和 η 值，并将所读出的 6 组参数列于表 3-2。

类型特性曲线与个体特性曲线换算

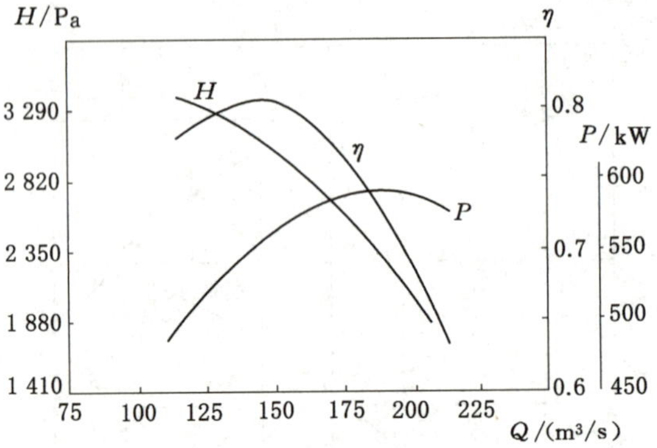

图 3-12　K4-73-01No. 25 型通风机的个体特性曲线

表 3-2　参数列表(一)

	1	2	3	4	5	6
$\bar{Q}$/(m/s)	0.3	0.35	0.4	0.45	0.5	0.55
$\bar{H}$/Pa	0.45	0.428	0.4	0.35	0.3	0.237
$\bar{P}$/kW	0.173	0.187	0.198	0.207	0.208	0.202
η	0.782	0.8	0.8	0.771	0.711	0.635

K4-73-01No. 25 型通风机的叶轮外径 $D_2=2.5$ m,转速 $n=600$ r/min,则叶轮圆周速度 u_2 为:

$$u_2=\frac{n\pi D_2}{60}=\frac{600\times 3.14\times 2.5}{60}=78.5\ (\text{m/s})$$

将表 3-2 中各组数据和 $D_2=2.5$ m、$u_2=78.5$ m/s、$\rho=1.2$ kg/m^3 分别代入式(3-4)、式(3-6)和式(3-8),并将计算结果列于表 3-3 中。

表 3-3　参数列表(二)

	1	2	3	4	5	6
Q/(m/s)	115.54	134.80	154.06	173.31	192.57	211.83
H/Pa	3 327	3 165	2 958	2 588	2 218	1 753
P/kW	492.70	532.58	563.90	589.54	592.38	575.30
η	0.782	0.8	0.8	0.771	0.711	0.635

将以上两表中各组数据画于图 3-12 中,即得 K4-73-01No. 25 型通风机在转速为 600 r/min 时的个体特性曲线。

二、通风网路特性曲线

每一台通风机都是和一定的通风网路连接在一起进行工作的。气流在网路中流动时,因克服网路中的各种阻力需要消耗能量,而通风机则是给空气提供能量补给的设备。因此,通风机的工作状态不仅决定于通风机本身,同时决定于网路的各种参数(如长度、截面等),所以有必要对通风机在网路

阻力特性曲线

上的工作进行分析研究。

1. 通风机在网路上的工作分析

通风机在网路上工作的示意图如图 3-13 所示。根据伯努利方程可得，单位体积的气体在断面Ⅰ—Ⅰ和Ⅱ—Ⅱ上的能量关系为：

$$p_a = p_2 + \rho \frac{v_2^2}{2} + h \tag{3-9}$$

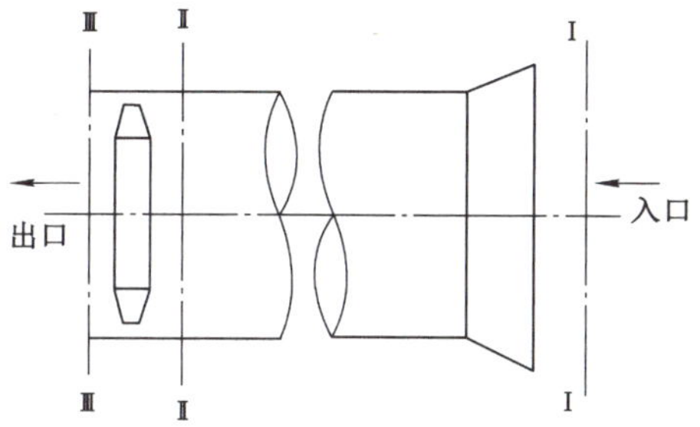

图 3-13　通风机在网路上的工作

单位体积的气体在断面Ⅱ—Ⅱ和Ⅲ—Ⅲ上的能量关系为：

$$p_2 + \rho \times \frac{v_2^2}{2} + H = p_a + \rho \times \frac{v_3^2}{2} \tag{3-10}$$

联立式(3-9)和式(3-10)求得：

$$H = \left(p_a + \rho \times \frac{v_3^2}{2}\right) - (p_a - h) = \rho \times \frac{v_3^2}{2} + h \tag{3-11}$$

式中　H——通风机产生的风压，Pa；

h——通风网路阻力，N。

由式(3-11)可以看出：通风机产生的风压 H，一部分用于克服网路阻力 h，另一部分则消耗在空气排入大气时的速度能 $\rho v_3^2/2$ 的损失上。通常，将通风机产生的全部风压 H 称为全压，用于克服网路阻力的有益风压称为静压，用 H_j 表示，即 $H_j = h$。

由式(3-9)可知：

$$H_j = h = (p_a - p_2) - \rho \times \frac{v_2^2}{2} \tag{3-12}$$

式(3-12)表明通风机产生的静压等于通风机入口断面的负压($p_a - p_2$)与该断面的速度能 $\rho v_2^2/2$ 之差。

通风机出口断面的速度能 $\rho v_3^2/2$ 称为动压，用 H_d 表示，即 $H_d = \rho v_3^2/2$，于是有：

$$H = H_j + H_d = h + \rho \times \frac{v_3^2}{2} \tag{3-13}$$

上述两式表明，通风机产生的全压包括静压和动压两部分，静压所占比例越大，这台通风机克服网路阻力的能力也就越大。因此，在设计和使用通风机时，应努力提高通风机产生静压的能力。同时，应尽量减少动压，即降低出口速度 v_3。

若用静压 H_j 代替效率公式(3-2)中的全压 H，所得的效率称为通风机的静压效率 η_j。

$$\eta_j = \frac{p_x}{p} = \frac{QH_j}{1\ 000p} \tag{3-14}$$

2. 网路特性曲线和等积孔

(1) 网路特性曲线

由式(3-13)可以看出：通风机产生的风压 H，一部分用于克服网路阻力 h，另一部分则消耗在空气排入大气时的速度能 $\rho v_3^2/2$ 的损失上，而网路阻力 h 又包括沿程阻力和局部阻力。由式(1-59)得通风网路总阻力 h：

$$h = h_f + h_j = R_f Q^2 + R_{jb} Q^2 = R_j Q^2 \tag{3-15}$$

式中　R_f——巷道摩擦风阻，按式(1-56)计算；

R_{jb}——网路局部风阻，按式(1-58)计算；

R_j——网路静阻力损失常数，$N \cdot s^2/m^8$。

空气排入大气时的速度能 $\rho v_3^2/2$ 损失又可表示为：

$$\rho \times \frac{v_3^2}{2} = \rho \times \frac{Q^2}{2S_3^2} \tag{3-16}$$

将式(3-15)、式(3-16)代入式(3-13)得：

$$H = \left(R_j + \frac{\rho}{2S_3^2}\right) \times Q^2 = RQ^2 \tag{3-17}$$

式中　R——网路总阻力损失常数，$N \cdot s^2/m^8$。

式(3-15)和式(3-17)分别为通风网路的静阻力特性方程和总阻力特性方程。将它们画在以 Q 为横坐标、H 为纵横坐标的坐标系中，即得通风网路的静阻力特性曲线和总阻力特性曲线，如图 3-14 所示。

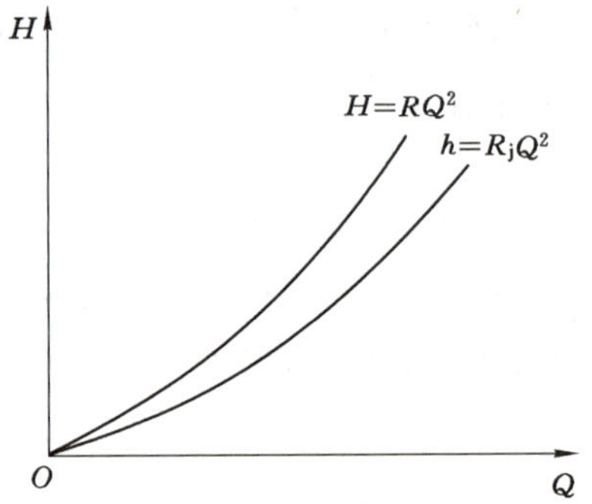

图 3-14　通风网路特性曲线

(2) 等积孔

在研究通风网路的阻力时，为了在概念上更形象化，有时采用网路等积孔来代替网路风阻。

所谓等积孔，就是设想在薄壁上开一面积为 A_c 的理想孔口，流过该孔口的流量等于网路的风量，孔口两侧的压差等于网路的阻力。

由流体力学可知，流过薄壁孔口的流量为：

$$Q = \mu A_c \sqrt{\frac{2h}{\rho}} \tag{3-18}$$

式中　Q——流过薄壁孔口的流量，m^3/s；

μ——流量系数，一般取 0.65；

A_c——孔口面积，mm^2；

h——孔口两侧的压差，Pa；

ρ——通过孔口的介质密度，kg/m^3。

将 μ 值和标准状况下的空气密度值 $\rho=1.2\ kg/m^3$ 代入上式，并令 Q 和 h 分别为网路的风量和阻力，即可解得该网路的等积孔面积为：

$$A_c=\frac{1.19Q}{\sqrt{h}} \tag{3-19}$$

或

$$h=\frac{1.42Q^2}{A_c^2} \tag{3-20}$$

显然，式(3-20)中的$(1.42/A_c^2)$相当于式(3-15)中的网路静阻力损失常数 R_j。当网路风量一定时，等积孔面积越大，网路阻力越小，则通风越容易；反之，等积孔面积越小，网路阻力越大，则通风越困难。可见，利用等积孔的概念来判断和比较矿井通风网路阻力的大小及通风的难易程度简便易行，为矿井常用方法。

三、通风机的工况点与正常工作条件

1. 通风机的工况点

通风机正常工作条件

如前所述，每一台通风机都是和一定的网路连接在一起进行工作的。此时通风机所产生的风量就是网路中流过的风量，通风机所产生的风压就是网路所需要的风压。所以，将通风机的风压特性曲线与网路特性曲线按同一比例尺画在同一坐标图上所得的交点 M，即为通风机的工况点。工况点 M 所对应的各项参数，称为工况参数，分别以 Q_M、H_M、P_M、η_M、n_M 表示。

(1) 离心式通风机的工况点

通常，在离心式通风机的产品说明书中，只给出了全压特性曲线，因此在确定工况点时，应按式(3-17)画出网路的总阻力特性曲线，与风机的全压特性曲线相交，此时得到的工况点称为全压工况，以 M 表示；从通风机的全压特性曲线中扣除动压，可获得通风机的静压特性曲线，然后按式(3-15)画出网路的静阻力特性曲线，与风机的静压特性曲线相交，此时得到的工况点称为静压工况，以 M_j 表示。如图 3-15 所示，全压工况点和静压工况点流量相等，M 的位置略高于 M_j。

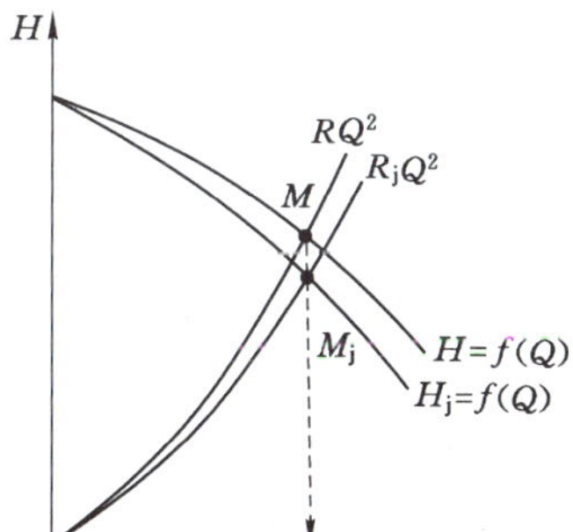

图 3-15　离心式通风机工况点

(2) 轴流式通风机的工况点

对于轴流式通风机，厂家提供的曲线是静压特性曲线，因此网路特性亦应采用静阻力特性曲线，直接获得静压工况点 M_j。

2. 通风机的正常工作条件

(1) 稳定工作条件

如前所述，轴流式风机的特性曲线呈马鞍形，某些离心式通风机的特性曲线也有折断部分。因此，当通风机的工况点进入风压曲线最高点左侧下凹部分或折断部分时，其风量、风压和功率等性能参数会出现振荡，忽高忽低，忽大忽小，引起机器的振动，噪声也急剧增加，使通风机不能正常工作甚至毁坏，这种现象称为不稳定现象。

为保证通风机稳定工作，工况点应始终位于风压曲线最高点右侧，但电网电压是有波动的。当电网电压下降时，会使电机转速下降，引起通风机转速下降。根据比例定律，通风机转速下降会使通风机的风压曲线近似向左下方平移，这样会出现多工况或无工况的情形，即出现不稳定现象。此外，网路阻力增大也会使工况左移到风压曲线最高点左侧的不稳定区。因此，为保证通风机稳定工作且留有安全余量，通风机的工况风压不得大于最大静压的90%且应保证只有单一工况（不允许出现多个工况点），即通风机稳定工作条件为：

$$H_{M_j} \leqslant 0.9 H_{M_j \max} \tag{3-21}$$

且只有单一工况。

(2) 经济工作条件

通风设备运行的经济性一般用百万立方米帕电耗[kW·h/(10^6 m^3Pa)]评价。对于离心式通风机，其百万立方米帕电耗应低于 0.41 kW·h/(10^6 m^3Pa)，对于轴流式通风机，其百万立方米帕电耗应低于 0.44 kW·h/(10^6 m^3Pa)。

所谓百万立方米帕电耗，即通风机克服 1 Pa 阻力输送 10^6 m^3 气体所消耗的能量。

若通风机工况参数为 Q_M、H_M 和 η_M，风机与电机间的传动效率为 η_c，电机的效率为 η_d，电网效率为 η_w，则年通风的电耗为：

$$W = \frac{Q_M H_M}{1\,000 \eta_M \eta_c \eta_d \eta_w} \times 24 \times 365 \ (\text{kW}) \tag{3-22}$$

年通风量为：

$$V = \frac{Q_M}{10^6} \times 3\,600 \times 24 \times 365 \ (10^6 \ \text{m}^3) \tag{3-23}$$

用年耗电量 W 除以年通风量 V 和风压 H_M，即得通风设备的百万立方米帕电耗：

$$W_{10^6 \text{m}^3 \text{Pa}} = \frac{W}{VH_M} = \frac{1}{3.6 \eta_M \eta_c \eta_d \eta_w} \leqslant \begin{cases} 0.41 \\ 0.44 \end{cases} \tag{3-24}$$

任务实施

一、通风机的运行

通风机的运行与调节

通风机在正常运行中，主要靠监视通风机的电流表、电压表、功率表、测压计等仪表的指示来监视通风机的负荷及运行状况。其次要经常检查通风机的振动、轴承温度、润滑及冷却系统的运行状况，并按规定做好记录。

在正常运行中，每隔 10～20 min 检查一次电机和通风机的轴承温度、电机和励磁机的温度，以及 U 形压差计、电流表、功率因数表的读数。如遇下列情况应立即停机：

① 发现通风机有强烈振动和噪声（通风机允许的振幅值见表 3-4）。

② 滑动轴承温度超过 70 ℃，滚动轴承温度超过 80 ℃，或轴承冒烟。

③ 冷却水中断。

④ 电机冒烟。

表 3-4　通风机允许的振幅值

转子转速/(r/min)	500	>500～750	>750～1 000	>1 000～1 500	>1 500～3 000
正常振幅/mm	⩽0.20	⩽0.14	⩽0.10	⩽0.08	⩽0.05

二、通风机的调节

随着矿井开采的进行，网路阻力将不断增加，但所需风量在各个时期或要求保持不变，或要求有所增加。因此，通风机的工况点必须根据实际需要和稳定、经济条件进行必要的调节。调节通风机工况点的途径有两条：一是改变网路特性曲线；二是改变通风机特性曲线。

1. 改变网路特性曲线

在通风机吸风道上都装有调节闸门。用适当改变闸门开度大小的方法来改变网路阻力，以达到调节风量、风压的目的，这种方法称为闸门节流法。

如图 3-16 所示，开采初期和末期的网路特性曲线分别用 1 和 2 表示。在开采初期，如不进行调整，通风机将在工况点 M_1 工作，送入井下的风量 Q_1 比矿井所需的风量 Q_2 大得多。这不仅多消耗功率(P_1-P_2)，浪费能量，还会因风量过大而导致煤尘飞扬，给矿工的身体健康和矿井安全生产带来隐患。为此，可先将调节闸门适当关小，使网路特性曲线由 1 变为 2，通风机在工况点 M_2 工作。随着巷道的延伸，网路阻力将不断增加，再将闸门逐渐开大，使网路特性曲线始终对应于曲线 2，以保持通风机的供风量等于矿井所需的风量 Q_2。

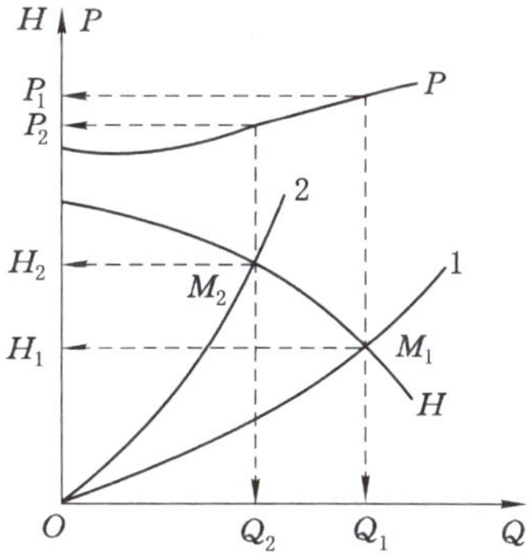

图 3-16　闸门节流调节法

这种调节方法设备简单、调节方便，但从图中可以看出，$H_2>H_1$，即调节后的风压大于调节前的风压，$\Delta H=H_2-H_1>0$。ΔH 是人为增加的闸门阻力，由此引起的 $\Delta P=\Delta HQ_1$ 是无用的能量损失，所以这是一种不经济的调节方法，只能作为一种暂时的应急方法使用。

2. 改变通风机的特性曲线

(1) 改变叶轮转速调节法

由比例定律可知，当通风机的转速变化时，其特性曲线将相应地上、下移动。如图 3-17 所示，曲线 1、2、3、4 分别为开采初期、中期和末期网路特性曲线。在矿井开采初期，网路特性曲线为 1，通风机若以最大转速 n_{max} 运转，所产生的风量 Q_1 将大大超过矿井所需的风量 Q_2。为了避免浪费，通风机先以最小转速 n_{min} 运行。此时，通风机特性曲线为 5，工况点为Ⅰ，风量为 Q_2。随着时间的推移，网路阻力逐渐增大，网路特性曲线变为 2，工况点将左移变为Ⅱ，风量将减小。为了不使风量减小，必须将通风机的转速由 n_{min} 增加到 n_1，使通风机特性曲线由 5 变为 6，工况点由Ⅱ变为Ⅲ，以保证风量为 Q_2。随着时间的继续推移，网路阻力继续增大，网路特性曲线变为 3、4，依次调节通风机转速为 n_2、n_{max}，使工况点由Ⅲ→Ⅳ→Ⅴ→Ⅵ→Ⅶ。始终保持风量为 Q_2。

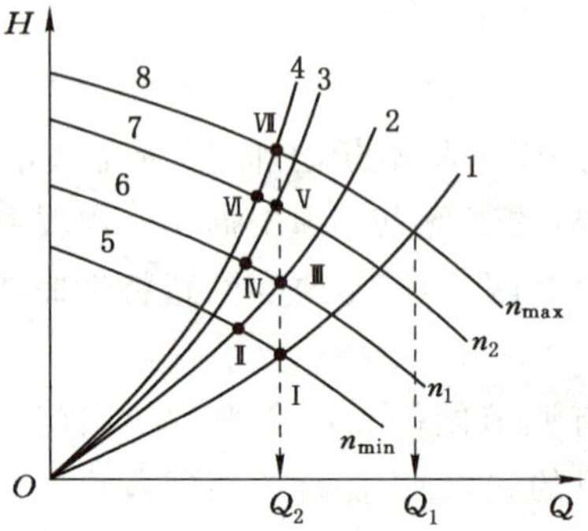

图 3-17 改变叶轮转速调节法

改变通风机转速的方法有以下几种：

① 用三角带传动的通风机，可更换不同直径的带轮来改变通风机的转速。这种方法简单易行，但只有部分小功率的离心式通风机才使用三角带传动。

② 更换不同转速的电机或采用多速电机来改变通风机的转速。这种方法适用于轴流式通风机和直联的离心式通风机。但应注意叶轮的圆周速度不能大于允许值。

③ 采用绕线式异步电机的通风机，用可控硅串级调速的方法来改变通风机转速。这种调速方法的实质是在电机转子回路上外加一个与转子电势反相的附加电势，得到低于同步转速的串级调节转速实现调速的。这种方法把转差功率大部分反馈到电网，因而可以节约电能。其缺点是功率因数较低，调速范围不宜过大，使用维护技术也比较复杂。此法在国内早已应用，但未得到推广。

④ 采用液力偶合器传动改变通风机转速。这种方法的特点是因液力传动具有一套比较复杂的油、水系统，增加了运行维护工作量，随着转差率的增大，转差率损耗也越大。此法目前在国内应用不多。

⑤ 采用变频调速的方法来改变通风机转速。即根据井下风量、风压的变化，利用变频器自动改变电源频率，从而达到调速的目的。这种方法具有系统效率高、调速精度高、范围广、易操作等优点，是一种理想的调速方法。该法目前已在通风机调速中得到广泛使用。

（2）前导器调节法

前导器是由安装在叶轮前面、本身不随叶轮旋转但角度可调的若干叶片组成，其作用是改变气流进入通风机叶轮的方向，从而改变通风机的性能。

离心式通风机的前导器，是由若干均布在风机进风管中的扇形叶片组成的，每个叶片可以同时绕自身轴旋转，旋转的方向和角度由装在外壳上的操作手柄控制。这样就可以在不停机的情况下进行调节。

图 3-18 所示为离心式通风机的前导器具有不同叶片角时的特性。由图可知，前导器叶片角为负值（朝叶轮旋转方向转动）时，经过它的气流朝叶轮旋转方向旋转，此时风压将降低。负的角度越大，风压则越低；反之，当前导器叶片角度为正值（逆叶轮旋转方向转动）时，

经过它的气流朝相反的方向旋转，此时风压上升。

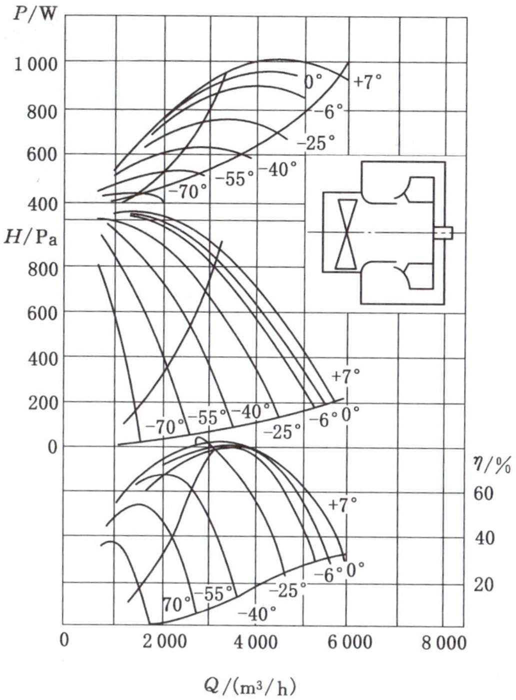

图 3-18　利用前导器调节离心式通风机特性

为此，在开采初期，因巷道短、风阻小、需要的风压小，可将前导器调为较大的负叶片角；随着开采的进行，巷道长了，风阻大了，再将前导器调为较小的负叶片角，甚至叶片角为零或为正。

装有前导器的两级轴流式风机如图 3-19 所示。前导器不随叶轮转动，它的叶片可制成弧形或机翼形，每个叶片可以同时调节到需要的角度。前导器叶片有两种可调形式：一种是轴向的，如图 3-20(a)所示，可以左右偏转，产生反转向或顺转向旋绕；另一种是只能单向偏转的，如图 3-20(b)、(c)所示。前导器角度不同，风压特性也不同，如图 3-21 所示。

用前导器调节工况时，通风机效率略有降低。它的经济性不及改变转速调节法，但优于闸门节流法。这种调节方法结构简单、操作方便、使用可靠，因此作为辅助调节措施在通风机调节中得到广泛应用。

(3) 改变叶轮叶片安装角度调节法

对于轴流式风机，叶片在轮毂上的安装角是可调的。当改变叶轮叶片安装角时，气流出口速度的方向、大小都将发生变化，从而改变通风机的风压与风量。在一定范围内，叶片安装角越大，通风机产生的风压也越高；反之，风压越低。因此，可以通过改变叶轮叶片安装角来改变通风机的特性，达到调节工况的目的，其调节过程如图 3-22 所示。图中曲线 1、2、3、4 分别为开采初期、中期和末期的网路特性曲线。在矿井开采初期，叶片可在安装角 θ_1 的位置工作，其工况点为Ⅰ，风量为 Q。随着开采的进行，网路阻力逐渐增大，网路特性曲线变为 2，工况点将左移变为Ⅱ，风量将减小。为了不使风量减小，可将叶片的安装角由 θ_1 调整为

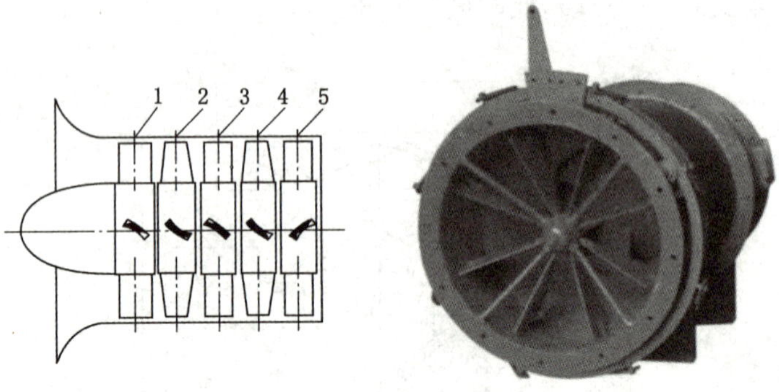

1—前导器;2—第一级叶轮;3—中导叶轮;4—第二级叶轮;5—后导叶轮。

图 3-19　带前导器的两级轴流式通风机示意图

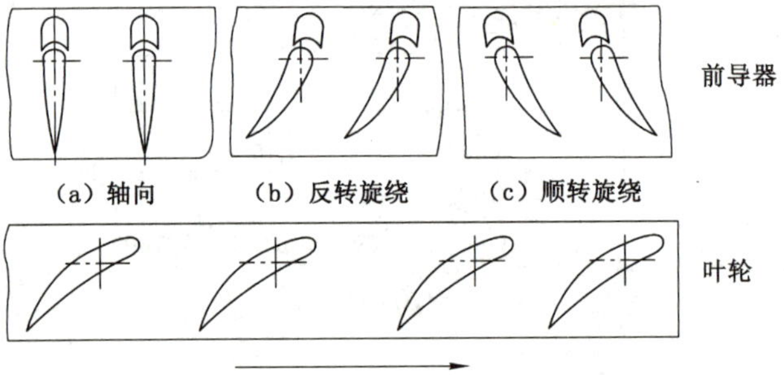

图 3-20　各种形式的前导器

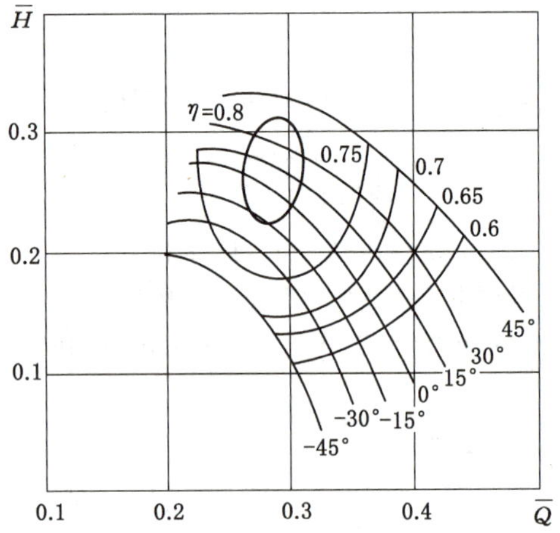

图 3-21　前导器各种角度时的轴流式通风机特性

θ_2,工况点将由Ⅱ变为Ⅲ,以保持风量为 Q。随着开采的继续进行,网路阻力继续增大,网路特性曲线由 2 变为 3、4,则叶片的安装角由 θ_2 调整为 θ_3、θ_4,工况点将由Ⅲ变为Ⅳ→Ⅴ→Ⅵ,最后移至Ⅶ以保持风量为 Q。

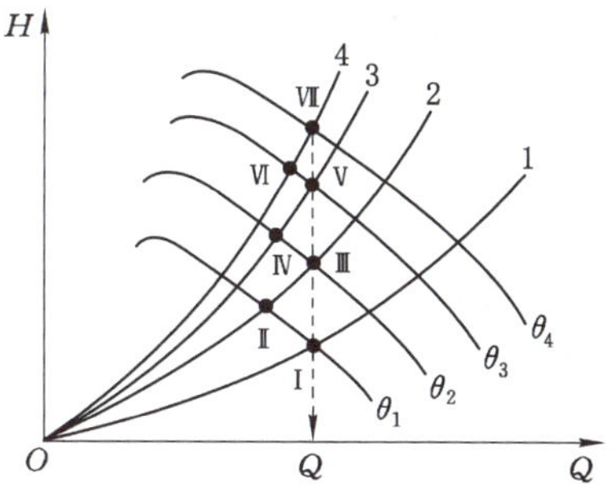

图 3-22　改变叶轮叶片安装角调节法

改变叶片安装角的方法很多。最原始的方法是在停止风机的情况下，用人工一片一片地完成各叶片的调节工作。此种调节方法存在的问题是：难以保证所有叶片都调到相同的角度，且费时。

图 3-23 所示为一种可以在停止通风机情况下同时调节各叶片安装角的机构。其结构原理如下：在各叶片 1 的叶柄 2 上装有圆锥齿轮 3，它与圆锥齿轮 4 啮合。后者装有圆柱齿轮 5 与齿轮 6 啮合。齿轮 6 靠蜗杆蜗轮传动机构 7 传动。调节时，由机壳上的窗孔伸入操作手柄，转动机构 7，使各叶片同时转动。这种调节机构的优点是：可以保证各叶片角度相同。

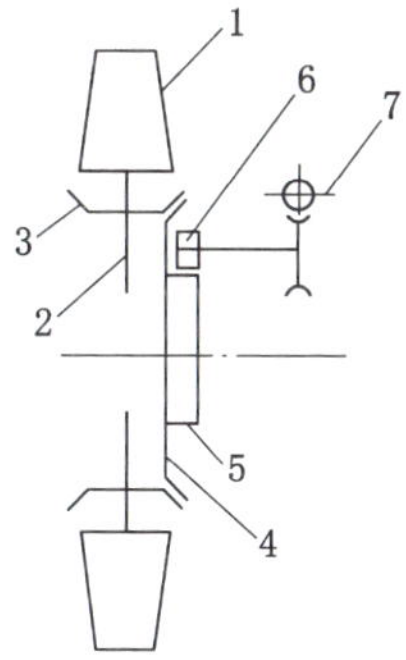

1—叶片；2—叶柄；3，4—圆锥齿轮；5，6—圆柱齿轮；7—蜗杆蜗轮传动机构。

图 3-23　同时转动各叶片角度的机构

除此之外，还有一种液压自动调节机构，可以在风机运转过程中实现高精度的自动调节，但系统复杂、投资高，在大型发电机组的通风机中应用较多。

(4) 改变叶片数目调节法

轴流式通风机，可以将其叶轮上的叶片对称地取下来对其特性进行调节。根据风机工作理论可知，相同的叶轮，叶片数目不一样时，叶片之间的距离不等，通过叶片间的气流状态会发生变化，受力情况将产生相应的改变，表现出不同的特性。

图 3-24 所示为某两级叶轮风机的风机特性曲线。原两级叶轮各装有 14 支叶片，其特性如图中实线所示。若对称地取掉一半，则各级叶轮均保留 7 支叶片，此时的特性如图中点画线所示。通过对比可以看出：当安装角较大时，特性曲线有明显变化，随着安装角的减小，叶片数目的变化对通风机特性曲线的影响逐渐减弱。若保持首级叶轮不动，只减少次级叶

轮叶片，其安装角为 45°时的风压特性如图中虚线所示，它介于全叶片特性曲线和半数叶片特性曲线之间。减少叶片数目后，风机效率有所下降，但不明显。

(5) 各种调节方法比较

改变前导器叶片角度调节的机构比较简单，可以在不停止风机的情况下完成操作，通常只能达到有级调节的目的，在网路特性不变的情况下调节时，效率有所变化。由于调节范围比较窄，较为适宜作为其他有级调节的补充。

有级变速调节的机构简单，调节范围较宽，但必须在停机时操作。在网路特性不变的情况下调节时，效率不变。若配合其他可以在不停机时完成操作的调节机构，可弥补各级之间的调节空当，增加可调密度。图 3-25 所示为有级调速配合前导器联合调节时的特性。由图可以看出，$n=600$ r/min 时，用前导器调节可填补它与 $n=575$ r/min 之间的空当。

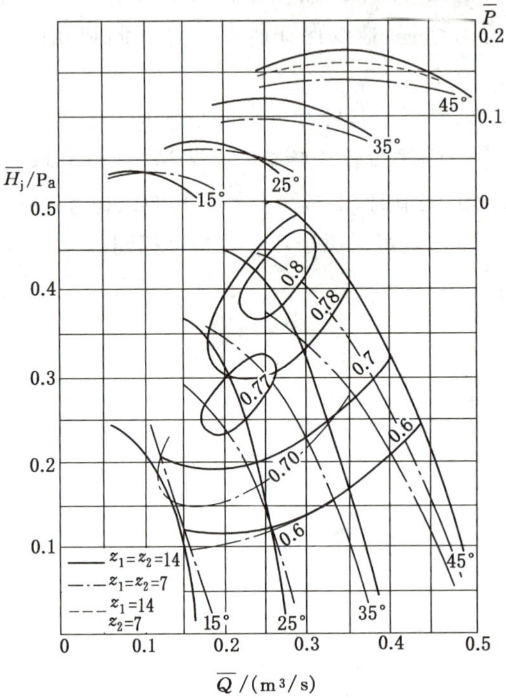

图 3-24　改变轴流式通风机叶片数目调节特性

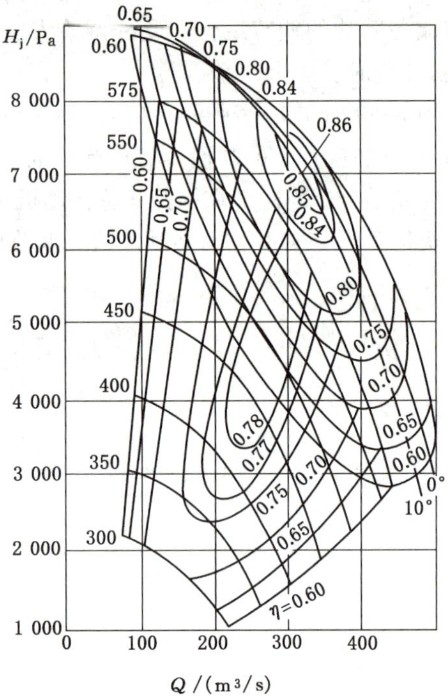

图 3-25　有级调速与前导器联合调节离心式通风机的特性

无级变速调节的当前措施是采用变频调速系统，可以在不停机的情况下完成调节工作，网路定常情况下效率不变，调节范围较宽，在可调范围内可以得到覆盖全部范围的特性曲线，是一种较为理想的调节方式。

停机调节叶片安装角的机构简单，理论上可以实现无级调节，但由于必须停机操作，实际上只能做到有级调节，调节范围较宽，调节中效率有所变化。这种调节方法是矿井轴流式通风机普遍采用的方法。

动叶调节安装角的调节机构比较复杂，可在不停机的情况下完成操作并实现无级调节，调节范围广，而且可以得到覆盖全调节范围的特性，调节时效率有所变化。采用这种机构便于实现自动化。

任务考评

任务考评的内容及评分标准见表 3-5。

表 3-5　任务考评的内容及评分标准

序号	考评内容	考评项目	配分	考评标准	得分
1	通风机的性能曲线	识读通风机的性能曲线	15	错一项扣 5 分	
2	通风机的正常工作条件	通风机的正常工作条件	10	错一项扣 5 分	
3	通风机的工况点确定	确定工况点的方法	15	错一项扣 5 分	
4	通风机工况的调节方法	1. 闸门节流法； 2. 变速调节法； 3. 前导器调节法； 4. 改变叶片安装角调节法； 5. 改变叶片数目调节法	50	错一项扣 10 分	
5	遵守纪律，文明操作	遵守纪律，文明操作	10	错一项扣 5 分	
总计					

复习思考题

1. 通风机所产生的风压主要取决于哪几个因素？
2. 什么叫静压？什么叫动压？什么叫全压？
3. 通风网路阻力曲线取决于哪几个因素？
4. 什么叫通风机的工况点？
5. 如何求得通风机的工况点？
6. 为什么要进行工况点调节？
7. 工况点调节的方法有哪些？

任务三　通风设备的维护与故障处理

【知识要点】　离心式通风机的结构；轴流式通风机的结构；通风机的反风装置。

【技能目标】　熟悉通风机的维护；掌握通风机的故障处理。

任务描述

为了使通风设备能够稳定、高效地工作，就要学习掌握离心式通风机和轴流式通风机的结构，按规定对其进行日常的维护保养，以减少故障的发生。当设备出现故障时，能够运用所学知识正确地分析故障的原因，找到解决处理的方法，迅速进行修复，尽量减少对生产造成的影响和损失。这就是本任务要达到的目的。

任务分析

一、轴流式通风机的构造

(一) 轴流式通风机的主要结构

轴流式通风机主要零部件有叶轮、导叶、机壳、集流器(集风器)、疏流罩(流线体)和扩散器、支架、传动部分等,如图 3-26 所示。

轴流式通风机结构

1. 叶轮

叶轮是对流体做功以提高流体能量的关键部件。主要由叶片和轮毂组成,叶片多为机翼形扭曲叶片,如图 3-27 所示。叶轮外径、轮毂比(即轮毂直径与叶轮外径之比)、叶片数、叶轮结构和叶片叶形对风机性能有着重要影响,各主要参数均通过试验确定。对于矿井主通风机的叶轮,一般要求风机反转时,反风量大于正常风量的 40%。

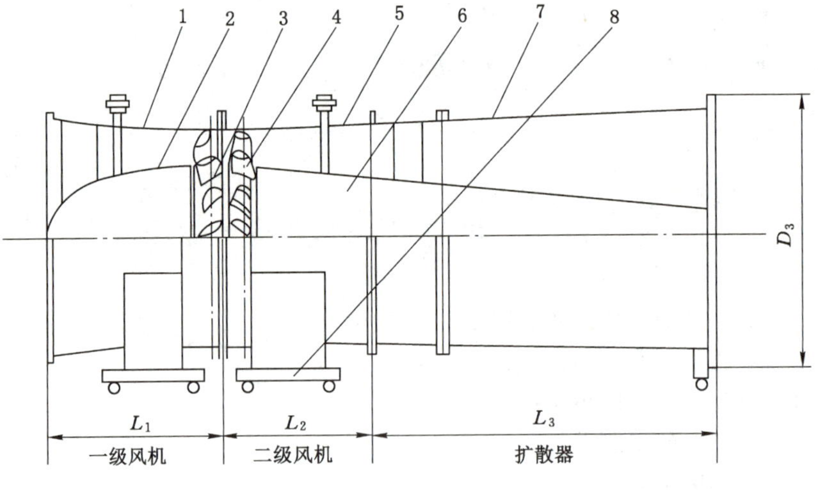

1—集流器;2—流线体;3,4—叶轮;5—机壳;6—扩散器内锥筒;7—扩散器外锥筒;8—支架。

图 3-26　轴流式通风机结构

2. 导叶

根据叶轮与导叶的相对位置,在第一级叶轮前的导叶叫前导叶,最后一级叶轮后的导叶叫后导叶,两级叶轮间的导叶叫中导叶。导叶的作用是确定流体通过叶轮前或后的流动方向,减少气流流动的能量损失。对于后导叶还有将叶轮出口旋绕速度的动压转换成静压的作用。前导叶若为可调的,还可以改变风机的工况点。为避免气流通过时产生同期扰动引起强烈噪声,导叶叶片数和动叶叶片数应互为质数。导叶叶形有机翼形和等厚度圆弧板形。导叶高度与动叶要相适应,安装在风机的外壳上。导叶与动叶的布置如图 3-28 所示。

3. 集流器和疏流罩

集流器(集风器)是叶轮前外壳上的圆弧段。疏流罩(流线体)罩在轮毂前面,其形状为球面或椭球面。集流器和疏流罩的作用是改善气体进入风机的条件,使气体在流入叶轮的

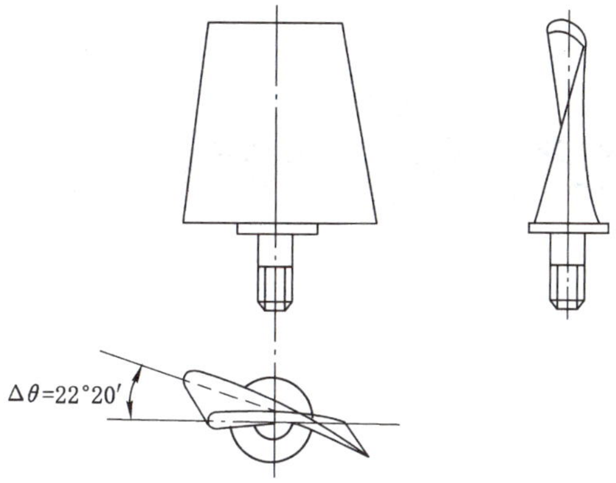

图 3-27　机翼形扭曲叶片

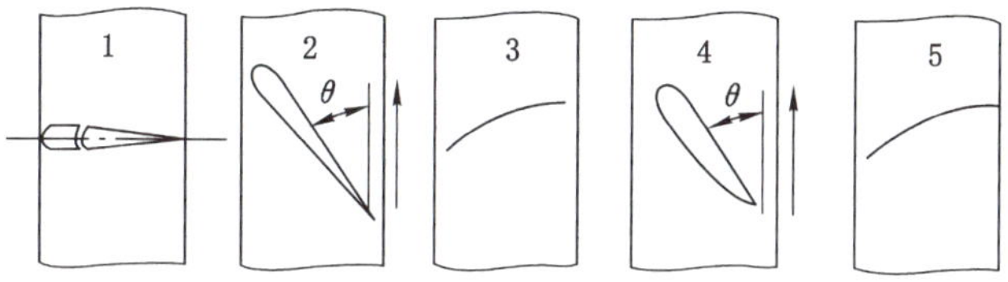

1—前导叶；2，4—动叶叶片；3—中导叶；5—后导叶。

图 3-28　导叶与动叶叶片的布置图

过程中过流断面变小，以减少入口流动损失，提高风机效率。

4. 扩散器

扩散器的作用是将流体的部分动压转换为静压，以提高风机静效率。其结构形式有筒形和锥形两种(具体分析见相关知识)。

轴流式通风机可以通过调整叶片安装角度来调节风机风量和风压，同时又可反转进行反风，不需设反风道、反风门等装置，减少了基建费用，方便了风机的安装和运行，在煤矿生产中得到广泛应用。

20 世纪 80 年代初我国研制了扭曲叶片的 2K-60 型轴流风机，随后引进德国 TLT 公司的技术生产了 GAF 型风机；引进丹麦诺文科公司的技术生产了 K66、K55、K50 型风机；20 世纪 90 年代我国又新研制了 2K-56 型风机、FBCDZ 型防爆抽出式对旋轴流式通风机等。下面选择有代表性的几种风机做简要介绍。

(二) 几种常用轴流式通风机的结构

1. FBCDZ 型防爆抽出式对旋轴流式通风机

FBCDZ 型防爆抽出式对旋轴流式通风机具有效率高、噪声低、结构紧凑、性能可靠、安装便利等特点，是一种新型的轴流式风机，适用于煤矿作高效节能、低噪声的新型主要通风机，其外形如图 3-29 所示。这种通风机是由集流器、第一级主机、第二级主机、扩散器、扩散塔、拖车等六部分组成，如图 3-30 所示。

图 3-29　对旋轴流式通风机外形图

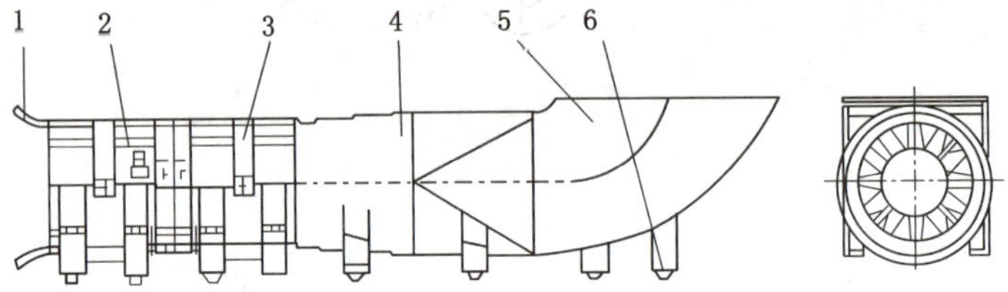

1—集流器；2—第一级主机；3—第二级主机；4—扩散器；5—扩散塔；6—拖车。

图 3-30　FBCDZ 型对旋轴流式通风机结构示意图

FBCDZ 系列通风机具有以下特点：

① 该系列通风机为 BD 系列通风机的二次设计，其叶片采用弯掠组合正交三维扭曲技术，大大提高了通风机的性能参数：效率提高 5%～10%，噪声降低 10～20 dB。

② 该系列通风机结构紧凑、简单，运转平稳，维护方便。摒弃了一般轴流式主通风机的长轴传动方式，消除了传动装置易于损坏变形的现象。

③ 该系列通风机采用了两级叶轮对旋式结构，两级叶轮分别由容量及型号相同的隔爆专用电机驱动，两个叶轮旋转方向相反，即从进风口看，第一级叶轮顺时针方向旋转，第二级叶轮则逆时针方向旋转。当空气流入第一级叶轮获得能量后经第二级叶轮排出，第二级叶轮兼备着普通轴流式通风机中导叶的功能，在获得整直圆周方向速度分量的同时，增加气流的能量，从而达到普通轴流式通风机不能达到的高效率、高风压。

④ 选用隔爆型电机，电机安装在通风机隔流腔内。隔流腔具有良好的密封性能，保证电机与通风机流道中含有瓦斯的气体相互隔绝，隔流腔中有扁管与机壳外大气相通，使新鲜空气不断进入，流经电机表面使之散热后流出，并使腔内空气在通风机运行时保持正压状态，确保通风机主流道内的爆炸性气体在通风机工作时不进入隔流腔。

⑤ 叶片安装角度可根据需要调节。用户可根据矿井通风网路参数的变化，结合通风机空气动力性能曲线选择合适的叶片安装角度。在调节范围内，叶片安装角度增大时，风量增大，电机功率也随之增大，反之亦然。

⑥ 该系列通风机可以反转实现反风，在各种工况条件下反风率达到 60%以上，不必另设反风道，具有节约基建投资和反风速度快的优点。

以 FBCDZNo. 28/2×400 型风机为例,说明通风机型号的组成及其代表意义:

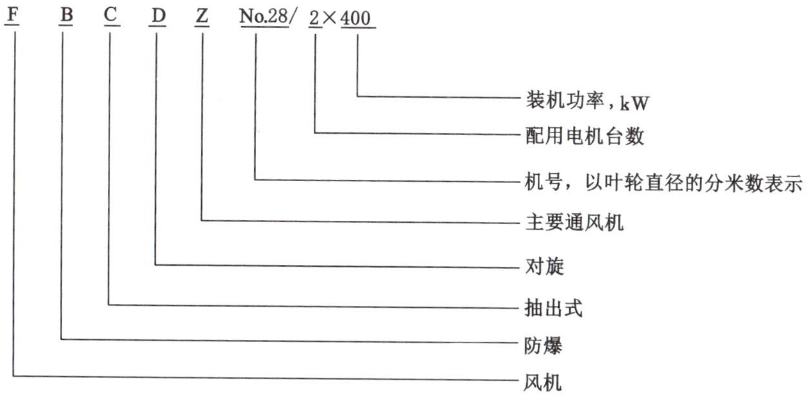

图 3-31 是 FBCDZNo. 28/2×400 型防爆抽出式对旋轴流式通风机(n=740 r/min)的个体特性曲线图。

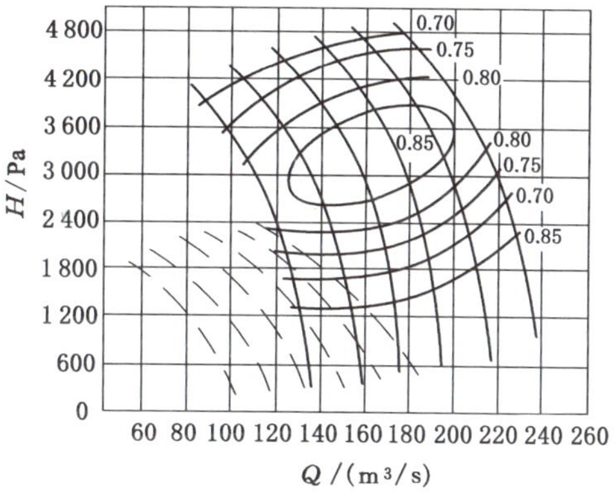

图 3-31　FBCDZNo. 28/2×400 型防爆抽出式对旋轴流式通风机的个体特性曲线图

主通风机经过长途运输或长期搁置未用,在使用前必须测量电机定子绕组的冷态绝缘电阻。绝缘电阻应不低于 50 MΩ。经检查合格后方可接通电源,启动通风机。

通风机在启动前,必须清除流道中特别是进风口前 50 m 内的异物,以防吸入通风机损坏其叶轮。

安装前必须检查通风机是否有损坏或变形,叶片顶部与筒圈间隙是否符合要求(单边间隙不得小于 2.5 mm)。

2. GAF 型轴流式通风机

GAF 型轴流式通风机是我国引进德国 TLT 公司的技术制造而成的,叶轮直径从 ϕ1 000～ϕ6 300 mm 分 32 种;轮毂直径分 7 种;叶轮有单级、双级两种;形式有卧式和立式。基本型号分 4 个系列 896 种规格,叶片数目 6～24 片,叶片调节分不停车调节和停车调节两种。图 3-32 所示为 GAF31. 6-15s-1 型通风机的结构简图。

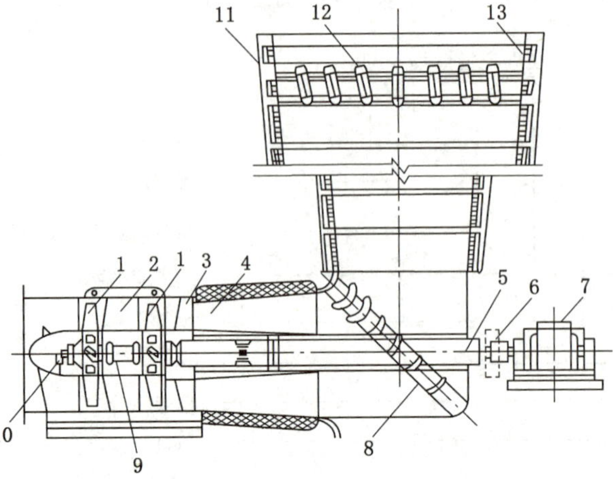

1—叶轮；2—中导叶；3—后导叶；4—扩散器；5—传动轴；6—刹车机构；7—电机；
8—整流叶栅；9—轴承箱；10—动叶调节控制头；11—立式扩散器；12—消声器；13—消声板。

图 3-32　GAF 型轴流式通风机结构简图

该风机采用轴承箱内置的卧式结构，双级叶轮，动叶机械式停车集中可调，电机置于排气侧的弯道外侧，经挠性联轴器、中间轴与风机转子直接传动。风机组成包括进口闸门、进气圆筒、整流环、机壳、叶轮、主轴承箱、中间轴、挠性联轴器、扩散器、带导流叶片的弯道、垂直扩散器、出口消声器、制动器、润滑油站、电机等部件。

进口闸门的作用是在风机停车或维修时将风道和风机隔开。

整流环为筒形焊接件，内装流线型整流罩，用于减小气流进入叶轮时的冲击损失。

机壳由内筒、外壳、后导叶及轴承箱支承环等组成，采用水平剖分结构，在机壳内壁叶片旋转处镶嵌有铜板。

风机叶轮与主轴采用过盈和键配合，动叶片采用铸铝合金，中间轴为空心传动轴。

扩散器流道为沿气流方向内筒收缩、外壳扩张的锥形钢板焊接构件。垂直扩散器顶部装有 8 片吸音片消声器。

制动器用来制动转子，缩短转子停车时间，以便迅速对动叶进行机械调节。

GAF 型轴流通风机的性能范围是：全压 300～8 000 Pa；流量 30～1 800 m^3/s；全压效率 0.89～0.9。由于该机规格较多，厂家不提供全部通风机性能曲线，使用单位须将风量和风压的变化范围提交厂家，由厂家选型后提供风机性能曲线。图 3-33 所示为某风机的性能曲线，图中的风量和全压是以额定参数的百分数给出的。

3. K66、K55、K50 型轴流式通风机

我国于 1985 年从丹麦诺文科公司引进了大型轴流式通风机生产技术，设计制造了适合我国矿井通风的新型轴流式通风机 K66、K55 和 K50。这三种风机叶轮外径分别为 1.875 m、2.25 m、2.5 m，轮毂直径均为 1.25 m；焊接结构，单级叶轮，叶片为机翼扭曲形，安装角可在 10°～55°范围内调整。该风机的特点为高效区域广，最大静压效率可达 0.85。图 3-34 所示为 K66-1No. 18.75 型矿用轴流式通风机简图，其特性曲线如图 3-35 所示。该机能实现直接反转反风，反风量可达 60%以上。

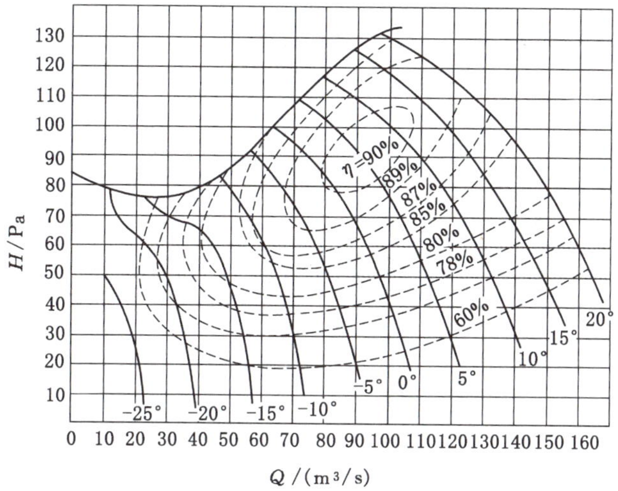

图 3-33　GAF 型轴流式通风机特性曲线

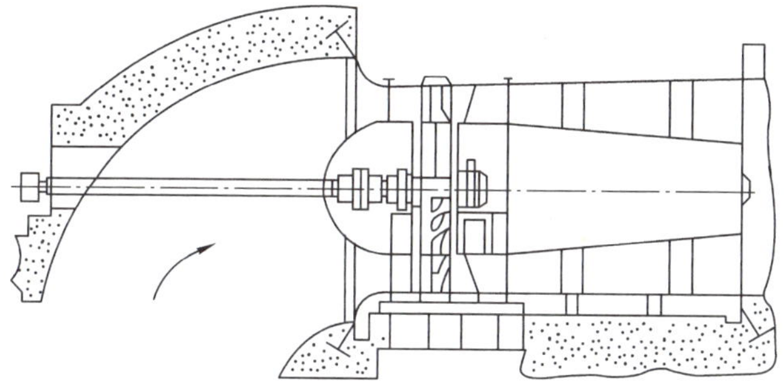

图 3-34　K66-1No. 18. 75 型矿用轴流式通风机简图

二、离心式通风机的构造

(一) 离心式通风机的主要结构

离心式通风机结构

离心式通风机一般由机壳、进风口集流器、叶轮和传动轴等组成，如图 3-36 所示。

1. 叶轮

叶轮是离心式通风机的关键部件，它由前盘、后盘、叶片和轮毂等零件焊接或铆接而成。前盘的几何形状有平前盘、锥形前盘、弧形前盘和锥弧形前盘等几种，如图 3-37 所示。平前盘叶轮气流进入叶道时转弯过急，因此损失较大，但叶轮制造工艺简单。弧形前盘叶轮气流流动无突变，损失小，效率较高，但制造工艺较复杂。锥形前盘叶轮的效率、工艺性均居中。锥弧形前盘的前部分为弧形，后部分为锥形。现代离心式通风机大都采用锥弧形前盘的叶轮。

根据叶片出口安装角不同，叶片可分为前弯、径向和后弯三种。大型通风机均采用后弯叶片，出口安装角为 15°～72°。

叶片的形状大致可分为平板形、圆弧形和机翼形几种。新型风机多为机翼形，叶片数目

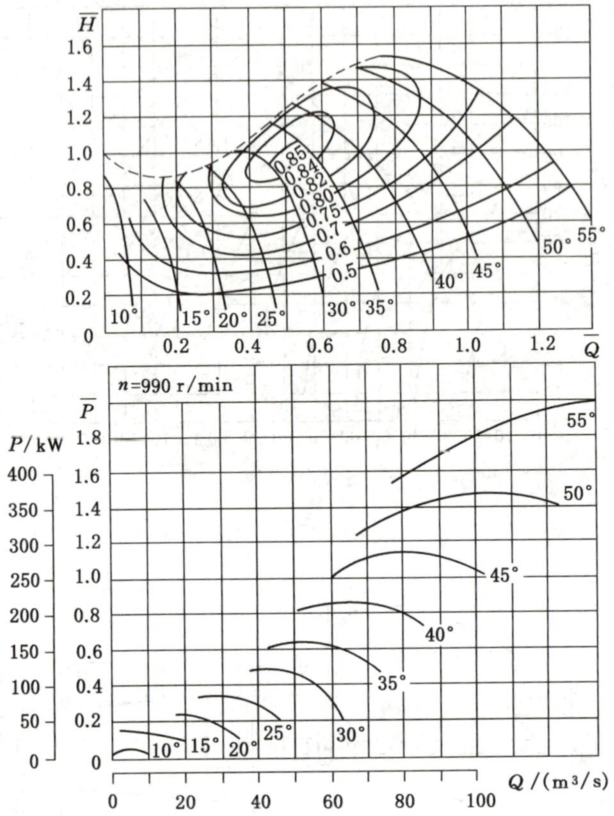

图 3-35　K66-1No. 18. 75 型矿用轴流式通风机性能曲线

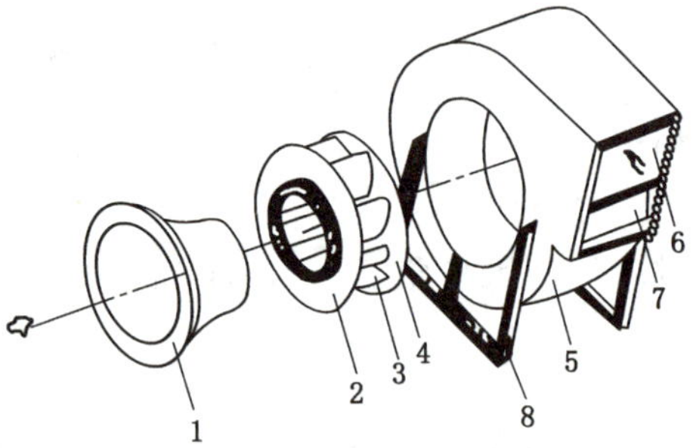

1—吸入口；2—叶轮前盘；3—叶片；4—后盘；5—机壳；6—出口；7—截流板(即风舍)；8—支架。

图 3-36　离心式通风机主要结构分解示意图

一般为 6～10 片。我国生产的 4-72 型和 4-73 型离心式通风机采用弧形、锥弧形前盘和机翼形后弯叶片，叶片出口安装角为 15°～45°，叶片数目为 10 片左右。

2. 集流器

离心式通风机一般均装有进风口集流器(也称集风器)，它的作用是保证气流均匀、平稳地进入叶轮进口，减少流动损失和降低进口涡流噪声。集流器的结构形式如图 3-38 所示。

集流器有筒形、锥形、弧形与组合形等几种形式。确定集流器性能的好坏，主要视气流

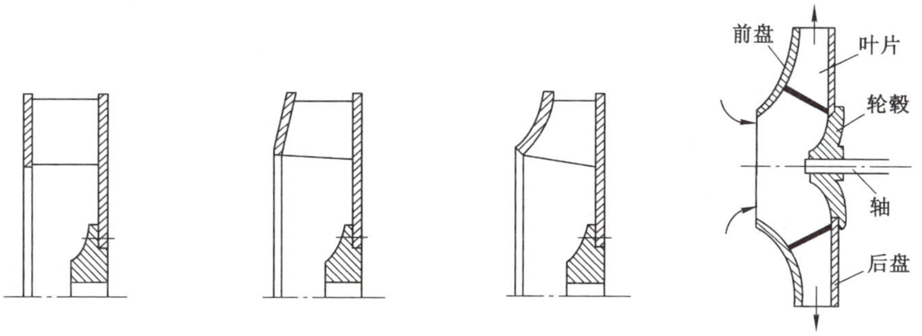

（a）平前盘　（b）锥形前盘　（c）弧形前盘　（d）锥弧形前盘

图 3-37　叶轮结构及前盘形式

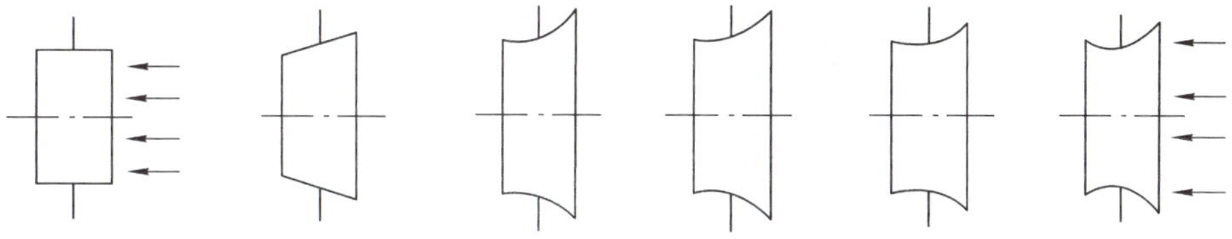

（a）圆筒形　（b）圆锥形　（c）弧形　（d）锥筒形　（e）弧筒形　（f）锥弧形

图 3-38　不同形式的集流器

充满叶轮进口处的均匀程度。因此，设计时集流器的形状应尽可能与叶轮进口附近气流形状相一致，避免产生涡流而引起流动损失和涡流噪声。从流动方面比较，可以认为锥形比筒形好，弧形比锥形好，组合形比非组合形好。从图 3-39 所示进气口形式对涡流影响程度可知，采用锥弧形集流器（因其接近流线型）的涡流最小。锥弧形集流器由锥形的收敛段、过渡段和近似双曲线的扩散段三部分组成。气流进入集流器后，首先是缓慢加速，在喉部形成高速气流，然后均匀扩散充满整个叶轮流道。从制造工艺上比较，筒形较简单，而流线型较复杂。目前的大型离心式通风机上多采用弧形或锥弧形集流器，以提高风机效率和降低噪声。中小型离心式通风机多采用弧形集流器。

集流器与叶轮间存在着间隙，其形式可分为径向间隙和轴向间隙两种，如图 3-40 所示。径向间隙气体的泄漏不会破坏主气流的流动状态；轴向间隙因气体泄漏与主气流相垂直会影响主气流的流动状态，因而选用径向间隙比较妥当，尤其对后弯叶轮来说更有必要，但这种结构的工艺较为复杂。

3. 机壳

机壳的作用是将叶轮出口的气体汇集起来，引导至通风机的出口，并将气体的部分动压转变为静压。离心式通风机机壳的工作原理与离心式水泵机壳的工作原理相同，结构上也是由一个截面逐渐扩大的螺壳形流道和一个扩压器组成，如图 3-41 所示。机壳截面形状为矩形，扩压器向蜗舌方向扩散，出口扩压器的扩散角以 6°～8°为准，有时为了减小其长度，也可把 θ 增至 10°～12°。离心式通风机机壳出口附近设有蜗舌，其作用是防止部分气体在机壳内循环流动。蜗舌的结构形式常见的有深舌、短舌、平舌三种。

深舌多用于低比转数的风机，最大效率值较高，但效率曲线陡，噪声大；短舌多用于

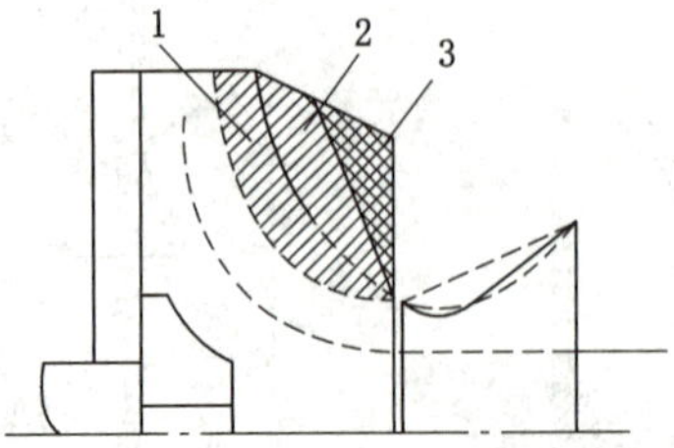

1—锥形时的涡流影响区；2—弧形时的涡流影响区；
3—锥弧形时的涡流影响区。

图 3-39　进气口形式对涡流影响程度简图

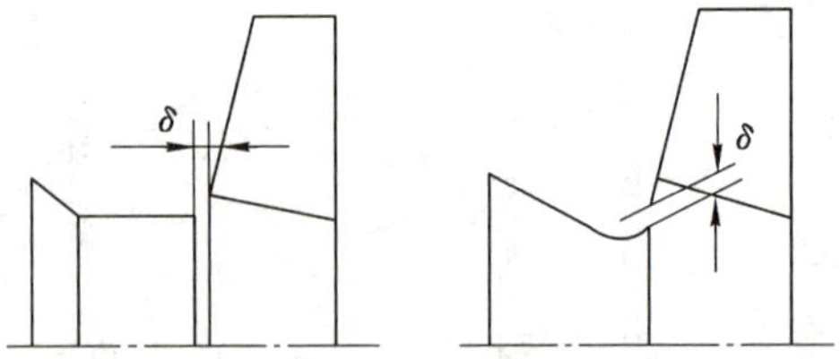

(a) 轴向间隙　　(b) 径向间隙

图 3-40　进气口与叶轮之间的间隙形式

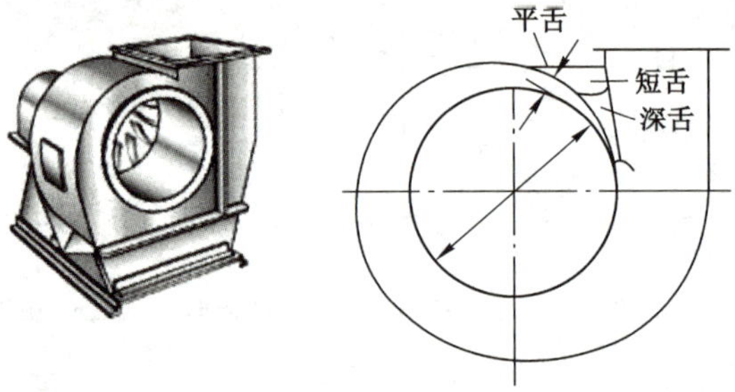

图 3-41　机壳和不同蜗舌图

高比转数风机，效率曲线较平坦，噪声较低；平舌多用于低压低噪声通风机，但效率有所降低。

4. 进气箱

进气箱一般应用于大型离心式通风机进口之前需接弯管的场合(如双吸离心式通风机)。因进气流速度方向变化，会使叶轮进口的气流很不均匀，故在进口集流器之前安装进气箱，以改善这种状况。进气箱通道截面最好做成收敛状，并在转弯处设过渡倒角，如图 3-42 所示。

5. 进口导流器(前导器)

大型离心式通风机为扩大使用范围和提高调节性能，在集流器前或进气箱内装设有进口导流器，如图 3-43 所示。进口导流器分为轴向[图 3-43(a)]与径向[图 3-43(b)]两种。借助改变导流器叶片的开启度，控制进气口大小、改变叶轮进口气流方向，以满足调节要求。导流叶片可采用平板形、弧形或机翼形。导流叶片数目一般为 8～12 片。

6. 离心式通风机的结构形式

(1) 离心式通风机的旋转方式

离心式通风机叶轮只能顺机壳螺旋线的展开方向旋转，因此根据叶轮旋转方向不同分为左旋、右旋两种。确定方法是：从电机一端看风机，机壳螺旋线按顺时针方向展开(即叶轮按顺时针方向旋转)的称为右旋，以“右”表示；机壳螺旋线按逆时针方向展开(即叶轮按逆时针方向旋转)的称左旋，以“左”表示。

(2) 离心式通风机的进气方式

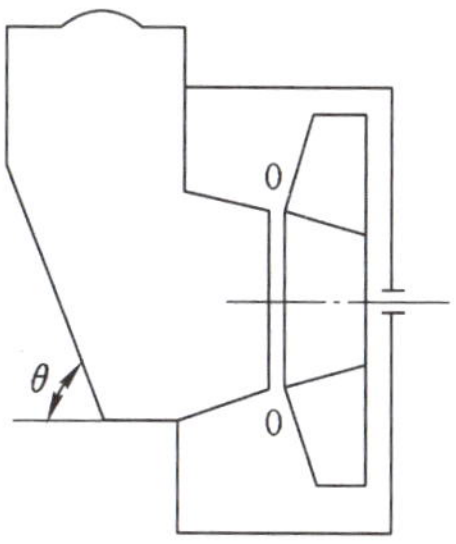

图 3-42　进气箱形状

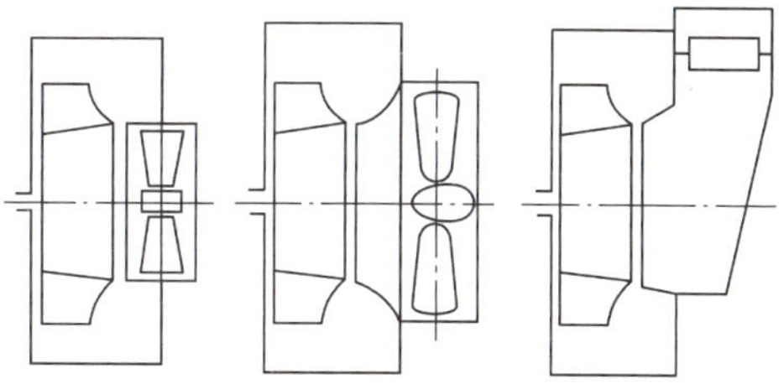

(a) 轴向　　(b) 径向

图 3-43　进口导流器示意图

离心式通风机的进气方式有单侧进气(单吸)和双侧进气(双吸)两种。在同样条件下，双吸风机产生的流量约是单吸的 2 倍，因此，大流量风机采用双吸式较为适宜。

(3) 离心式通风机的出风口位置

我国对离心式通风机的出风口位置做了规定，根据现场使用要求，离心式通风机出风口方向可从图 3-44 规定的 8 个基本出口位置中选取，如果基本出口位置还不能满足要求，可以从下列补充角度(15°、30°、60°、75°、105°、120°、150°、165°、195°、210°)中选取。

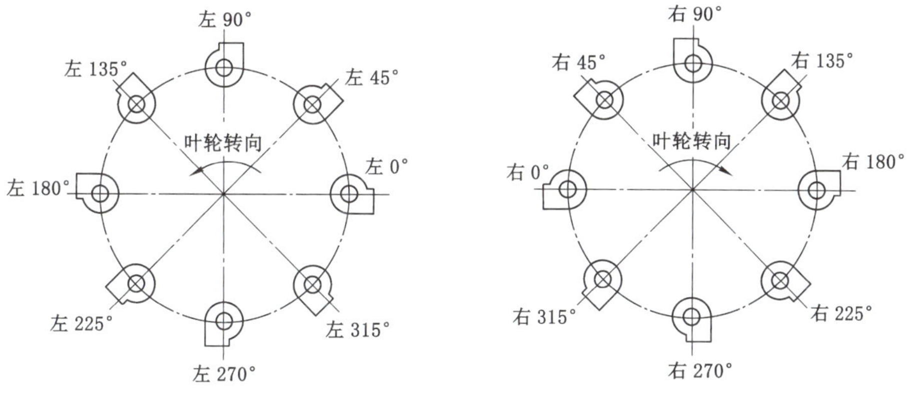

(a) 逆时针(左旋)　　(b) 顺时针(右旋)

图 3-44　出风口位置示意图

煤矿使用的 No. 16(叶轮外径 1.6 m)及以上通风机的叶轮出口一般为三种固定位置：0°(出风口在轴线下方，水平向外)、90°(出风口在轴线上方，垂直向上)、180°(出风口在轴线上方，水平向外)，不能调整，订货时需予以说明。

(4) 离心式通风机的传动方式

离心式通风机的传动方式有多种，主要根据风机转速、进气方式和尺寸大小等因素而定。

目前我国对离心式通风机的传动方式进行了规范，其具体形式如图 3-45 所示，有 A、B、C、D、E、F 六种传动结构形式。

小功率离心式通风机多采用 A 式，将叶轮直接安装在电机轴上。这样可以使结构简单、紧凑。功率较大时，多用联轴器连接(D 式、F 式)。当离心式风机的转速与电机的转速不相同时，可采用皮带轮变速传动方式(B 式、C 式、E 式)。将叶轮装在主轴的一端，称为悬臂式(B 式、C 式、D 式)，其主要优点是拆卸方便。对于双吸离心式通风机或大型单吸离心式通风机，

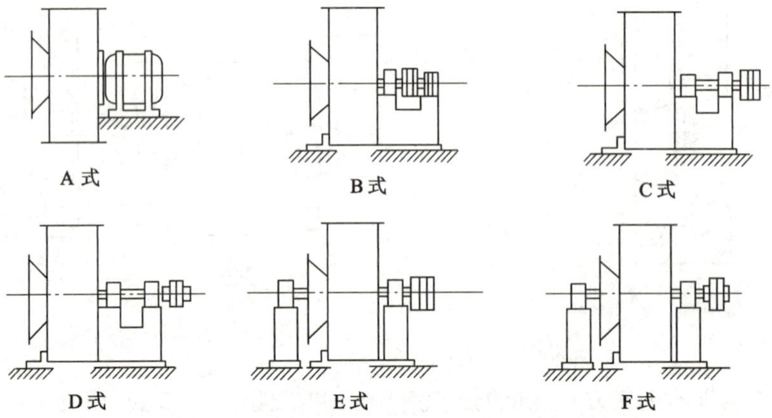

图 3-45　离心式通风机传动结构形式

一般将叶轮放在两轴承的中间，称为双支承式（E式、F式），其主要优点是运转比较平稳。

（二）离心式通风机的结构

离心式通风机的结构形式繁多，现以 G4-73-11 系列离心式通风机为例介绍离心式通风机的特点和结构：

G4-73-11 系列离心式通风机系锅炉用风机，也可用于矿井通风。

G4-73-11 型离心式通风机由叶轮、机壳、进风口、前导器和传动部分组成，如图 3-46 所示。

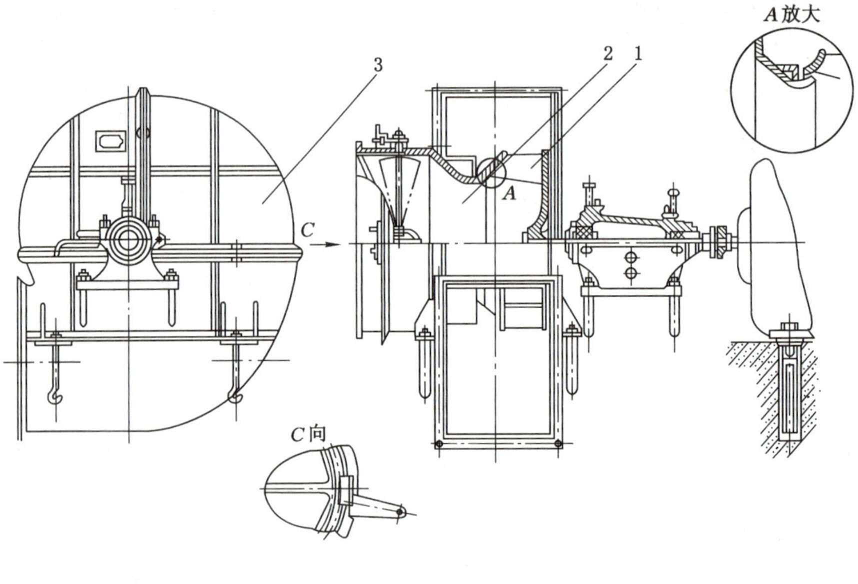

1—叶轮；2—进风口；3—机壳。

图 3-46　G4-73-11 型离心式通风机的结构

1．叶轮

叶轮由 12 个后弯机翼形斜切叶片、锥弧形前盘和平板形后盘组成，并经过动、静平衡试验，所以运转平稳、噪声低、强度高，全效率高达 93%。其风压和风量较 G4-72-11 型大，适用于中小型矿井通风。

2. 机壳

机壳是用普通钢板焊接而成。No. 8～No. 12 的机壳为整体结构；No. 14～No. 16 的机壳做成两开式；No. 18～No. 28 的机壳做成三开式。

3. 进风口

进风口的形式与 G4-72-11 型相同，为锥弧形，用螺栓固定在通风机入口侧。

4. 前导器

前导器是用来调节通风机工况的机构，轴向安装在进风口的前面，由 11 片叶片组成。调节范围由 90°（全闭）到 0°（全开）。轴向导流器的操作手柄位置从进风口方向看在右侧。对于右旋通风机，手柄由下向上推是全闭到全开方向；对于左旋通风机，手柄由上向下拉则是全闭到全开方向。

5. 传动部分

该型通风机的传动方式为 D 式，即进风口为单侧吸入式。从 No. 8 至 No. 28 共有 12 种机号，适用于中小型矿井通风。

图 3-47 所示是这种通风机的无因次特性曲线。

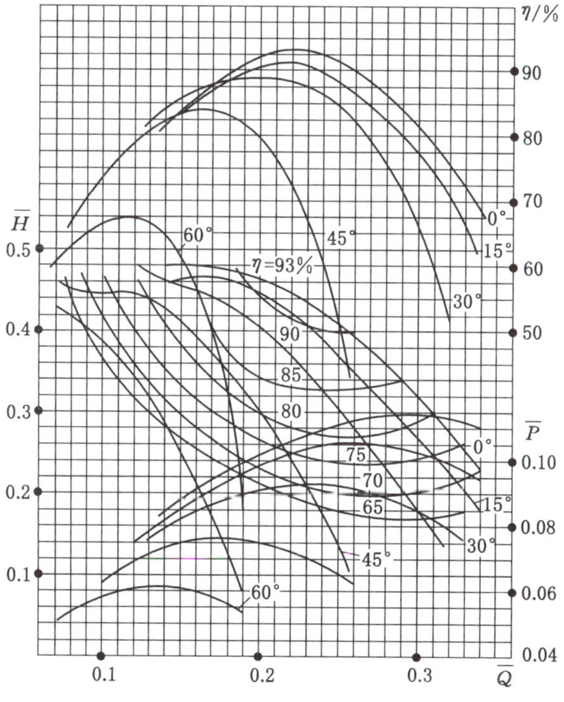

图 3-47　G4-73-11 型离心式通风机无因次特性曲线（轴向导流）

相关知识

一、通风机的反风

1. 反风的概念及要求

矿井通风有时需要改变风流的方向，即将抽出式通风临时改为压入式通风。例如，当采用抽出式通风时，在进风口附近、井筒或井底车场等处发生火灾或瓦斯、煤尘爆炸时，必须立即改为压入式通风，以防灾害的蔓延。像这种根据实际需要，人为地临时改变通风系统中的风流方向，叫作反风。用于反风的各种装置，叫作反风设施。

《煤矿安全规程》第一百五十九条规定："生产矿井主要通风机必须装有反风设施，并能在 10 min 内改变巷道中的风流方向；当风流方向改变后，主要通风机的供给风量不应小于正常供风量的 40%。"

当通风机不能反转反风时，一般采用反风道反风；当通风机能反转反风时，采用反转反风，但供给风量必须满足《煤矿安全规程》的要求。

当反风门的开启力大于 1 t 时，应采用电动、手摇两用绞车，并集中操作；开启力小于 1 t 时，可用手摇绞车。风门绞车应集中布置。

2. 轴流式通风机的反风

(1) 反转反风

我国现在生产的轴流式通风机，当叶轮的旋转方向改变后，其风量均大于正常风量的 60%，满足《煤矿安全规程》对反风风量的要求。因此，轴流式通风机大多数采用反转反风。

(2) 改变叶轮叶片安装角反风

有的轴流式通风机可在不改变叶轮旋转方向的情况下，通过改变叶轮叶片安装角度实现反风。如 GAF 型轴流式通风机就可不改变中、后导叶角度和叶轮旋转方向，将叶轮叶片安装角调至反风位置(轮毂上有标注)，就可改变风流方向实现反风。

为减少转子的停车时间，设有刹车装置，以便在 10 min 内完成停机→调整叶片安装角→启动风机→改变风流方向的各项操作事项。

3. 离心式通风机的反风

图 3-48 为两台离心式通风机作矿井主要通风设备时的反风系统布置图。两台通风机对称布置，一台左旋，一台右旋，扩散器由屋顶穿出。正常通风时，电机驱动叶轮旋转，使井下风流由出风井经进风道进入通风机入口，然后由通风机经扩散器排出，风流按实线箭头方向流动。

当矿井需要反风时，首先用手摇绞车或电动绞车，通过钢丝绳关闭垂直闸门、打开水平风门，并将扩散器中的反风门提起，关闭扩散器出口，同时打开通风机与反风道间的联络通道。此时，大气由水平风门进入进风道和通风机入口，再由通风机出口进入反风道，然后下行压入风井，达到反风目的。风流在此过程中按虚线箭头方向流动。

4. 各种反风方法的比较

(1) 反风道反风

反风后通风机的性能不变，反风量较大，适用于各种通风机。但它的基建费和维护费高，且风门不易维护好，漏风严重，操作也比较复杂。

(2) 反转反风

不需构筑反风道，土建工程量小，风门和风门绞车少，漏风少，基建费和维护费低。但这种反风方法只适用于反转风量满足反风要求的轴流式通风机。同时，通风机反转风量较正转小，且通风机反转时的性能将发生一定的变化。

(3) 改变叶轮叶片安装角反风

这种方法需设置刹车装置，同时需停机调整叶片安装角，反风操作相对于反转反风复

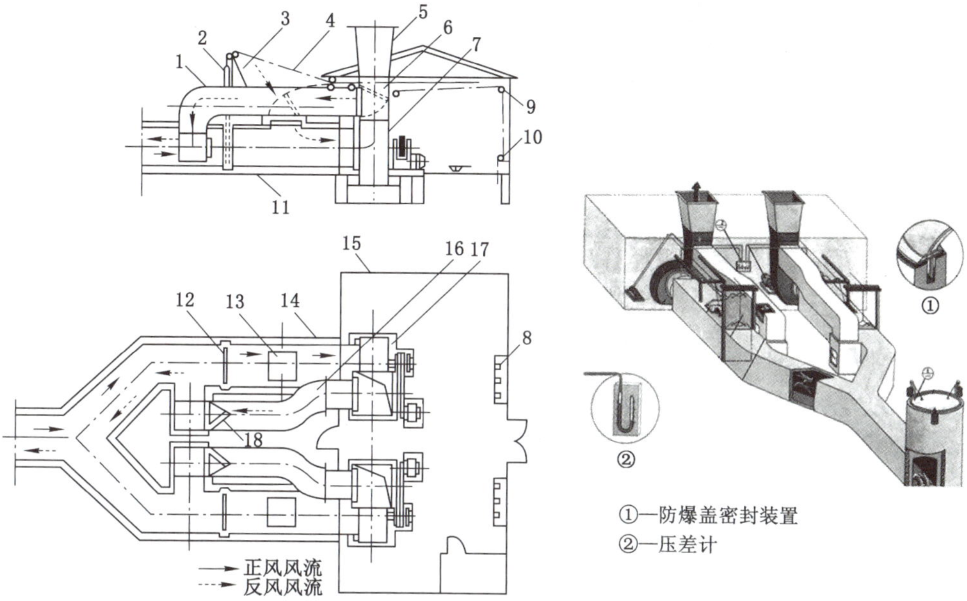

1,16—反风道;2,12—垂直风门;3—闸门架;4—钢丝绳;5—扩散器;6—反风门;7,17—通风机;8,10—手摇绞车;9—滑轮组;11,14—进风道;13—水平风门;15—通风机房;18—检查门。

图 3-48　两台离心式通风机布置图

杂,但电控相对于反转反风简单。与反转反风一样,也具有不需构筑反风道、土建工程量小、风门和风门绞车少、漏风少、基建费和维护费低的优点。

5. 反风设施

反风设施是引导正常风流反向流动的装置,它是由反风道、各种反风风门、滑轮组和风门绞车等组成。

反风风门一般用厚度为 2～3 mm 的钢板与型钢(角钢或槽钢)制成。为减少漏风,在风门四周固定有橡胶垫。

二、通风机的扩散器

通风机出口处气流具有较高的动压,当其脱离风机进入大气时,其动压随之散失于大气,无益于通风。若将动压的一部分转换为静压,可以减少损失。这就是通风机出口处装设扩散器的目的。

1. 轴流式通风机的扩散器

轴流式通风机的扩散器可以是筒式或弯头式,如图 3-49 所示。由于气流在弯头中的损失较大,因而装置效率比筒式低,由图中效率曲线的差别可以看出,比值$\frac{\bar{Q}}{4H_2}$越大,相差越多。因此,通常只有在受到客观条件限制时,才采用弯头扩散器。但此时不必再加装直段扩散器,即可把气流引向上空。轴流式通风机的扩散器一般由生产厂家提供。

2. 离心式通风机的扩散器

离心式通风机的生产厂家一般不提供扩散器,需要用户根据通风机出口尺寸自行设计。

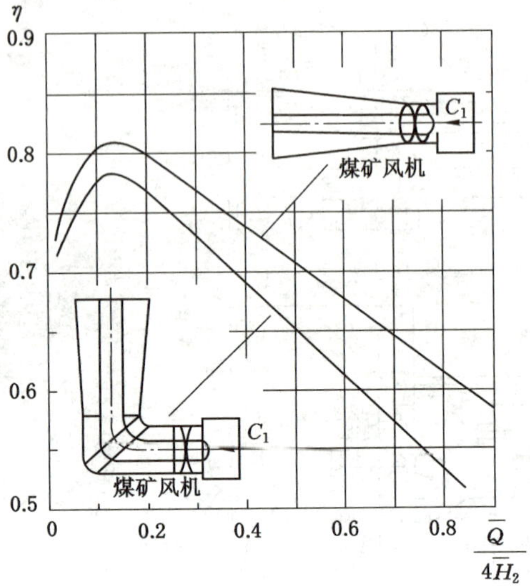

图 3-49　轴流式通风机扩散器形式与装置效率的关系曲线

离心式通风机常见的扩散器形式有平面扩散器和塔式扩散器两类。从侧面看，平面扩散器又分等宽不对称型和等宽对称型两种。扩散器类型不同，所产生的能量损失也不同。扩散器能量损失的大小常用扩散器损失系数 ξ_k 来反映。ξ_k 越大，气流通过扩散器时的能量损失也越大。

扩散器损失系数 ξ_k 与扩散器的扩散角 α、扩散器面积比 $n=F_2/F_1$（扩散器出口面积与入口面积之比）、扩散器长宽比 $T=L/B_1$（L 为扩散器的高，B_1 为扩散器入口宽，也即通风进出口宽）等因素以及扩散器类型有关。

图 3-50 和图 3-51 分别是等宽不对称的平面扩散器和塔式扩散器的损失系数曲线图。

由图 3-50 和图 3-51 可以看出：若两种扩散器的扩散器面积比 n 均取 3，扩散角 α 均取 10°，等宽不对称平面扩散器的 $\xi_k=0.22$，而塔式扩散器的 $\xi_k=0.34$。说明等宽不对称平面扩散器的能量损失比塔式扩散器的能量损失小，扩散效果好。因此，常采用等宽不对称平面扩散器。

扩散器的扩散效果取决扩散器的面积比 n 和扩散角 α。通常取扩散器的面积比 $n=F_2/F_1=2.5\sim3$，扩散角 $\alpha=8\sim10°$。

【例 3-1】 某矿选用 G4-73-11No. 20D 型通风机作为该矿的主要通风机。这种通风机的出风口尺寸为 1 300 mm×1 959 mm。试确定通风机扩散器的相关尺寸。

解　(1) 扩散器类型的确定

选用等宽不对称平面扩散器。

(2) 扩散器主要参数的确定

取扩散器的面积比 $n=F_2/F_1=2.6$，扩散角 $\alpha=10°$。

(3) 扩散器主要尺寸的计算

① 扩散器入口尺寸。扩散器入口与通风机的出口对接。因此，扩散器的入口尺寸与通

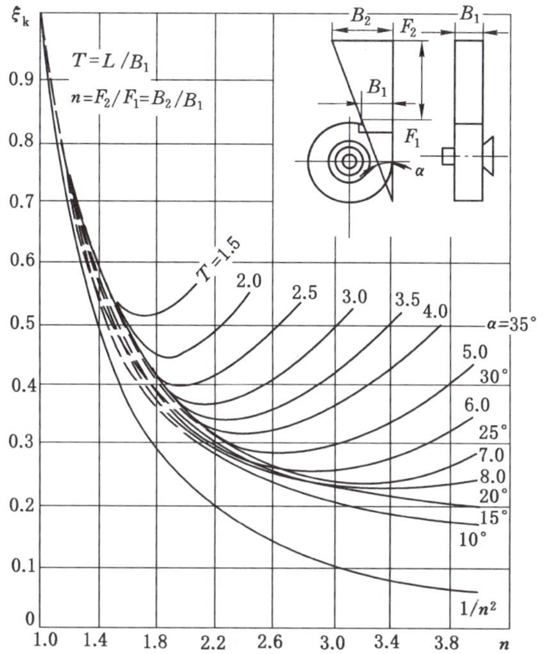

图 3-50　等宽不对称的平面扩散器损失系数

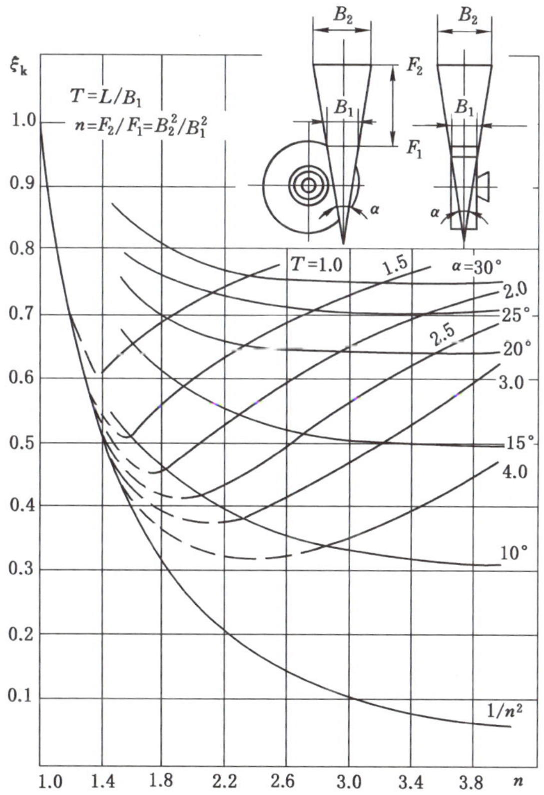

图 3-51　塔式扩散器损失系数

风机的出口尺寸相同，即扩散器入口长 $B_1=1\ 300$ mm，宽 $A_1=1\ 959$ mm。

② 扩散器出口尺寸。因选用的是等宽不对称平面扩散器，所以扩散器出口宽与入口宽相同，即：

$$A_2=A_1=1\ 959\text{ mm}$$

扩散器出口长：

$$B_2=F_2/A_2=n\times F_1/A_2=n\times A_1\times B_1/A_2=n\times A_2\times B_1/A_2$$
$$=n\times B_1=2.6\times 1\ 300=3\ 380\ (\text{mm})$$

③ 扩散器的高：

$$L=(B_2-B_1)\cot\alpha=(3\ 380-1\ 300)\times\cot 10^\circ=11\ 796\ (\text{mm})$$

扩散器各面形状及尺寸如图 3-52 所示。

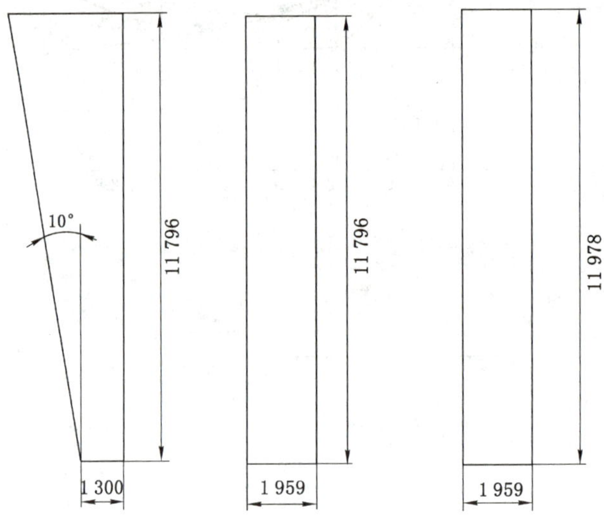

图 3-52 扩散器各面形状及尺寸

任务实施

通风机同其他机械设备一样，需要正常进行维护。通风机的维护贯穿在通风机运转的始终。其主要内容就是严格按照有关技术要求和操作规程，对运转中出现的问题进行及时的处理。

一、通风机的完好标准

通风机的完好标准是判断通风机是否应进行检修的依据，当通风机的某项指标达不到标准规定时，就需要进行检修。煤炭行业制定的通风机的完好标准见表 3-6。

表 3-6　通风机的完好标准

<table>
<tr><th>项目</th><th>完好标准</th><th>备注</th></tr>
<tr><td>螺栓、螺母、背帽、垫圈、开口销、铆钉、护罩</td><td>齐全、完整、紧固</td><td></td></tr>
<tr><td>机壳、叶轮</td><td>1. 机壳不漏风，防锈良好；
2. 叶片、辐条齐全、紧固、无裂纹；
3. 轴流式风机叶片安装角度一致，误差不超过±1°</td><td>用样板检查</td></tr>
<tr><td>传动装置</td><td>联轴器的端面间隙及同心度误差符合下表规定：
<table>
<tr><td rowspan="2">联轴器类型</td><td colspan="2">端面间隙/mm</td><td colspan="2">同心度误差/mm</td></tr>
<tr><td>直径</td><td>间隙</td><td>径向位移</td><td>端面倾斜</td></tr>
<tr><td rowspan="2">齿轮联轴器</td><td>30～500</td><td>7～8</td><td rowspan="2">0.2</td><td rowspan="2">1.2‰</td></tr>
<tr><td>50～700</td><td>11～14</td></tr>
<tr><td>弹性联轴器</td><td>轴最大窜量+(2～3)</td><td></td><td>0.15</td><td>1.2‰</td></tr>
</table>
1. 皮带轮平行对正，两皮带轮轴向错位不超过 2 mm，端面偏摆不大于轮径的 2‰，皮带松紧程度适宜，三角带和带轮槽底应有间隙，皮带根数符合厂家规定；
2. 齿轮联轴器的齿厚磨损不超过原齿厚的 30%；
3. 弹性联轴器的橡胶圈外径与孔径差不大于 2 mm</td><td>记录有效期为 1 年</td></tr>
<tr><td>轴及轴承</td><td>轴承间隙不超过下表规定：
<table>
<tr><th>轴径/mm</th><th>滑动轴承/mm</th><th>滚动轴承/mm</th></tr>
<tr><td>50～80</td><td>0.20</td><td>0.17</td></tr>
<tr><td>>80～120</td><td>0.24</td><td>0.20</td></tr>
<tr><td>>120～180</td><td>0.30</td><td>0.25</td></tr>
<tr><td>>180～260</td><td>0.35</td><td>0.30</td></tr>
</table>
1. 主轴及转动轴的水平偏差不大于 0.2‰；
2. 滚动轴承温度不大于 75 ℃，滑动轴承温度不大于 65 ℃；
3. 油质合格，油量合适，油圈转动灵活，不漏油；
4. 运转无异常声音、无异常振动</td><td></td></tr>
<tr><td>电气设备</td><td>电机、启动设备、开关柜符合其完好标准，接地装置合格</td><td></td></tr>
<tr><td>测量仪表</td><td>水柱计、温度计、电压表、电流表等指示正确</td><td>1. 水柱计测点位置应符合设计规定；
2. 水柱计应有两套，同时能测静压及全压或动压；
3. 仪表记录有效期一年</td></tr>
<tr><td>反风装置</td><td>反风门关闭严密，风门绞车操作灵活</td><td>无反风装置的不做要求</td></tr>
<tr><td>整洁与资料</td><td>设备与机房整洁，风道、风门、电缆沟内无杂物，有反风系统图、运转日志和检查、检修记录</td><td></td></tr>
</table>

二、通风机的维护、保养

(一) 通风机的日常维护

对主要通风机进行巡回检查,是通风机司机对设备进行维护的一种主要方式。

1. 运行检查

运转中的主要通风机应每小时检查一次,并做好记录。一般包括下列内容:

① 观察各处螺纹连接、铆钉连接、键连接是否松动。对静止部位螺纹连接的螺母可用手锤轻轻敲击,发现松动的应及时紧固;转动部位的连接件要待停机后紧固;铆钉连接、键连接的松动,则应向有关领导汇报,请示处理。各紧固件如螺母、背帽、开口锁、弹簧垫圈如不全或有损坏,则应补充或更换。

② 注意观察轴承温度指示仪表是否正常,在室内的轴承、电机温度,也可用手感来判断其温度是否正常,有无振动。

③ 各润滑部位润滑油量是否合适,必要时应予补充,有无漏油现象。

④ 注意水柱计、电流表、电压表、功率表等仪表是否指示正常。

⑤ 联轴器零部件是否齐全;齿轮联轴器润滑状况怎样,有无漏油;弹性圆柱销联轴器的胶圈是否磨损。

⑥ 各风门是否严密。

⑦ 风门绞车零部件是否齐全,润滑状况是否良好。

⑧ 风门牵引钢丝绳是否磨损,有无断丝及严重的锈蚀情况。

⑨ 通风机外壳有无严重锈蚀或强烈振动。

⑩ 检查高压开关柜。

2. 通风机日常维护的注意事项

① 只有在设备完全正常的情况下才能运转。

② 加强机器在运转期间的外部检查,注意机体有无漏风和不正常振动。

③ 每隔 10～20 min 检查一次电机和通风机的轴承温度、电机和励磁机的温度,以及 U 形压差计、电压表、电流表和功率因数表的读数。

④ 定期检查轴承内的润滑油量,轴承的磨损情况,叶片有无弯曲和断裂以及叶片的紧固程度。

⑤ 机壳内部和叶轮上的灰尘,应每季清扫一次,以防锈蚀。对轴流式通风机,为了防止支撑叶片的螺杆日久锈蚀,在螺帽四周应涂石墨油脂。

⑥ 在检查机壳内部时,应严防工具和杂物掉入其间。

⑦ 注意检查皮带松紧或联轴器的连接螺栓,必要时进行调整或更换。

⑧ 按规定时间检查风门及其转动装置是否灵活。

⑨ 处理电气设备故障时,必须首先断开电源;清扫电机尤其是绕组时更应注意。

⑩ 露在外面的机械传动部分和电气裸露部分,要加装保护罩或遮栏。

⑪ 备用通风机和电机,必须经常处于完好状态,并保证能在 10 min 内进行启动。

3. 停机时的检查

在停机情况下,要对主要通风机进行全面的检查,主要有:

(1) 轴流式通风机的叶轮及导叶的检查维护

通风机司机应独立或协助维修钳工在停机的情况下,对叶轮及导叶进行如下检查维护:

① 清扫动叶、导叶上的积尘，并擦拭干净。

② 检查动叶、导叶、叶柄有无裂痕、严重锈蚀，如发现有的动叶已损坏，应更换；新动叶与原动叶质量差不能超过 100 g，否则应重新做平衡试验。新更换动叶的叶柄螺纹部分应涂抹石墨润滑脂，以防锈死。

③ 动叶顶部与外壳的间隙、根部与轮毂的间隙，可用塞尺检查，并应符合表 3-7、表 3-8 的规定。

表 3-7　叶片顶部与外壳的间隙

叶轮直径/mm	1 200	1 800	2 400	2 800
间隙/mm	1～2	2～2.5	3～3.5	3～4

表 3-8　叶片根部与轮毂的间隙

叶轮直径/mm	1 200	1 800	2 400	2 800
叶片根部与轮毂的间隙	2.0	2.5	3.0	3.5

④ 检查叶轮的平衡状况，叶轮应能停在任何位置，采用手搬动叶轮或用短时开机的方法均可。

⑤ 对于 KZS 型及 2K60 型通风机应小心检查中、后导叶传动系统，包括绳轮、导向轮、钢丝绳、链条及链轮情况，应进行一次清洗涂油。

⑥ 对于 GAF 型通风机的叶轮转动系统，包括大小伞齿轮、圆柱齿轮应进行一次清扫和检查，检查齿面接触情况，应着重检查其锈蚀、润滑情况。在寒冷地区冬季应考虑防冻。润滑油脂应选择凝点低的。

⑦ 对于 FBDCZ 系列对旋式通风机，还应对主电机进行检查，其轴承润滑旧油脂应清除冲洗，擦拭干净，并换上新的二硫化钼基脂。

(2) 离心式通风机叶轮的检查维护

通风机司机应独立或协助维修钳工在停机状态下，对叶轮进行如下检查维护：

① 清扫叶片上的煤尘，擦拭叶轮及轮毂。

② 检查叶片有无裂纹和严重锈蚀情况。

③ 检查叶轮平衡状况，看叶轮是否可停在任何位置。

④ 检查叶轮与进风口的间隙及搭接长度是否符合规定。

⑤ 清扫干净进风口内圆表面的煤尘。

(二) 主要通风机及附属设备的润滑

主要通风机及附属设备的注油部位、油脂品种和注油方式见表 3-9。

表 3-9　主要通风机注油部位、油脂品种和注油方式

序号	主要通风机及设备型号	注油部位	注油方式	油脂种类	备注
1	GAF 型	主轴承	强迫润滑	N46 机械油	
		制动装置销轴	油枪	2 号钙钠基脂	
		叶片调整装置	手工	2 号钙钠基脂	

表 3-9(续)

序号	主要通风机及设备型号	注油部位	注油方式	油脂种类	备注
2	2K56 型	主轴承	手工	2 号二硫化钼复合钙基脂	
3	FBDCZ 型	主电机轴承		2 号二硫化钼锂基脂	
4	K4-73No. 32	主轴承	手工	钙钠基脂	
		传动轴轴承	手工	钙钠基脂	
		定心联轴器	手工	钙钠基脂	
5	G4-73No. 18-28	主轴承	倾注	N46 机械油	
		调节门销轴	油枪	钙钠基脂	
6	G4-73No. 18-16	主轴承	手工	钙钠基脂	
7	主电机轴承	轴承	手工	2 号钙钠基脂	
8	主电机	主轴承	倾注	N46 机械油	
9	JFM 型风门绞车	电机轴承	手工	2 号锂基脂	
		蜗轮减速器	倾注	N46 机械油	
		蜗杆轴承	手工	2 号锂基脂	

三、通风机常见故障及处理方法

通风机在运转过程中，难以避免会发生故障。对通风机常见故障进行归类，查找故障原因并进行排查，具体如下：

通风设备常见故障及处理

课程思政案例六

1. 机体的整体振动

① 由于灌浆不良、基础断裂、基础重量轻、尺寸小、基础螺栓松动，或与机座脱节或与基础连接不牢等引起机座不牢。解决办法：适当补修和加固，拧紧螺母，填充间隙。

② 机座的刚度不够，促使转子不平衡，引起剧烈的强迫振动。解决办法：施以适当的补修和加固，拧紧螺母，填充间隙。

③ 与风机连接处的管道未加支撑或安装固定不良。解决办法：补修和加固，加装支撑装置。

2. 轴承温升过高

① 润滑油(脂)质量低劣或变质(如黏度不适、杂物过多、抗乳化能力差)，油质选择不当使得轴承温升过高。解决办法：更换润滑油(脂)，选用 1 号或 2 号钙钠基润滑脂，冬季可选用钙基润滑脂，滑动轴承可选用 30 号机械油。

② 轴承注油过多、过少或中断。解决办法：注油适量，一般滚动轴承充油脂量，当轴转数小于 1 500 r/min 时，不超过轴承空间的 1/2；大于 1 500 r/min 时，可装轴承空间的 1/3 左右。

③ 轴承与轴承箱孔之间的间隙过大或轴承箱螺栓过紧或过松，使轴衬与轴的间隙过小或过大。解决办法：调整轴承与轴承箱孔间的垫片和轴承箱与座之间的垫片。

④ 滚动轴承损坏，轴承保护架与其他机件碰撞。解决办法：修理或更换轴承。

3. 其他常见故障分析及排除方法

其他常见故障分析及排除方法见表 3-10。

表 3-10　通风机常见故障、原因及排除方法

序号	现象	原因	处理措施
1	流量不够或增大，压力不够或过高	矿井通风网路的阻力计算与实际相差较大	重新计算、校核
		矿井通风网路中局部阻塞	清除阻塞
		通风机有泄漏损失，如叶轮径向间隙偏大，法兰连接不严	调整、补漏
		电源电压、频率波动，引起转速波动	调整电源
		气体中灰尘、杂质的含量增加，使空气的混合密度增大	净化、除尘
2	主通风机强烈振动	主通风机叶轮轴歪斜、安装水平度超差	调整水平度
		主通风机基础刚度不够或地脚螺栓松动	加固、紧定
		动叶轮转动部件与机壳碰擦	修理、调整
		动叶片铆钉松动或轮盘变形	更换铆钉或叶轮
		叶轮、叶柄螺母松动	重新配换
		机座与筒体焊接不牢	紧固
		电机轴承不合格或损坏	调整或更换
		叶轮不平衡	重新做动平衡
3	电机轴承温升过高	主通风机强烈振动	按上述方法消除振动
		润滑脂质量不良或变质	更换润滑脂
		轴承损坏或安装位置不正确	更换或调整
		叶轮安装水平超差较大、歪斜	重新调整找正
4	电机电流过大或定子绕组温升过高	电机过载	调节主通风机叶片安装角
		电流单相断电	检修线路

任务考评

任务考评的内容及评分标准见表 3-11。

表 3-11　任务考评的内容及评分标准

序号	考评内容	考评项目	配分	评分标准	得分
1	离心式通风机的结构	各组成部分及作用	15	错一项扣 5 分	
2	轴流式通风机的结构	各组成部分及作用	20	错一项扣 5 分	
3	反风的要求及方法	反风的要求及反风方法	10	错一项扣 5 分	
4	通风机的日常维护及保养	通风机的日常维护及保养的内容与要求	15	错一项扣 5 分	
5	通风机的完好标准	通风机的完好标准的内容	15	错一项扣 5 分	
6	通风机常见故障及处理	通风机常见故障、产生原因及处理方法	25	错一项扣 5 分	
合计					

复习思考题

1. 离心式通风机的组成部分有哪些？各有何作用？
2. 离心式通风机的传动方式有哪些？各有何特点？
3. 离心式通风机的出风口位置有哪些？
4. 离心式通风机的型号意义是什么？
5. 轴流式通风机的组成部分有哪些？各有何作用？
6. 轴流式通风机的型号意义是什么？
7. 反风的作用是什么？反风的规定有哪些？
8. 离心式通风机如何反风？
9. 轴流式通风机如何反风？
10. 通风机的扩散器有何作用？离心式通风机的扩散器尺寸如何确定？
11. 通风机的完好标准有哪些内容？
12. 通风机在运行中和停机时主要检查哪些项目？
13. 主要通风机及附属设备的注油部位有哪些？常用什么油脂和什么注油方式？

任务四　通风设备选型设计

【知识要点】 通风设备选型计算的相关规定。

【技能目标】 掌握轴流式通风机选型设计的方法与步骤；掌握离心式通风机选型设计的方法与步骤。

任务描述

为了使矿井有足够新鲜的气流通过，新建矿井都需要装设通风设备，而改建或延深的矿井，一般则需要更换或增设通风设备。根据矿井的具体条件，选择合适的通风设备，对于矿井的正常通风和保证通风机的经济合理运转有着十分重要的意义。

通风设备选型的任务就是在现有产品中选择出能够在特定矿井条件下既能安全可靠运行，又能高效经济工作，还便于操作维护的通风设备。为此，在选型设计过程中，必须遵守《煤矿安全规程》和《煤炭工业矿井设计规范》的相关规定，在保证矿井通风的前提下，选择最优方案，使通风总费用最小。

任务分析

一、收集相关资料

设计时必须具备的相关资料有：

① 矿井通风方式及通风系统图。

② 各时期的通风量及负压的变化。

③ 矿井瓦斯等级。

④ 矿井供电电压。

⑤ 矿井年产量及服务年限。

⑥ 当地气候条件。

⑦ 风井井口地面情况。

⑧ 其他相关资料。

二、设计的主要任务

① 选择通风机。

② 选配辅助装置。

③ 确定设备组合方案。

④ 提出经济核算指标。

任务实施

一、轴流式通风机的选型设计

1. 通风机必须提供的风量估算

若已知矿井所需风量为 Q_k，则通风机必须产生的风量为：

$$Q = kQ_k \tag{3-25}$$

式中　k——通风设备的漏风系数。当风井不作提升井时，k 不得超过 1.05；当风井兼作提升井时，k 不得超过 1.15。

2. 通风机必须提供的风压估算

轴流式通风机必须产生的静压为：

$$H_{jmax} = H_{max} + \Delta h \tag{3-26}$$

$$H_{jmin} = H_{min} + \Delta h \tag{3-27}$$

式中　H_{jmax}、H_{jmin}——轴流式通风机必须产生的最大静压和最小静压，Pa。

H_{max}、H_{min}——矿井最大负压和最小负压，Pa。

h——通风设备阻力，一般取 100～200 Pa。若井筒保暖采用无风机式空气加热装置，还应计入该装置的阻力；若装置有消声器，还应另加 50～80 Pa。

3. 预选通风机

根据 H_{jmax}、H_{jmin} 和 Q，从通风机产品样本中预选出较为合适的通风机。如同时有几种通风机都能满足要求，则应做方案比较。

4. 确定通风机的工况点

按 H_{jmax}、H_{jmin} 和 Q 求出网路最大静阻力损失系数 R_{jmax} 和网路最小静阻力损失系数 R_{jmin} 为：

$$R_{jmax} = \frac{H_{jmax}}{Q^2} \tag{3-28}$$

$$R_{jmin} = \frac{H_{jmin}}{Q^2} \tag{3-29}$$

由 R_{jmax} 和 R_{jmin} 可以确定出矿井开采末期与初期的网路特性曲线方程式分别为：

末期：　$$H_{jmax} = R_{jmax}Q^2 \tag{3-30}$$

初期：　$$H_{jmin} = R_{jmin}Q^2 \tag{3-31}$$

按式(3-30)和式(3-31),用描点作图法在所预选的通风机特性曲线图上绘出末期和初期网路特性曲线,即得末期和初期的工况点。

工况参数应满足矿井风量和负压的要求。选择得当,工况点应在通风机的高效区内。

由于一般轴流式通风机(对旋轴流式通风机除外)的叶片安装角度的间隔为5°,因此,当工况点不在5°的整倍数角度上时,应偏大取与5°成倍数的安装角,如图3-53所示。若根据矿井条件工况点应为A点,其安装角在20°～25°之间,按上述规定,应取安装角为25°的工况点B。

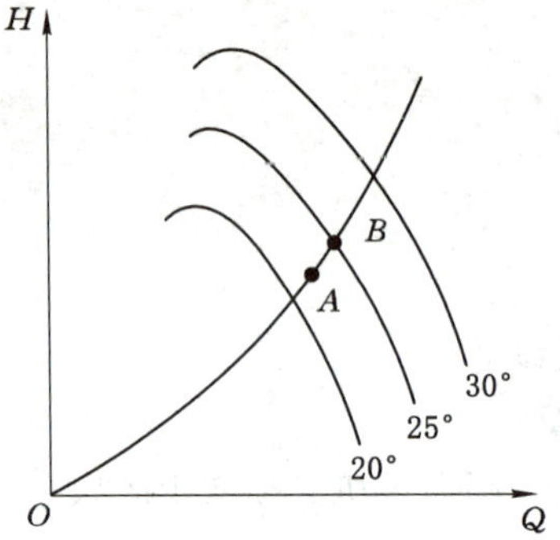

图3-53　叶片安装角的确定

5. 功率的计算

(1) 在开采初期和末期,通风机的轴功率

初期：
$$P_{min}=\frac{H'_{jmin}Q'}{1\,000\eta'_j} \tag{3-32}$$

末期：
$$P_{max}=\frac{H''_{jmax}Q''}{1\,000\eta''_j} \tag{3-33}$$

式中　H'、H''——开采初期和末期工况点所对应的静压,Pa;

Q'、Q''——开采初期和末期工况点所对应的风量,m^3/s;

η'_j、η''_j——开采初期和末期工况点所对应的静效率。

(2) 在开采初期和末期,电机的输出功率

初期：
$$P'_{dmin}=\frac{P_{min}}{\eta_c} \tag{3-34}$$

末期：
$$P''_{dmax}=\frac{P_{max}}{\eta_c} \tag{3-35}$$

式中　η_c——传动效率,$\eta_c=0.98$。

(3) 电机容量的确定

当$P'_{dmin}<0.6P''_{dmax}$时,说明在通风机的整个服务年限内,轴功率变化较大。若采用1台大容量的电机,则长期不能满载运行。为了改善功率因数,可选取2台容量不同的电机,但初装电机的服务年限不得少于10年。其初期和末期的电机容量可分别按下式计算：

初期：
$$P_{dmin}=(1.1\sim1.2)\sqrt{P'_{dmin}P''_{dmax}} \tag{3-36}$$

末期：
$$P_{dmax}=(1.1\sim1.2)P''_{dmax} \tag{3-37}$$

式中　1.1～1.2——考虑预计通风阻力不精确的备用系数。

当 $P'_{dmin} > 0.6P''_{dmax}$ 时，说明通风机在整个服务年限内的轴功率变化不大，可按式(3-37)选用1台电机。

当选用同步电机时，无论何种情况，电机容量都按式(3-37)确定。

6. 年电耗量的计算

通风机的平均年电耗按下式计算：

$$W = \frac{P'_{dmin} + P''_{dmax}}{2\eta_d \eta_w} \times 24 \times 365 \tag{3-38}$$

式中　η_d——电机效率，可取0.9或从电机产品样本上查取；

η_w——电网效率，一般取0.95。

7. 通风机百万立方米帕电耗的计算

$$W_{10^6 m^3 \cdot Pa} \leqslant \frac{1}{3.6\eta_M \eta_c \eta_d \eta_w} \leqslant 0.44\ kW \cdot h/(10^6\ m^3 \cdot Pa) \tag{3-39}$$

如 $W_{10^6 m^3 \cdot Pa} > 0.44\ kW \cdot h/(10^6\ m^3 \cdot Pa)$，表明轴流式通风机的经济性不符合要求，应对工况进行调整或重选通风机。

8. 吨煤通风电耗量计算

$$W_{dm} = \frac{W}{A} \tag{3-40}$$

式中　W_{dm}——吨煤通风电耗量，kW·h/t；

W——年通风电耗量，kW·h/a；

A——矿井年产量，t/a。

二、离心式通风机的选型设计

对于离心式通风机，因厂家一般提供类型特性曲线，故应按类型特性曲线选择离心式通风机。

1. 通风机风量的估算

若已知矿井所需风量 Q_k，则通风机应产生的风量按式(3-25)计算，即：

$$Q = kQ_k$$

2. 通风机风压的估算

因国产离心式通风机的制造厂不供应扩散器，且产品样本上提供的是全压特性曲线，所以在选型设计中应进行扩散器设计，同时考虑增设扩散器后的损失。因此，离心式通风机必须产生的最大全压和最小全压为：

$$H_{max} = h_{max} + \Delta h + h_{qz} \tag{3-41}$$

$$H_{min} = h_{max} + \Delta h + h_{qz} \tag{3-42}$$

式中　h_{qz}——扩散器的阻力损失。

一个设计合理的离心式通风机的扩散器，其阻力损失一般不大于通风机全压的10%。根据 $1.1(h_{max}+\Delta h)$ 和 $1.1(h_{min}+\Delta h)$，可初步确定通风机的类型和机号，找出该通风机的出口面积(即扩散器的入口面积)，然后按下式计算出扩散器的阻力损失：

$$h_{qz} = \xi_k \frac{\rho}{2}\left(\frac{Q}{S}\right)^2 \tag{3-43}$$

式中　ξ_k——扩散器损失系数(即装置扩散器后与装置扩散器前的损失比)，根据扩散器设计理论可知，当扩散角 α 和扩散器出口与入口面积比 n 值确定时，ξ_k 即为定值。

当确定 h_{qz} 后，按式(3-41)和式(3-42)即可求得 H_{max} 和 H_{min}。

3. 确定叶轮的外圆周速度

$$u=\sqrt{\frac{H_{max}}{\rho\overline{H}_M}} \tag{3-44}$$

式中　u——通风机叶轮的外圆周速度；

$\overline{H}_M$——所选类型通风机在最高效率时的全压系数，可由类型特性曲线查取。

4. 确定通风机叶轮直径

$$D'=\sqrt{\frac{4Q}{\pi u\overline{Q}_M}} \tag{3-45}$$

式中　D——通风机叶轮的直径，m；

$\overline{Q}_M$——所选类型通风机在最高效率时的风量系数，可由类型特性曲线查取。

由上式计算得到叶轮直径 D' 后，再按通风机性能规格表选取标准通风机的叶轮直径 D，但必须注意所选的通风机应与前面预选的机号一致。如不一致，则通风机的出口面积 S 与前述不同，因而使通风机的出口速度和扩散器的损失均有所变化。

5. 确定通风机的工况点

由于使用的是通风机的类型特性曲线，故需先求得无因次网路特性曲线，然后才能求得工况点。

按通风网路特性曲线方程式有：

$$H_{max}=R_{max}Q^2$$

由式(3-3)、式(3-5)有：

$$\frac{H_{max}}{\rho u^2}=R_{max}\frac{Q^2}{\left(\frac{\pi}{4}D^2u^2\right)}\left(\frac{\pi}{4}D^2\right)^2$$

$$\overline{H}=R_{max}\left(\frac{\pi}{4}\right)^2\frac{D^4}{\rho}\overline{Q}^2$$

令

$$\overline{R}_{max}=R_{max}\left(\frac{\pi}{4}\right)^2\frac{D^4}{\rho} \tag{3-46}$$

则

$$\overline{H}_{max}=\overline{R}_{max}\overline{Q}^2 \tag{3-47}$$

式中　$\overline{H}_{max}$——对应于通风机必须产生的最大全压 H_{max} 下的风压系数；

$\overline{R}_{max}$——对应于最大网路阻力损失系数 R_{max} 下的无因次阻力系数；

$\overline{Q}$——通风机的风量系数。

同理可得：

$$\overline{H}_{min}=\overline{R}_{min}\overline{Q}^2 \tag{3-48}$$

式中　$\overline{H}_{min}$——对应于通风机必须产生的最小全压 H_{min} 下的风压系数；

$\overline{R}_{min}$——对应于最小网路阻力损失系数 R_{min} 下的无因次阻力系数，显然有：

$$\overline{R}_{min}=R_{min}\left(\frac{\pi}{4}\right)^2\frac{D^4}{\rho} \tag{3-49}$$

式(3-47)、式(3-48)即为对应于最大网路阻力和最小网路阻力的无因次网路特性曲线方程式。用描点作图法将它们绘于通风机的类型特性曲线图上，所得的两交点 A、B(图 3-54)即为通风机的无因次工况点。

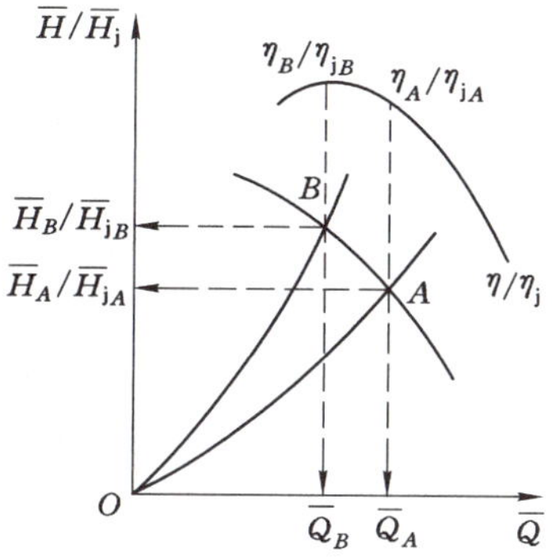

图 3-54　通风机的无因次工况点

6. 通风机转速的计算

为了提高离心式通风机运转的经济性，一般采用改变转速法来调节通风机的工况点。因此，必须计算出对应于最大全压与最小全压的工况点时的转速。

在图 3-54 中，对应于工况点 A 的叶轮外圆周速度为：

$$u_A = \sqrt{\frac{H_{max}}{\rho \overline{H}_A}} \tag{3-50}$$

式中　u_A——通风机转速，m/s；

$\overline{H}_A$——最大全压时，通风机无因次工况点 A 的风压系数。

按式(3-50)所求得的叶轮外圆周速度 u_A 应小于所选通风机最大允许速度 u_y 的 0.9 倍。对 4-72-11 型离心式通风机，当叶轮用的是锰钢材料时，u_y＝110 m/s。

对应于工况点 A 的通风机转速为：

$$n_A = \frac{60u_A}{\pi D} \tag{3-51}$$

式中　n_A——对应于工况点 A 的通风机转速，r/min。

对应于工况点 B 的叶轮外圆周速度为：

$$u_B = \sqrt{\frac{H_{min}}{\rho \overline{H}_B}} \tag{3-52}$$

式中　$\overline{H}_B$——最小全压时，通风机无因次工况点 B 的风压系数。

对应于工况点 B 的通风机转速为：

$$n_B = \frac{60u_B}{\pi D} \tag{3-53}$$

7. 功率的计算

对应于工况点 A 和 B 的通风机轴功率分别为：

A 点：

$$P_{max} = \frac{H''_{max}Q''}{1\ 000\eta''} \tag{3-54}$$

B 点：
$$P_{\min}=\frac{H'_{\min}Q'}{1\ 000\eta'} \tag{3-55}$$

式中　$H''_{\max}$、$H'_{\min}$——开采末期和初期工况点 A 和 B 所对应的全压，Pa；

Q''、Q'——开采末期和初期工况点 A 和 B 所对应的风量，m^3/s；

η''、η'——开采末期和初期工况点 A 和 B 所对应的效率。

对应于末期工况点 A 和初期工况点 B 的电机输出功率分别为：

A 点：
$$P''_{\mathrm{dmax}}=\frac{P_{\max}}{\eta_c}=\frac{H''_{\max}Q''}{1\ 000\eta''\eta_c} \tag{3-56}$$

B 点：
$$P''_{\mathrm{dmin}}=\frac{P_{\min}}{\eta_c}=\frac{H'_{\min}Q'}{1\ 000\eta'\eta_c} \tag{3-57}$$

式中　η_c——传动效率。用联轴器时，$\eta_c=0.98$；用三角皮带传动时，$\eta_c=0.95$。

电机容量按前述原则确定，即按式(3-36)、式(3-37)进行计算。

8. 年电耗量的计算

通风机的平均年电耗量按式(3-38)计算。

9. 通风机百万立方米帕电耗的计算

$$W_{10^6\ \mathrm{m^3\cdot Pa}}=\frac{1}{3.6\eta_M\eta_c\eta_d\eta_w}\leqslant 0.41\ \mathrm{kW\cdot h/(10^6\ m^3\cdot Pa)} \tag{3-58}$$

如 $W_{10^6\ \mathrm{m^3\cdot Pa}}>0.41\ \mathrm{kW\cdot h/(10^6\ m^3\cdot Pa)}$，表明离心式通风机的经济性不符合要求，应对工况进行调整或重选通风机。

10. 吨煤通风电耗量计算

吨煤通风电耗量按式(3-40)计算。

【例 3-2】 某矿为低瓦斯矿井开采，采用抽出式通风，风井只作回风用。矿井年产量为 90 万 t，服务年限为 50 年。矿井所需风量为 4 800 m^3/min，矿井最大负压为 2 850 Pa，最小负压为 1 800 Pa。试按通风机的个体特性曲线选择轴流式通风机。

解　① 通风机风量的计算：

$$Q=kQ_k=1.05\times\frac{4\ 800}{60}=84\ (\mathrm{m^3/s})$$

② 通风机风压的计算：

$$H_{\mathrm{jmin}}=H_{\min}+\Delta h=1\ 800+200=2\ 000\ (\mathrm{Pa})$$
$$H_{\mathrm{jmax}}=H_{\max}+\Delta h=2\ 850+200=3\ 050\ (\mathrm{Pa})$$

③ 预选通风机：

根据上述条件，预选两台 FBCDZ-6-No. 20B 型隔爆对旋轴流式通风机，其中一台工作，一台备用，转速为 980 r/min。

④ 确定通风网路特性曲线方程：

通风容易时期和困难时期的网路阻力损失系数分别为：

$$R_{\mathrm{jmin}}=\frac{H_{\mathrm{jmin}}}{Q^2}=\frac{2\ 000}{84^2}=0.283\ 446\ 7$$

$$R_{\mathrm{jmax}}=\frac{H_{\mathrm{jmax}}}{Q^2}=\frac{3\ 050}{84^2}=0.432\ 256\ 2$$

则矿井在开采初期和末期的网路特性曲线方程分别为：

$$H_{jmin} = R_{jmin}Q^2 = 0.283\ 446\ 7Q^2$$
$$H_{jmax} = R_{jmax}Q^2 = 0.432\ 256\ 2Q^2$$

（5）确定通风机的工况点

根据所选通风机的风量范围，取 5 个风量值代入上两式中，分别计算出不同时期的静压值，见表 3-12。

表 3-12　不同风量所对应的静压值

风压/Pa	风量/(m^3/s)				
	80	85	90	95	100
H_{jmin}	1 814	2 048	2 296	2 558	2 834
H_{jmax}	2 766	3 123	3 501	3 901	4 323

用描点作图法，在图 3-55 中绘制出不同时期的网路静压特性曲线，即得通风容易时期的工况点 M_A 和通风困难时期的工况点 M_B，其工况参数分别为：

M_A 点：　　$Q_A = 90\ m^3/s, H_{jAmin} = 2\ 295\ Pa, \eta_{jA} = 0.82$

M_B 点：　　$Q_B = 86\ m^3/s, H_{jBmin} = 3\ 196\ Pa, \eta_{jB} = 0.83$

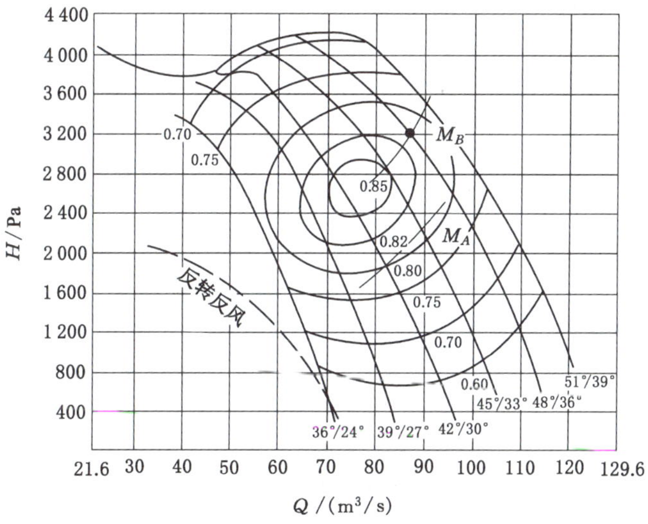

图 3-55　FBCDZ-6-No. 20B 型隔爆对旋轴流式通风机工况点

（6）电机验算

① 电机的输出功率。因对旋式通风机的效率曲线和功率曲线中已包括传动机械损失，所以计算电机输出功率时，不需再考虑传动效率，即取 $\eta_c = 1$。

通风容易时期：

$$P_{dmin} = \frac{Q_A \cdot H_{jAmin}}{1\ 000\eta_{jA}\eta_c} = \frac{90 \times 229\ 5}{1\ 000 \times 0.82 \times 1} = 251.89\ (kW)$$

通风困难时期：

$$P_{dmax}=\frac{Q_B\cdot H_{jBmin}}{1\,000\eta_{jB}\eta_c}=\frac{86\times 3\,196}{1\,000\times 0.83\times 1}=331.15\ (kW)$$

② 电机容量的确定。由于 $P_{dmin}=251.89\ (kW)>0.6P_{dmax}=0.6\times 331.15=198.69$ (kW)，说明通风机在整个服务年限内的轴功率变化不大，其容量为：

$$P_d=1.1P_{dmax}=1.1\times 331.15=364.27\ (kW)$$

FBCDZ-6-No. 20B 型隔爆对旋轴流式通风机每台配有型号为 YBFh355L1-6 的防爆电机两台，功率为 2×220 kW，大于需要的 364.27 kW，满足要求。

(7) 通风机年平均电耗的计算

$$W=\frac{P_{dmin}+P_{dmax}}{2\eta_d\eta_w}\times 24\times 365=\frac{251.89+331.15}{2\times 0.9\times 0.95}\times 24\times 365=2\,986\,801\ (kW)$$

(8) 通风机百万立方米帕电耗的计算

① 通风容易期：

$$W_{10^6\ m^3\cdot Pa}=\frac{1}{3.6\eta_{jA}\eta_c\eta_d\eta_w}=\frac{1}{3.6\times 0.82\times 1\times 0.9\times 0.95}=0.396\ [kW\cdot h/(10^6\ m^3\cdot Pa)]$$

② 通风困难期：

$$W_{10^6\ m^3\cdot Pa}=\frac{1}{3.6\eta_{jB}\eta_c\eta_d\eta_w}=\frac{1}{3.6\times 0.83\times 1\times 0.9\times 0.95}=0.391\ [kW\cdot h/(10^6\ m^3\cdot Pa)]$$

通风困难期和通风容易期的百万立方米帕电耗均小于 0.44 $kW\cdot h/(10^6\ m^3\cdot Pa)$，经济性满足要求。

(9) 吨煤通风电耗的计算

$$W_{dm}=\frac{W}{A}=\frac{2\,986\,801}{900\,000}=3.32\ (kW\cdot h/t)$$

【例 3-3】 某低瓦斯矿井，其年产量为 45 万 t。矿井所需风量为 2 442 m^3/min，矿井最大负压为 1 860 Pa，最小负压为 1 410 Pa，风井不作提升井使用。试按类型特性曲线选择离心式通风机。

解 (1) 通风机风量的计算

$$Q=kQ_k=1.05\times\frac{2\,442}{60}=42.74\ (m^3/min)$$

(2) 通风机风压的计算

按通风机的风量 $Q=42.74\ m^3/s$ 及以下计算：

$$1.1(h_{max}+\Delta h)=1.1(1\,860+150)=2\,211\ (Pa)$$

$$1.1(h_{min}+\Delta h)=1.1(1\,410+150)=1\,716\ (Pa)$$

查通风机性能规格表，初步确定选用 4-72-11No. 20B 型离心式通风机，并查得该机号通风机出口面积 $S=B_1\times B_4=1.4\times 1.6=2.24\ (m^2)$。

选用等宽不对称平面扩散器，并取扩散器扩散角 $\alpha=10°$，扩散面积比 $n=2.6$，查图可得扩散器损失系数 $\xi_k=0.25$，则：

$$h_{qz}=\xi_k\frac{\rho}{2}\left(\frac{Q}{S}\right)^2=0.25\times\frac{1.2}{2}\times\left(\frac{42.74}{2.24}\right)^2=54.6\ (Pa)$$

$$H_{max}=h_{max}+\Delta h+h_{qz}=1\,860+150+54.6=2\,064.6\ (Pa)$$

$$H_{min}=h_{min}+\Delta h+h_{qz}=1\,410+150+54.6=1\,614.6\ (Pa)$$

(3) 确定叶轮的外圆周速度

$$u=\sqrt{\frac{H_{max}}{\rho\overline{H}_M}}=\sqrt{\frac{2\ 064.6}{1.2\times 0.43}}=63.25\ (\text{m/s})$$

式中　$\overline{H}_M$——4-72-11 型通风机最高效率点的全压系数，由 4-72-11 性能曲线图查得$\overline{H}_M=0.438$。

(4) 确定通风机叶轮的直径

$$D'=\sqrt{\frac{4Q}{\pi u\overline{Q}_M}}=\sqrt{\frac{4\times 42.74}{3.14\times 63.25\times 0.222}}=1.97\ (\text{m})$$

式中　$\overline{Q}_M$——4-72-11 型通机最高效率点的流量系数，由 4-72-11 性能曲线图查得$\overline{Q}_M=0.222$。

由 4-72-11 型通风机性能规格表可查得，叶轮直径接近 $D'=1.97$ m 的为 $D=2$ m，与前面预选机号相同。故确定选用两台 4-72-11No. 20B 型离心式通风机，一台左旋，一台右旋，出风口位置均为 90°。

(5) 确定通风机的工况点

因为：

$$H_{max}=R_{max}Q^2$$

$$R_{max}=\frac{H_{max}}{Q^2}=\frac{2\ 064.6}{42.74^2}=1.13\ (\text{N}\cdot\text{s}^2/\text{m}^4)$$

$$R_{min}=\frac{H_{min}}{Q^2}=\frac{1\ 614.6}{42.74^2}=0.88\ (\text{N}\cdot\text{s}^2/\text{m}^4)$$

所以：

$$\overline{R}_{max}=R_{max}\left(\frac{\pi}{4}\right)^2\frac{D^4}{\rho}=1.13\times\left(\frac{3.14}{4}\right)^2\times\frac{2^4}{1.2}=9.28$$

同理：

$$\overline{R}_{min}=R_{min}\left(\frac{\pi}{4}\right)^2\frac{D^4}{\rho}=0.88\times\left(\frac{3.14}{4}\right)^2\times\frac{2^4}{1.2}=7.23$$

则网路的无因次特性曲线方程为：

通风困难期：

$$\overline{H}_{max}=\overline{R}_{max}\overline{Q}^2=9.28\overline{Q}^2$$

通风容易期：

$$\overline{H}_{max}=\overline{R}_{min}\overline{Q}^2=7.23\overline{Q}^2$$

在 4-72-11 型离心式通风机的类型特性曲线上，画出上述两条无因次网路特性曲线，即得末期和初期的无因次工况点 A 和 B，如图 3-56 所示。

A 点：　　　$\overline{Q}_A=0.225$，$\overline{H}_A=0.43$，$\eta_A=0.935$

B 点：　　　$\overline{Q}_B=0.245$，$\overline{H}_B=0.415$，$\eta_A=0.925$

(6) 通风机转速的计算

① 对应于 A 点(通风困难期)的叶轮外圆周速度和转速为：

$$u_A=\sqrt{\frac{H_{max}}{\rho\overline{H}_A}}=\sqrt{\frac{2\ 064.6}{1.2\times 0.43}}=63.25\ (\text{m/s})$$

$$n_A=\frac{60u_A}{\pi D}=\frac{60\times 63.25}{2\times 3.14}=604.30\ (\text{r/min})$$

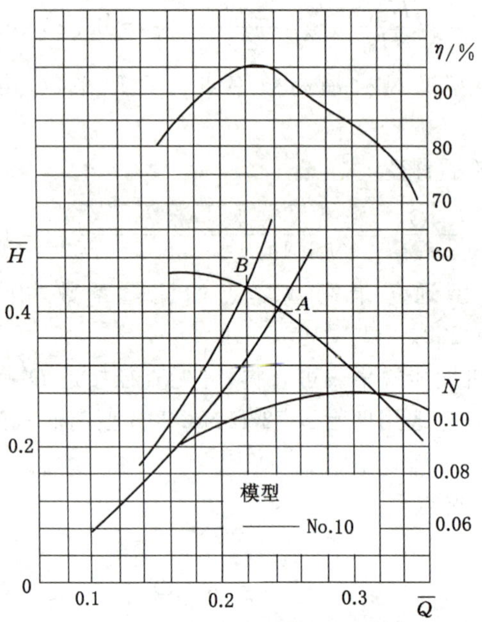

图 3-56　通风机的无因次工况点

② 对应于 B 点(通风容易期)的叶轮外圆周速度和转速为:

$$u_B = \sqrt{\frac{H_{\min}}{\rho \overline{H}_B}} = \sqrt{\frac{1\ 614.6}{1.2 \times 0.415}} = 56.94\ (\text{m/s})$$

$$n_B = \frac{60u_B}{\pi D} = \frac{60 \times 56.94}{2 \times 3.14} = 544.01\ (\text{r/min})$$

依据 $n_A=604.30$ r/min 和 $n_B=544.01$ r/min,查 4-72-11 型通风机性能规格表,决定通风容易期通风机主轴转速采用 560 r/min,待一定时期后再采用 630 r/min。采用皮带轮调速。

因 $u_{\max}=63.25$ m/s,它小于 $0.9u_y=0.9\times110=99$ (m/s),u_y 为 4-72-11 型通风机叶轮的允许外圆周速度,故所选通风机满足备用风量的要求。

(7) 功率的计算

① 在 630 r/min 的情况下,利用闸门节流将通风机风量调至 $Q=42.74$ m^3/s,于是:

$$\overline{Q} = \frac{Q}{\frac{\pi}{4}D^2 u_{\max}} = \frac{4 \times 42.74}{\pi \times 2^2 \times 65.94} = 0.206$$

按 $\overline{Q}=0.206$ 查得,$\overline{H}=0.45$,$\eta''=0.93$,则:

$$H''_{\max} = \overline{H}\rho u_{\max}^2 = 0.45 \times 1.2 \times 63.25^2 = 2\ 160\ (\text{Pa})$$

② 在 560 r/min 的情况下,利用闸门节流将通风机风量调至 $Q=42.74$ m^3/s,于是:

$$\overline{Q} = \frac{Q}{\frac{\pi}{4}D^2 u_{\max}} = \frac{4 \times 42.74}{\pi \times 2^2 \times 58.61} = 0.232$$

按 $\overline{Q}=0.232$ 查得,$\overline{H}=0.42$,$\eta'=0.94$,则:

$$H'_{min}=\overline{H}\rho u_{min}^{2}=0.42\times1.2\times\left(\frac{2\times3.14\times560}{60}\right)^{2}=1\ 732\ (\text{Pa})$$

③ 在通风困难期和通风容易期的通风机轴功率分别为：

通风困难期：

$$P_{max}=\frac{Q''\cdot H''_{max}}{1\ 000\eta''}=\frac{42.74\times2\ 160}{1\ 000\times0.93}=99.27\ (\text{kW})$$

通风容易期：

$$P_{min}=\frac{Q'\cdot H'_{max}}{1\ 000\eta'}=\frac{42.74\times1\ 732}{1\ 000\times0.94}=78.75\ (\text{kW})$$

④ 在通风困难期和通风容易期的电机输出功率分别为：

通风困难期：

$$P''_{dmax}=\frac{P_{max}}{\eta_c}=\frac{99.27}{0.95}=104.49\ (\text{kW})$$

通风容易期：

$$P'_{dmin}=\frac{P_{min}}{\eta_c}=\frac{78.75}{0.95}=82.89\ (\text{kW})$$

因 $P'_{dmin}>0.6P''_{dmax}$，故电机容量应为：

$$P_d=1.15P''_{dmax}=1.15\times104.49=120.16\ (\text{kW})$$

根据 $P_d=120.16$ kW 和 $n_{max}=630$ r/min，确定配用 Y355M3-8 型电机，其功率为 130 kW。

(8) 年平均电耗的计算

$$W=\frac{P'_{dmin}+P''_{dmax}}{2\eta_d\eta_w}\times24\times365=\frac{82.89+104.49}{2\times0.9\times0.95}\times24\times365=959\ 912\ (\text{kW}\cdot\text{h})$$

(9) 通风机百万立方米帕电耗的计算

通风容易期：

$$W_{10^6\ m^3\cdot Pa}=\frac{1}{3.6\eta'\eta_c\eta_d\eta_w}=\frac{1}{3.6\times0.93\times0.95\times0.9\times0.95}$$
$$=0.37\ [\text{kW}\cdot\text{h}/(10^6\ \text{m}^3\cdot\text{Pa})]$$

通风困难期：

$$W_{10^6\ m^3\cdot Pa}=\frac{1}{3.6\eta''\eta_c\eta_d\eta_w}=\frac{1}{3.6\times0.94\times0.95\times0.9\times0.95}$$
$$=0.36\ [\text{kW}\cdot\text{h}/(10^6\ \text{m}^3\cdot\text{Pa})]$$

通风困难期和通风容易期的百万立方米帕电耗均小于 0.41 kW·h/(10^6 m^3·Pa)，经济性满足要求。

(10) 吨煤平均通风电耗计算

$$W_{dm}=\frac{W}{A}=\frac{959\ 912}{450\ 000}=2.13\ (\text{kW}\cdot\text{h/t})$$

任务考评

任务考评的内容及评分标准见表 3-13。

表 3-13 任务考评的内容及评分标准

序号	考核内容	考核项目	配分	评分标准	得分
1	轴流式通风机的选型设计	轴流式通风机选型设计的步骤	50	错一大项扣 10 分；错一小项扣 2 分	
2	离心式通风机的选型设计	离心式通风机选型设计的步骤	50	错一大项扣 10 分；错一小项扣 2 分	
合计					

复习思考题

1. 选型设计时，为什么轴流式通风机只计算所需静压，而离心式通风机要计算所需全压？

2. 如何确定电机的容量？

3. 如何确定通风网路的无因次特性曲线？

4. 某矿年产量 60 万 t，所需风量 90 m^3/s，通风容易期的矿井负压为 1 800 Pa，通风困难期的矿井负压为 2 500 Pa，试选择满足要求的通风机。

项目四　压气设备的操作与维护

任务一　压气设备的操作

【知识要点】 空压机的作用及组成；空压机的工作原理；空压机的类型与工作参数。

【技能目标】 了解空压机的启动、停止操作。

任务描述

空压机的认识

空气压缩机是一种用来压缩空气、提高气体压力或输送气体的机械设备，是将原动机的机械能转化为气体的压力能的动力机械，简称为空压机。

空压机广泛应用于采矿、石油、化工、建筑等行业，为气动机具提供动力。在煤矿中，以压缩空气为动力的设备主要有风镐（用来采煤）、风钻（气动凿岩机）、凿岩台车、锚杆钻机（以上三种机器均用来在岩石上钻眼）、锚喷机（用来喷混凝土浆）、气动装岩机等气动机械。

使用压缩空气的最大好处是不产生火花；不怕超负荷；在湿度大、温度高、灰尘多的环境中能很好地工作；同时气动机械排出的空气还有助于改善井下的通风状况。因此，气动机械特别适合于含有瓦斯、煤尘爆炸危险的煤矿使用，适合于负载变化大的冲击式机械设备使用。但气动机械的运转效率低、噪声大，故一般只在没有电力或不能使用电力的场合使用。

现在，空压机不仅是产生压缩气体的动力设备，更是一种安全设备。按照煤矿安全生产的要求，每个矿都必须建设井下压风自救系统，以便矿井发生灾变时，利用压风自救系统及时向受灾区提供新鲜空气，使受灾害威胁的人员达到安全自救的目的。而井下压风自救系统的核心设备就是空压机。

空压机的种类很多。近年来，煤矿广泛使用的是螺杆式空压机。本任务就是学习掌握这种空压机的操作方法。

任务分析

一、螺杆式空压机的组成

空压机的组成

螺杆式空压机的外观如图 4-1 所示。其主要组成部分有电机、螺杆式空压机、空气过滤器、冷却器、油气分离器、进气阀、容调控制阀、油温控制阀、压力控制阀等，如图 4-2 所示。

各组成部件的作用如下：

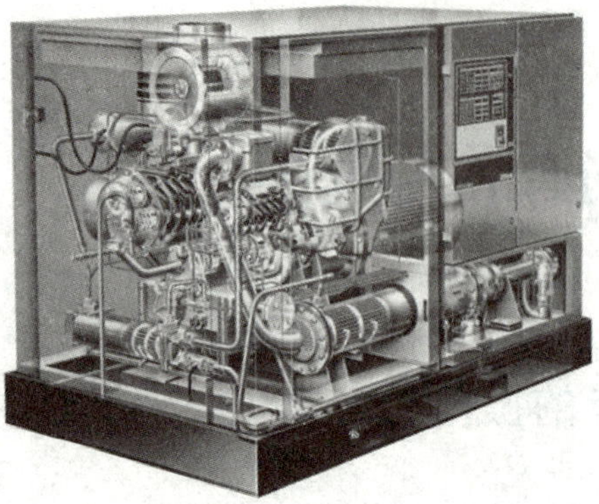

图 4-1　螺杆式空压机外形图

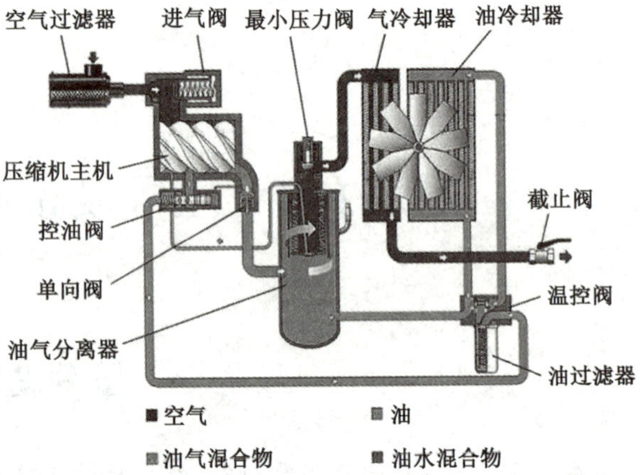

图 4-2　螺杆式空压机的组成及工作原理图

（1）空气过滤器：主要功能是过滤空气中的尘埃和杂质。为确保压缩机能有足够的进气通道，空气滤清器应保持清洁，当空气滤清器的压差达到压差开关设定值时，压差开关动作，控制面板提示报警，此时应清洗空气过滤器。

（2）进气阀：主要功能是通过进气阀伺服汽缸控制进气阀门动作，使空压机空载运行和全载运行。空压机启动时进气阀门关闭，确保不带负荷启动。当空压机带负荷运行时，由电磁阀和容调控制阀通路过来的气体进入进气阀伺服汽缸，推动阀杆，使阀门全开，以达到全负荷运行。当压力达到压力开关设置值时，压力开关动作，把进气阀伺服汽缸压力释放，进气阀阀门关闭，形成空载运行。

（3）容调控制阀：主要功能是根据系统压力去控制进气阀的开启程度，从而控制空压机的进气量。当系统压力上升到容调控制阀设定压力时，容调控制阀开启，伺服汽缸将进气阀门关闭，使进气量逐渐减少，这时进入容调状态。如果压力持续上升，进气阀门开启程度越小；反之，进气阀门的开启程度越大。

（4）排气阀：主要功能是防止停机时，油气分离器内的压缩空气倒流回主机体内造成螺杆反转，损坏主机。

（5）油气分离器：主要功能是把压缩空气中所含雾状的油气分离，并可将压缩空气的含油量控制在 3～5 ppm（$\times 10^{-6}$）以下。油气分离器上装有一个压差开关，当油气分离器前后之压差达到压差开关设定值时，压差开关动作，表示油气分离器堵塞，控制面板提示报警，此时必须更换油气分离器，确保分离后的空气质量和压缩机正常运作。

（6）最小压力阀：位于油气分离器上方出口处，开启压力设定在 0.40 MPa 左右，其功能为当启动时优先建立润滑油所需的循环压力，确保机体的润滑。当压力超过 0.40 MPa 时阀开启，可降低流过油气分离器的空气流速，除确保油气分离效果之外，还可保护油气分离器滤芯避免因压差太大而受损。

（7）油过滤器：主要功能是过滤润滑油中的劣化物、金属微粒等杂质。油过滤器上装有一个压差开关，当油过滤器前后之压差达到压差开关设定值时，压差开关动作，表示油过滤器严重堵塞，控制面板提示报警，此时必须更换油过滤器。

（8）油温控制阀：主要功能是使排气温度维持在压力露点温度以上。当润滑油温度较低时，在油温控制阀的作用下，润滑油不经冷却器直接经油过滤器进入压缩机。当润滑油温度达到设定温度时，在油温控制阀的作用下，润滑油经过冷却器冷却后再经油过滤器进入压缩机。

(9) 电磁阀：主要功能是控制压缩机的加载与卸载。当工作压力达到压力传感器设置值时，电磁阀动作，伺服汽缸动作，继而控制进气阀关闭或开启。

(10) 冷却器：主要功能是使压缩后的压缩空气和润滑油在冷却器内做热交换，达到冷却效果，使压缩机在最佳状态下运行。

二、螺杆式空气压缩机的工作原理

螺杆式空气压缩机的工作原理如图 4-2 所示。空气通过空气过滤器将大气中的灰尘或杂质滤除后，由进气控制阀进入压缩机主机，在压缩过程中与喷入的冷却润滑油混合；经压缩后的混合气体经排气阀排入油气粗分离器，通过碰撞、拦截、重力作用，将绝大部分的油介质分离出来，然后进入油气精分离器进行二次分离，得到含油量很少的压缩空气；当空气被压缩到规定的压力值时，最小压力阀开启，排出压缩空气到冷却器进行冷却，最后送入使用系统。而油气经粗分离器、精分离器分离出来的润滑油经过油温控制阀、冷却器、油过滤器再进入主机进行润滑。

空压机的工作原理

螺杆式空气压缩机的核心部件是压缩机主机，它是容积式压缩机中的一种。双螺杆式空压机是由一对相互平行啮合的阴阳转子(或称螺杆)组成，如图 4-3 所示。主电机驱动阳转子的齿与阴转子的槽在机壳内转动，使阴、阳转子齿槽之间不断地产生周期性的容积变化，空气则沿着转子轴线由吸入侧输送至输出侧，实现螺杆式空压机的吸气、压缩和排气的全过程，如图 4-4 所示。

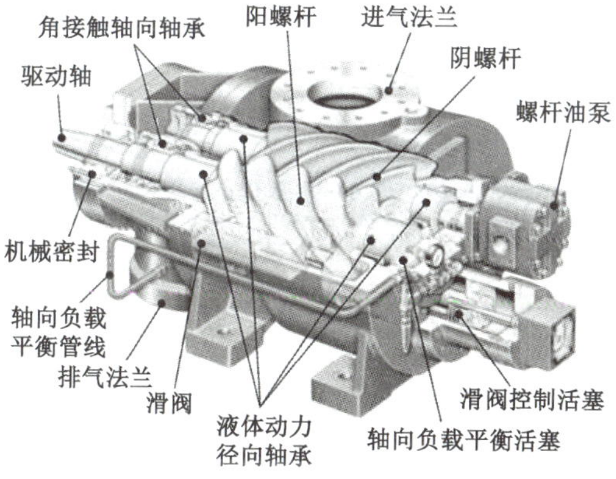

图 4-3　双螺杆式空压机的结构图

单螺杆式空压机由装在机壳内的一个圆柱螺杆和两个对称布置的平面星轮组成啮合副，螺杆螺槽、机壳内壁和星轮齿面构成封闭的齿间容积。运转时，动力传到螺杆轴上，由螺杆带动星轮齿在螺槽内相对移动，这种相对移动相当于往复式压缩机的活塞(星轮)在汽缸(螺杆槽与机壳内壁形成的齿间容积)中移动。随着星轮齿的移动，封闭的齿槽间容积发生变化，相应的气体由吸气阀进入螺杆齿槽空间，经压缩后达到设计压力值，由开在壳体上的排气三角口排至油气分离器内。螺杆通常有 6 个螺槽，由两个星轮将它分隔成上、下两个空

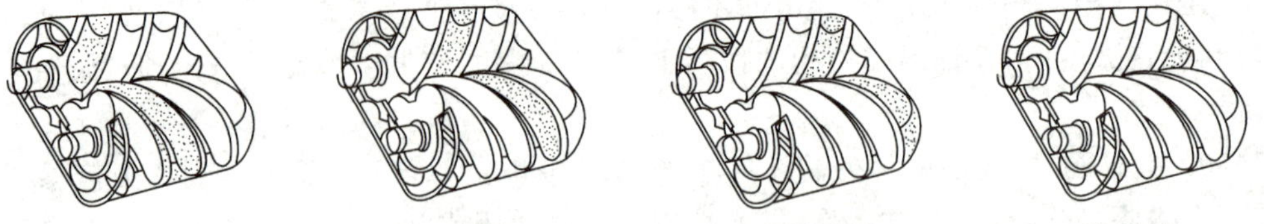

(a) 吸气终止　　(b) 压缩　　(c) 压缩终止　　(d) 排气

图 4-4　双螺杆式空压机工作原理

间，各自实现吸气、压缩和排气过程，如图 4-5 所示。因此，单螺杆式空压机相当于一台六缸作用的活塞机。单螺杆式空压机的油气系统工作过程与双螺杆式空压机基本相同。

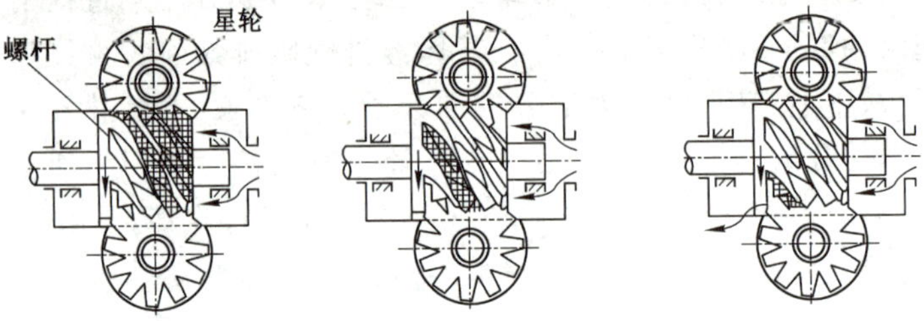

(a) 吸气　　(b) 压缩　　(c) 排气

图 4-5　单螺杆式空压机工作过程

螺杆式空压机一个工作周期(即空气由吸入到排出)内每个密封工作容积与螺杆转角的关系如图 4-6 所示。其理论循环示功图和实际循环示功图如图 4-7 所示。

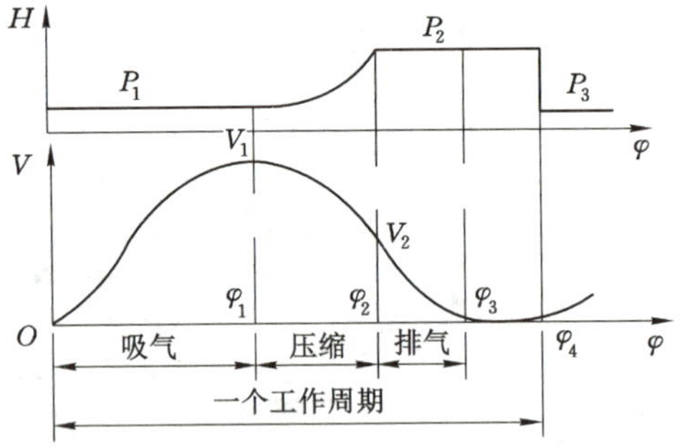

图 4-6　工作容积、气体压力与螺杆转角的关系

三、螺杆式空压机的主要优点

与传统活塞式空压机相比，螺杆式空压机具有以下优点。

1. 容积效率高

由于活塞式空压机的做功是由曲柄连杆机构带动活塞在汽缸里往复运动实现的，而活塞在进到上死点扫气过程终了时，在活塞顶和汽缸的顶部与气阀所构成的压缩气室存在着为活塞顶与汽缸上端保留的安全距离所构成的死区，存在着从第一道活塞环槽到汽缸顶与汽缸壁的间隙构成的空间以

螺杆式空压机与活塞式空压机的区别

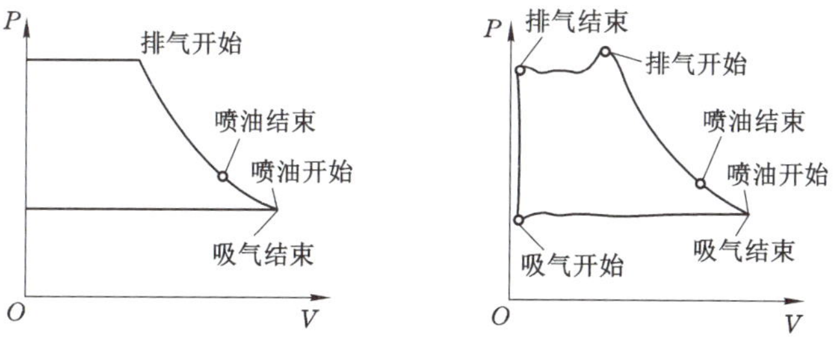

（a）理论循环示功图　　（b）实际循环示功图

图 4-7　螺杆式空压机的循环示功图

及气阀阀座与阀片构成的结构用空间等，这就是“余隙容积”。构成余隙容积的这些空间在压缩终了时残留了一部分与排气压力相同的压缩空气。当工作进入下一个循环，排气阀关闭、进气阀打开吸气时，这部分压缩空气又膨胀并混入吸入的空气中，参与下一个压缩过程。从这里不难看出，活塞式空压机工作时，除了在压缩过程受压的空气存在着沿着活塞环与环槽和汽缸壁之间的间隙泄漏问题，还由于设计结构造成的无法避免不能完全排净的压缩空气。这就形成了活塞式空压机所固有的容积效率不高的问题。

螺杆式空压机的工作方式是连续的。这种空压机在工作时不存在死区对容积效率的影响。主、从螺杆的沟槽在进入啮合时，螺杆的齿占据了沟槽的空间，对充盈在沟槽里的空气实施压缩，这个压缩过程就与排气口打开后的排气过程是连续的，压缩的完成一直延续到排气终了。设计完美的螺杆齿形以及螺杆副与螺杆式空压机壳体加工的精密度保证了它的压缩过程的有效性。另外，喷油型螺杆式空压机除了靠精密加工将压缩腔气体包容件的间隙减小以控制泄漏损失外，在工作过程中喷入螺杆腔的机油在螺杆之间和螺杆与机壳之间形成密封用的油膜，也有效地提高了它的容积效率。

2. 功率消耗小

空压机消耗功率主要由压缩空气消耗、机械摩擦和流动损失构成。活塞式空压机的机械摩擦损失在于活塞及活塞环与汽缸体在往复运动中的摩擦损耗、曲轴及连杆用的滑动轴承在运动中的摩擦损耗等。而喷油螺杆在工作时主、从螺杆和螺杆与壳体之间不形成机械接触摩擦。另外，螺杆式空压机的螺杆与壳体安装使用滚动轴承，它的机械摩擦损失也小，故螺杆式空压机的功率消耗在相同排气压力和排气量的情况下较活塞式空压机要小。

3. 工作噪声低

空压机的工作噪声主要产生于压缩空气通过阀口的啸叫声、压缩机工作时的摩擦声、冷却风机的工作噪声和驱动电机的工作噪声等。

活塞式空压机工作时，最大的噪声源是汽缸的气阀在压缩空气和复原弹簧的作用下交替开闭，将压缩空气和外界空气压入汽缸或送出汽缸时产生的爆发声和啸叫声。其次，由于活塞与汽缸间的间隙是靠活塞环的压力空气作用下紧贴汽缸壁来实现的，活塞环往复运动时与缸壁间在机油润滑下的剧烈摩擦依然存在，曲柄连杆机构在吸气过程中由曲柄带动连杆、活塞下行，而压缩过程则压缩空气阻止活塞、连杆和曲柄上行，两个过程活塞连杆机构的受力完全相反。在工况转换时，由于连续间隙的存在，在惯性力和气体压力的作用下就会产生冲击和噪声。另外，活塞式空压机的齿轮润滑油泵工作时也会产生噪声。

螺杆式空压机工作时，压缩空气通过气口时的啸叫声是无法避免的，但螺杆式空压机的排气噪声是连续的气动高频噪声。高频噪声较易处理，设计时将主机套装在金属制造的油气筒里，就能大大衰减噪声的辐射强度。另外，冷却系统采用的是低噪风机，风机产生的噪声也不大。因此，螺杆式空压机比活塞式空压机的噪声要低。

4. 振动小

活塞式空压机工作时，曲柄连杆机构不平衡的往复惯性力和汽缸布置产生的不均衡负载形成轴系扭振，并造成压缩机工作时剧烈振动。另外，它的安装也是通过共用底座将驱动电机和压缩机找正后直接刚性安装在地板面上的，因而它工作时对驱动系统和安装基础产生的影响是很大的。

螺杆式空压机的情况则截然不同。这种空压机工作时螺杆及相关零部件没有质心移动，也就没有振动干扰力产生。加之用于驱动空气压缩机的电机有切实的动平衡保证，所以振动要小于活塞式空压机。

5. 排气温度低

活塞式空压机在工作时，气体在缸内是不可能进行等温压缩的。随着压缩的进行，气体的体积缩小、压力升高，排气温度也随之升高。加之活塞在汽缸内高速往复运动，压缩气体所产生的热量不能及时通过汽缸壁向外散发。空压机在工作几个循环后，各个汽缸壁的温度都高达 100 ℃以上，吸进来的外界空气进入汽缸就被加热。而螺杆式空压机由于采取了喷油润滑，较低温度的润滑油与压缩空气混合降低了压缩空气的终了温度。油气混合物在经过油气分离器处理后，除净了油的空气和流回油池的机油再分别进入各自的冷却器，与冷空气进行热交换。冷却后的机油进入压缩机参与再循环。故此，在同样吸气条件和排气压力下，螺杆式空压机的排气温度较活塞式空压机要低。

由于螺杆式压缩机与活塞式空压机相比有上述优点，因此被广泛应用于矿山、化工、动力、冶金、建筑、机械、制冷等工业部门，在煤矿企业也正逐步替代其他种类的压缩机，今后还会获得更快的发展。

相关知识

一、螺杆式空压机的类型

螺杆式空压机的类型很多，根据螺杆数量可分为单螺杆、双螺杆、三螺杆；根据冷却方式可分为风冷、水冷；根据润滑方式可分为喷油润滑、无油润滑；根据压缩次数可分为单级、两级等。

矿用螺杆式空压机多为双螺杆、风冷、喷油润滑、单级压缩。

二、空压机的性能参数(表 4-1)

空压机的性能参数主要有：排气量、排气压力、排气温度、功率效率和容积比能。

螺杆式空压机的性能参数

① 排气量：是指单位时间内，压缩机排出的气体容积换算成吸气条件下的气体容积量，单位为 m^3/min。

表 4-1　螺杆式空压机的性能参数

型号		LGFD75/011Q	LGD110/517J	LGD185/347E	LGD250/347J	MLGF6.3/7	MLGF22/8	LGYⅡ20-8/8	LGYⅡ20-16/8	LG20-10/7	KLGFⅡ20-6/8	HLGD-90
进气压力/MPa		常压	常压	常压	常压	常压	常压	常压	常压	常压	常压	常压
进气温度/℃		<40	<40	<40	<40	<40	<40	<40	<40	<40	<40	<40
排气量/(m^3/min)		10	20	32	43	6.3	22	8	16	10	6	16
排气压力/MPa		1.2	0.8	0.8	0.8	0.7	0.8	0.8	0.8	0.7	0.8	0.7
供气温度/℃		≤40	≤40	≤40	≤40	≤40	≤40	≤40	≤40	≤120		环境温度+15
冷却水量/(m^3/h)		风冷	10.5	18	20	风冷	风冷	水冷	风冷	水冷	风冷	风冷
噪声(声压级)/dB(A)		76±3	76±2	76±2	76±2	(75～82)±3	(75～82)±3					≤75～80
外形尺寸/(mm×mm×mm)		2 050×1 320×1 875	3 100×1 750×2 050	3 460×2 280×2 550	3 460×2 280×2 550	2 543×1 000×1 318	3 278×1 350×1 818	3 200×1 500×1 850	3 800×1 800×2 300	2 550×1 300×1 400	2 300×1 120×1 400	2 180×1 400×1 750
主机质量/kg		2 050		7 200	7 200	1 380	3 200	1 950	4 500		2 000	2 360
驱动电机	型号									Y280s-4	Y225s-4	
	功率/kW	75	110	185	250	37	132	37	100	75	37	90
	转速/(r/min)					2 980	2 980					1 490
	电压/V					380/660/1 140	380/660/1 140			380		

表 4-1(续)

型号		SA-110W/A	SA-185W/A	SA-375W	SM-490	UD110-10	UD200-10	LGF-6/7	LGF-19.5/7
进气压力/MPa		常压	常压	常压	常压	常压	常压	常压	常压
进气温度/℃		<40	<40	<40	<40	<40	<40	<40	<40
排气量/(m^3/min)		21.0/19.8/17.0/15.3	32.0/30.4/27.4/24.8	64.0/62.0/57.5/49.0	16.0	17.0	31.0	6.0	19.5
排气压力/MPa		0.75/0.85/1.05/1.25	0.75/0.85/1.05/1.25	0.75/0.85/1.05/1.25	0.7	1.0	1.0	0.7	0.7
供气温度/℃		≤40(水冷型)/≤环境温度+10(水冷型)			≤80				
冷却水量/(m^3/h)		W—风冷/A—水冷			水冷				
噪音(声压级)/dB(A)		75±3		82	(75~82)±3				
外形尺寸/(mm×mm×mm)		2 800×1 800×2 400	3 000×1 750×1 880	4 200×2 250×2 550	3 020×1 200×1 420	2 840×1 640×2 020	3 600×2 050×2 120		
主机质量/kg		4 000	4 560	7 900	2 400	2 650	5 400		
驱动电机	型号								YB280M-4
	功率/kW	110	185	375	108			34.6	90
	转速/(r/min)	1 480		1 480	1 480				
	电压/V	380		6 000	660				

② 排气压力：是指最终排出压缩机的气体压力，单位为 MPa。排气压力一般在压缩机气体最终排出处（即储气罐处）测量。多级压缩机末级以前各级的排气压力称为级间压力，或称该级的排气压力。前一级的排气压力就是下一级的进气压力。

③ 排气温度：是指每一级排出气体的温度，通常在各级排气管或阀室内测量。排气温度不同于压缩终了温度，因为在排气过程中有节流和热传导，排气温度要比压缩终了温度低。

④ 功率：是指空压机在单位时间内所消耗的功，单位为 kW。它又有理论功率和实际功率之分。理论功率为空压机理想工作循环周期所消耗的功，实际功率是理论功率与各种阻力损失功率之和。轴功率指空压机驱动轴所消耗的实际功率，驱动功率即原动机输出的功率，考虑空压机实际工作中其他原因引起负荷增加，驱动功率应留有 10%～20%的储备量，称为储备功率。

⑤ 效率：是指空压机理想功率和实际功率之比，是衡量空压机经济性的指标之一。

⑥ 容积比能：是指排气压力一定时，单位排气量所消耗的功率，其值等于空压机的轴功率与排气量之比，也是反映空压机效率的指标。容积比能又称为比功率。

任务实施

螺杆式空压机的启动、停止操作：

(1) 启动前准备工作

① 定期打开油桶及水分离器的手动泄水阀，将停机时的冷凝水排除。若忽略此工作，则润滑油使用寿命会缩短，容易造成轴承烧损。当有油泄出时，立即关闭泄水阀。

空压机的操作

② 检查机器运转时油位是否在高油位和低油位之间，润滑油不足时应补充。禁止混用不同牌号的润滑油，补充润滑油时应确定压缩机已经停机且系统内已经没有压力时方可打开加油口盖。

③ 观察油位应在运转中进行，油位可能较停机时的油位会有所变化。

④ 检查电器接线是否牢固可靠。

⑤ 检查各系统工作是否正常，是否有漏油、漏气和漏水的现象，是否有不正常的声音等。

课程思政案例七

(2) 螺杆式空压机的启动

① 接通电源。

② 打开供气阀门。

③ 按下“启动”按钮，主机运行、风扇运行指示灯亮，空压机呈星形启动，约 8 s 后自动切换成三角形运行。

④ 机组启动过程完成，空载运行 5 s 后空压机自动进入加载运行状态，加载灯亮。

⑤ 检查各处有无漏油、漏气现象。

(3) 机组工作运行阶段

① 运行中定期检查观看指示面板上的信息，如排气压力、排气温度及各项指示灯状况、油位等是否正常。

② 检查机组冷凝液是否能自动排出。

③ 做好工作运行记录，经常检查排气压力、排气温度是否正常，如有反常现象应及时分析查找原因。

(4) 停机

① 按下“停止”按钮后，空压机自动卸载约 20 s 后停机。若按下“停止”按钮前空压机已空载运行达 20 s，接受停止命令后立即停机。

② 当出现各种紧急情况时，按紧急停机按钮，机组立即停机，非紧急情况严禁使用。

以上操作步骤是对风冷的螺杆式空压机而言的，如果是水冷的，则应在开机前先开启冷却水，停机后再断开冷却水。

任务考评

任务考评的内容及评分标准见表 4-2。

表 4-2　任务考评的内容及评分标准

序号	考评内容	考评项目	配分	考评标准	得分
1	螺杆式空压机的工作原理	1. 单螺杆空压机工作原理； 2. 双螺杆空压机工作原理	40	错一项扣 20 分	
2	螺杆式空压机的启动、停止操作	启动前检查、启动的步骤和停止的步骤	50	错一项扣 10 分	
3	遵守纪律，文明操作	遵守纪律，文明操作	10	错一项扣 5 分	
合计					

复习思考题

1. 空压机的作用是什么？
2. 螺杆式空压机的组成及工作原理是怎样的？
3. 螺杆式空压机的启动、停止如何操作？

任务二　压气设备的运行与调节

【知识要点】 空压机的运行与调节要求。

【技能目标】 掌握空压机的运行与调节方法。

任务描述

由任务一可知，作为动力装置的空压机是为井下的气动机械提供高压气体、驱动气动机械运转的设备。所以，空压机的正常运行与否就直接影响气动机械的运转，继而影响井下的生产作业能否正常进行。另外，由于井下作业点的位置和气动机械的使用数量随时在发生变化，这就要求空压机能根据上述的变化随时调节其供气量，保证气动机械的正常使用。本任务就是针对螺杆式空压机的运行与调节进行学习。

任务分析

一、螺杆式空压机的运行

① 运行中定期检查观看指示面板上的信息，如排气压力、排气温度及各项指示灯状况、油位等是否正常。

空压机的运行

② 检查机组冷凝液是否能自动排出。

③ 做好工作运行记录，经常检查排气压力、排气温度是否正常，如有反常现象应及时分析查找原因。

④ 当空气滤清器的压差达到压差开关设定值时，压差开关动作，控制面板提示报警，此时应清洗空气过滤器。

⑤ 当油气分离器前后压差达到压差开关设定值时，压差开关动作，表示油气分离器堵塞，控制面板提示报警，此时必须更换油气分离器。确保分离后的空气质量和压缩机正常运作。

⑥ 当油过滤器前后压差达到压差开关设定值时，压差开关动作，表示油过滤器严重堵塞，控制面板提示报警，此时必须更换油过滤器。

二、螺杆式空压机排气量的调节

由于螺杆式空压机没有进气阀和排气阀，也没有余隙容积，所以其排气量调节就只有改变转速调节、控制进气量调节和改变内容积比调节三种方法。

空压机的调节

1. 改变转速调节法

由于螺杆式空压机的排气量与阳转子的转速成正比，故可通过改变驱动装置的转速来实现排气量的调节。目前大多数螺杆式空压机都采用变频调速装置来改变转速，从而实现排气量的调节。

2. 控制进气量调节法

(1) 通断调节

这种调节通常是靠装在空压机进气管道上的蝶阀来实现的。蝶阀靠随阀杆转动的圆形阀板打开或关闭进气管道，从而达到调节的目的。圆形阀板从全开到全关旋转的角度通常小于90°。调节过程如图4-8所示。机组运行过程中，压缩机排气压力达到压差计设定的上限值时，电磁阀失电动作，其阀芯上移，使蝶阀驱动汽缸放气，活塞杆缩回，带动蝶阀关闭进气管道；同时使放空阀活塞右移打开放气，机组在卸载工况下工作。反之，当压力降至压差计设定的下限值时，电磁阀得电动作，其阀芯下移，使蝶阀驱动汽缸进气，活塞杆伸出推动蝶阀打开，并使放空阀活塞左移关闭，机组在负载工况下工作。

通断调节

(2) 无级(容调)调节

无级(容调)调节是由容调阀根据空压机排气口压力的高低，控制进气阀的开启度来实现的。当压力升高时，气体通过容调阀的进气口将其膜片顶开，从容调阀出口流出的气体经节流孔流向驱动汽缸，推动驱动汽缸活塞杆伸出，推动进气阀逐渐关闭，使空压机排气量逐渐减少。当压力下降时，

无级(容调)调节

容调阀在弹簧力的作用下将膜片关闭，切断驱动汽缸的进气，驱动汽缸的活塞杆在弹簧力作用下缩回，带动进气阀逐渐打开，使空压机排气量又逐渐增加，如图 4-9 所示。

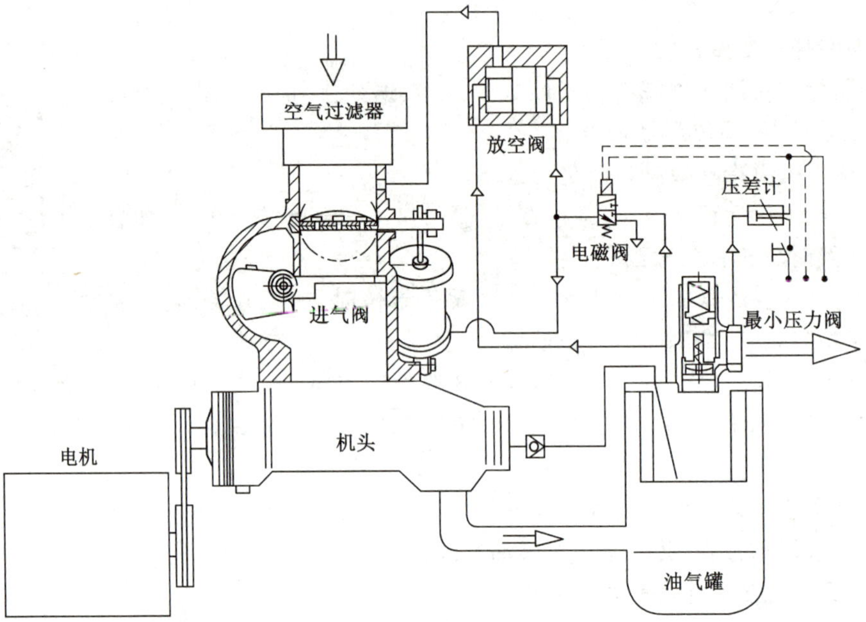

图 4-8　螺杆式空压机通断调节原理图

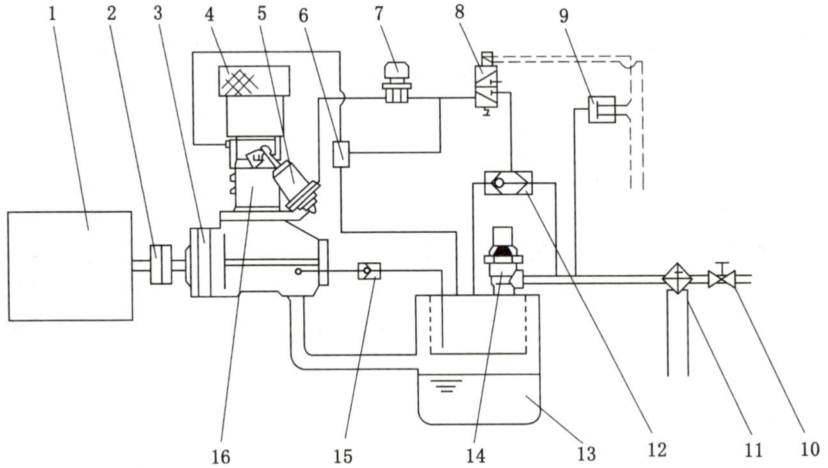

1—电机；2—联轴器；3—压缩机；4—空滤器；5—气动汽缸；6—放空阀；7—容调阀；
8—电磁阀；9—压力继电器；10—闸阀；11—冷却器；12—最大压力控制阀；
13—油气分离器；14—最小压力阀；15—单向阀；16—进气阀。

图 4-9　螺杆式空压机无级（容调）调节原理图

3. 改变内容积比调节法

改变内
容积比调节法

螺杆式空压机的重要特点之一就是具有内压缩过程，压缩机的最佳工况是内压缩比等于外压缩比，若两者不等，无论是欠压缩还是过压缩，其经济性都会降低。这种调节方法的原理是通过滑阀的移动来改变空压机排气口的大小，从而改变其内压缩比和内容积比，实现排气量的调节。

图 4-10 所示为滑阀的移动与能量调节的原理图。采用滑阀调节能量，即在两个转子高压侧装有一个能够相对于螺杆轴向移动的滑阀，通过改变螺杆的有效轴向工作长度，使能量在 100%至 10%之间连续无级调节。

图 4-10(a)所示为全负荷时滑阀的位置，吸入的气体经螺杆压缩后从排气口全部排出，其能量为 100%；图 4-10(c)所示为部分负荷时滑阀的位置，吸入的气体部分未被压缩，而是从旁通口返回到压缩机的吸入端。图 4-10(b)中实线和虚线分别对应上述两种工况，其循环图如图 4-11 所示。

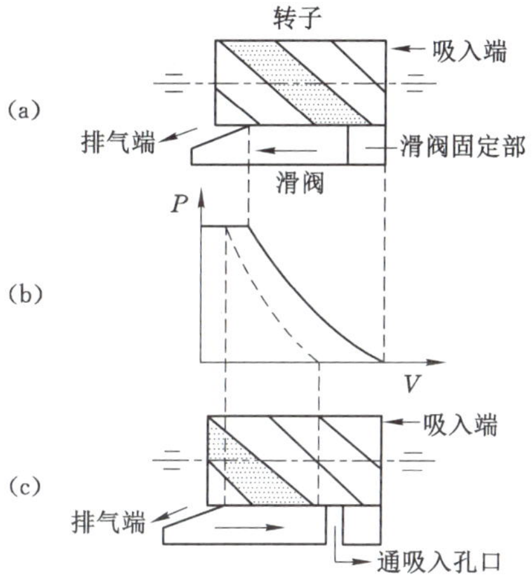

图 4-10　滑阀位置与负荷关系

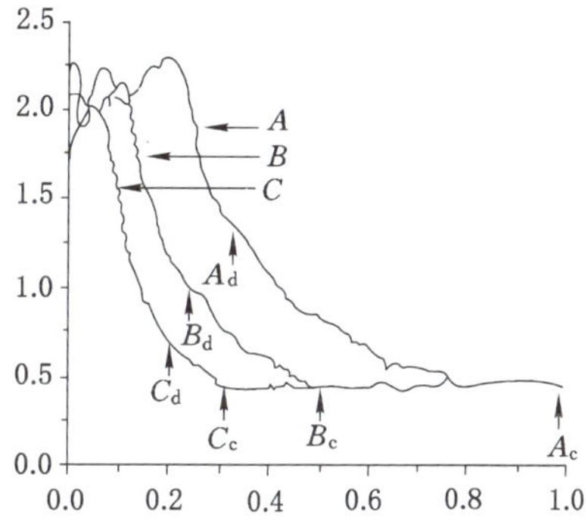

A—100%负荷；B—75%负荷；C—50%负荷。

图 4-11　能量调节循环图

目前使用的有两种调节系统，即图 4-12(a)所示的手动四通阀调节系统和图 4-12(b)所示的三位四通电磁阀调节系统。这两种调节系统都是由操作人员根据生产实际需要手动操作四通阀或开关三位四通电磁阀，通过调节活塞的移动来实现螺杆式空压机能量滑阀的“加载、减载、停止”三种状态，以达到控制排气量及排气压力的目的。图示为滑阀正在“加载”。

相关知识

空压机采用的润滑方法有以下三种：

1. 压力润滑法

压力润滑法又称为强制润滑法。即用油泵或注油器将润滑油压入润滑部位进行润滑。在大中型带十字头的空压机中均采用此种方式。

2. 飞溅润滑法

此润滑法是靠做旋转运动的齿轮或其他零件(如甩油环)将油甩起飞溅到各润滑部位进行润滑，因而其润滑效果较差，同时存在只能采用一种润滑油，油位必须严格控制的缺点。

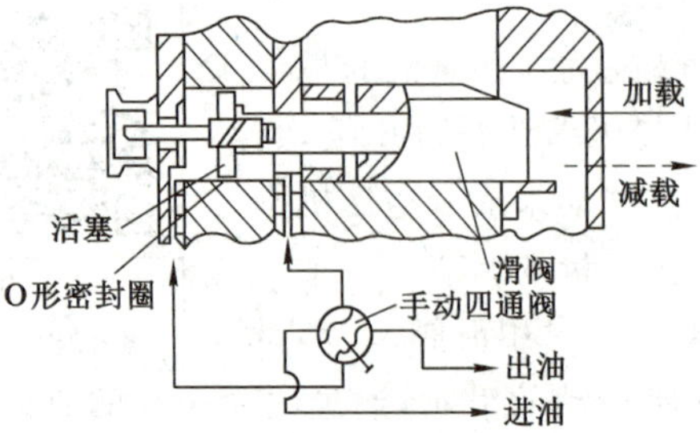

(a) 四通阀能量调节系统

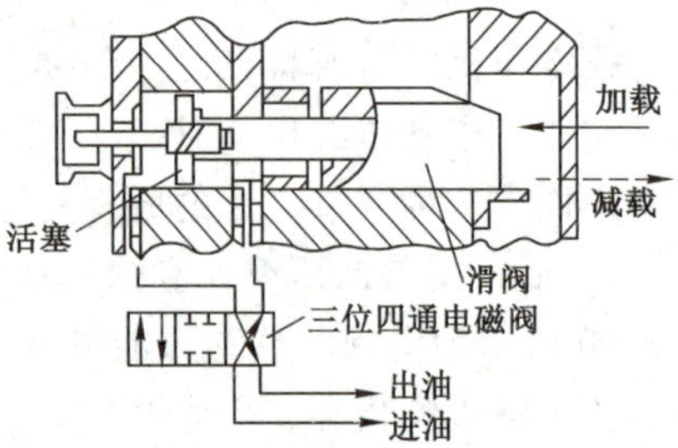

(b) 三位四通电磁阀能量调节系统

图 4-12　两种调节系统

此种方法多用于无十字头的小型空压机中。

3. 喷入润滑法

喷入润滑法是将润滑油以雾状喷入气体进入汽缸等润滑地点，如超高压压缩机、滑片压缩机等均采用喷油润滑。

任务实施

螺杆式空压机的调节：

1. 关闭进气管调节

将一台螺杆式空压机空运转起来，在其工作排气过程中逐渐关闭排气管路上的阀门，使排气压力逐渐升高，观察压力表和压力调节器动作情况，也可通过拉动压力调节器的拉环进行人工控制，从而掌握此方法的调节原理。

注意：在任务实施前，应检查压力调节器的动作情况，确保能正确通断。在任务实施过程中，应密切注意防止将排气管路阀门完全关闭，以防出现意外事故。

2. 控制进气量调节

将一台螺杆式空压机空运转起来，在其工作排气过程中逐渐关闭排气管路上的阀门，使排气压力逐渐升高，观察压力表和压力调节器动作情况，也可通过拉动压力调节器的拉环进行人工控制，从而掌握此方法的调节原理。

注意：在任务实施前，应检查压力调节器的动作情况，确保能正确通断。在任务实施过程中，应密切注意防止将排气管路阀门完全关闭，以防出现意外事故。

任务考评

任务考评的内容及评分标准见表 4-3。

表 4-3　任务考评的内容及评分标准

序号	考评内容	考评项目	配分	评分标准	得分
1	螺杆式空压机的运行	运行时应检查的项目	40	错一小项扣 2 分	
2	螺杆式空压机的调节	三种调节方法的调节过程	40	错一小项扣 10 分	
3	遵守纪律，文明操作	遵守纪律，文明操作	20	错一项扣 5 分	
合计					

复习思考题

1. 螺杆式空压机运行时，应注意检查哪些方面的内容？
2. 螺杆式空压机运行时，哪些元件发生堵塞了会报警？
3. 螺杆式空压机有哪几种调节方法？其调节过程如何？
4. 空压机采用了哪些润滑方式？

任务三　压气设备的维护与故障处理

【知识要点】 螺杆式空压机的结构；螺杆式空压机的日常维护要求。

【技能目标】 掌握螺杆式空压机的日常维护与故障处理。

任务描述

为了使压气设备能够稳定、高效、正常地工作，就要学习掌握空压机的结构，按规定对其进行日常的维护保养，以减少故障的发生。当设备出现故障时，能够正确地分析故障的原因，找到解决处理的方法，迅速进行修复，尽量减少对生产造成的影响和损失。本任务就是要通过空压机结构的学习，弄清楚空压机各组成部分的结构，为维护保养、故障分析处理打好基础。

任务分析

螺杆式空压机的结构：

一、主机结构

1. 喷油螺杆式空压机的主机结构

图 4-13 所示为 LGY 12/7 和 LGY-17/7 型喷油螺杆式空压机的主机结构。这两种空压机均采用内置的增速齿轮驱动阳转子。通过采用不同的增速齿轮，可方便地得到具有不同流量的压缩机。在转子的排气端，采用面对面配对安装的单列圆锥滚子轴承，可同时承受轴向力和径向力，并使转子双向定位。机体由吸气端盖、缸体、排气端盖三部分组成，在吸气端盖上设有吸气环槽，在缸体两端设有径向的吸、排气孔口。另外，在外伸轴处设有可靠的机械密封。

空压机的结构

2. 无油螺杆式空压机的主机结构

图 4-14 所示为 LGW-40/7 型无油螺杆式空压机的主机结构。该压缩机的转子之间不能直接接触，所以阳转子是通过高精度的同步齿轮驱动阴转子的，而且阴转子上的同步齿轮是可调的，以确保转子间的啮合间隙处于理想范围。为了减小转子由于热膨胀而产生的不均匀变形，转子中心开有冷却油孔。

二、机体结构

机体由缸体和两端的端盖组成。在转子直径较小的情况下，常将一侧端盖与缸体铸成一体，制成带端盖的结构，转子从一端沿轴向装入。在转子直径较大的情况下，三者是分开

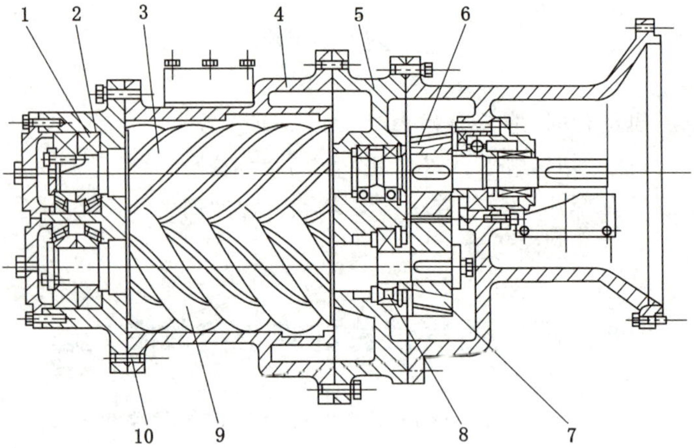

1—圆锥滚子轴承;2—排气端盖;3—阴转子;4—汽缸盖;5—吸气端盖;
6,7—增速齿轮;8—圆柱滚子轴承;9—阳转子;10—定位销。
图 4-13 LGY-12/7 和 LGY-17/7 型喷油螺杆式空压机的主机结构

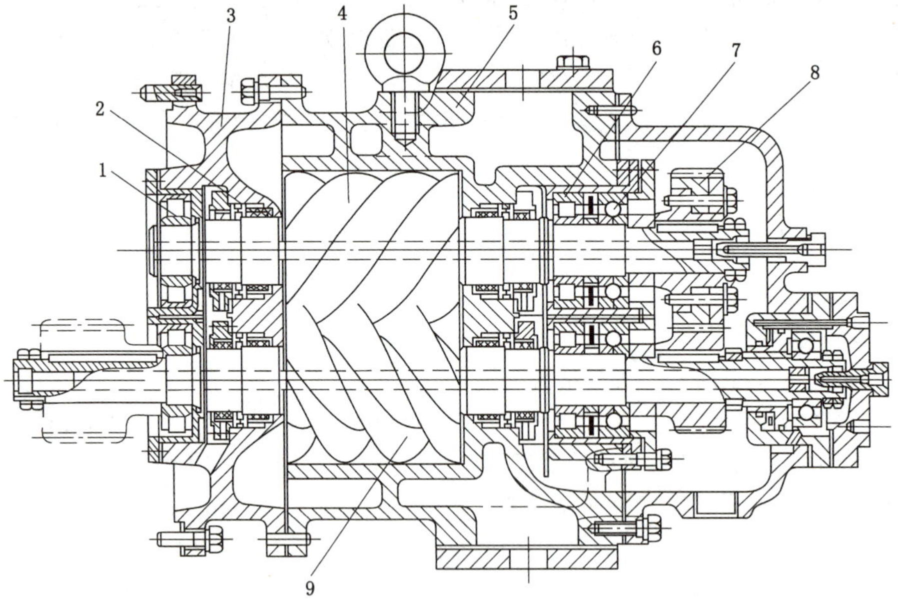

1,6—圆柱滚子轴承;2—轴封;3—吸气端盖;4—阴转子;5—机体;
7—球轴承;8—同步齿轮;9—阳转子。
图 4-14 LGW-40/7 型无油螺杆式空压机的主机结构

的。大型的螺杆式空压机为了便于机器的拆装和间隙的调整,常将机体设计成水平剖分式。

1. 缸体结构

缸体有单层壁和双层壁两种结构。喷油螺杆式空压机多采用单层壁结构的缸体,如图 4-15(a)所示。无油螺杆式空压机多采用双层壁结构的缸体,如图 4-15(b)所示。夹层内通有冷却水或其他冷却液,以保证汽缸形状不发生热形变。

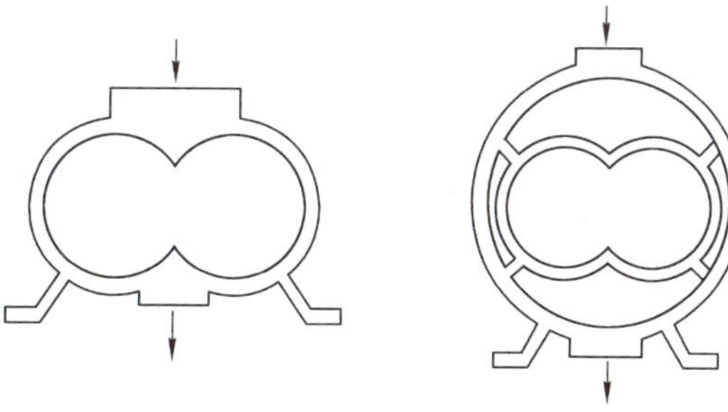

（a）单层壁汽缸　　（b）双层壁汽缸

图 4-15　螺杆式空压机汽缸结构

2. 转子

转子结构有整体式和组合式两种。当转子直径较小时，通常采用整体式结构。当转子直径大于 350 mm 时，常采用组合式结构，如图 4-16 所示。

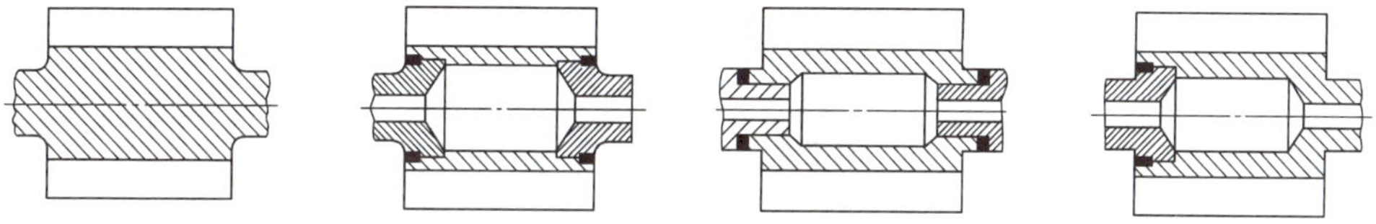

（a）整体式　　（b）组合式(1)　　（c）组合式(2)　　（d）组合式(3)

图 4-16　转子结构

转子的齿数一般有 4∶6 和 5∶6 两种，如图 4-17 所示。4∶6 的两转子直径一样大，一般多用于喷油螺杆式空压机；5∶6 的两转子直径不一样大，故需设同步齿轮，一般多用于无油螺杆式空压机。

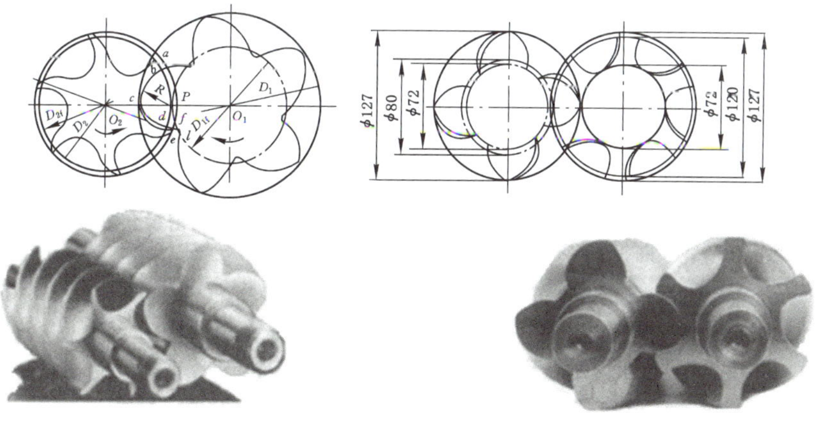

（a）5∶6　　（b）4∶6

图 4-17　转子齿数

3. 轴承

在螺杆式空压机的转子上，作用有轴向力和径向力。轴向力是由于转子一端是吸气压力，另一端是排气压力，再加上压缩过程以及驱动啮合的受力等因素产生的。阳转子所受轴向力大约是阴转子的4倍。

径向力是由于转子两侧所受压力不同而产生的。由于转子的形状及用力作用面积不同，两转子所受的径向力大小也不同。因此，承受径向力的轴承负载由大到小依次是：阴转子排气端轴承>阳转子排气端轴承>阴转子吸气端轴承>阳转子吸气端轴承。

螺杆式空压机常用的轴承有滚动轴承和滑动轴承。但无论采用何种轴承，都应确保转子一端固定，另一端能够伸缩。一般情况下，转子在排气端轴向定位，在吸气端留有较大的轴向间隙，让其自由膨胀。

在喷油螺杆式空压机中，由于轴向力和径向力都不大，故都采用滚动轴承。承受轴向力的轴承总是放在排气端。通常用分别安装在转子两端的圆柱滚子轴承承受转子的径向力；用安装在排气端的一个角接触球轴承承受轴向力，并对转子进行双向定位。在一些机器中，用一对背靠背安装的圆锥滚子轴承或角接触球轴承同时承受轴向力和径向力，如图4-18所示。

图4-18 圆锥滚子轴承

在无油螺杆式空压机中，通常采用高精度的滚动轴承，以便确保安装精度，使压缩机获得良好的性能。但由于无油螺杆式空压机的转速很高，当其工作在中压或高压工况时，滚动轴承的计算寿命往往较低，因此无油螺杆式空压机的轴向或径向轴承有时也采用滑动轴承。

4. 轴封

(1) 喷油螺杆式空压机的轴封

这类压缩机都采用滚动轴承，为了防止压缩腔的气体通过转子轴往外泄漏，在排气端的转子轴颈段与轴承之间装一个轴封。这种轴封结构如图4-19所示。在与转子轴颈段相对应的机体上开一油槽，通入有一定压力的密封液体，即可达到有效的密封。

在吸气侧由于转子轴伸出机体，且内外存在一定压差，常采用图4-20所示的机械密封。

(2) 无油螺杆式空压机的轴封

在无油螺杆式空压机中，压缩过程是在一个完全无油的环境中进行的，这就要求在压缩机的润滑区和气体区之间设置可靠的轴封。目前，无油螺杆式空压机的轴封主要有石墨环式、迷宫式、机械式三种。

图4-21所示为最常用的石墨环式轴封。这种轴封包括一组密封盒，密封盒的数量随工作压力而不同，一般为4～5个，且排气侧的密封盒数量多于吸气侧的密封盒数量。

石墨环式轴封的密封环由摩擦系数较低的石墨制成，具有良好的自润滑性。为了保证强度和使环的热膨胀率与轴材料的热膨胀率相同，在密封环上装有钢制的保护圈。

石墨环在轴向靠波纹弹簧压紧在密封盒和保护圈的侧面上，以防止气体经石墨环的两

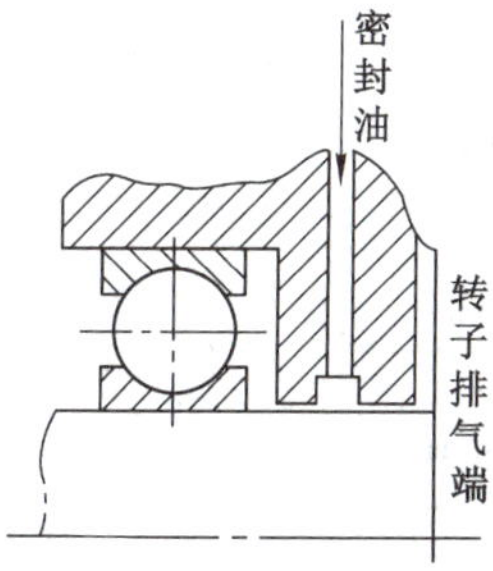

图 4-19　转子排气端轴封

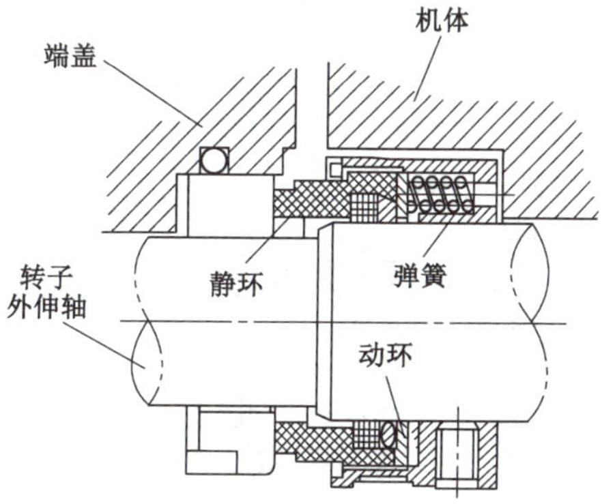

图 4-20　螺杆式空压机转子外伸轴处的轴封

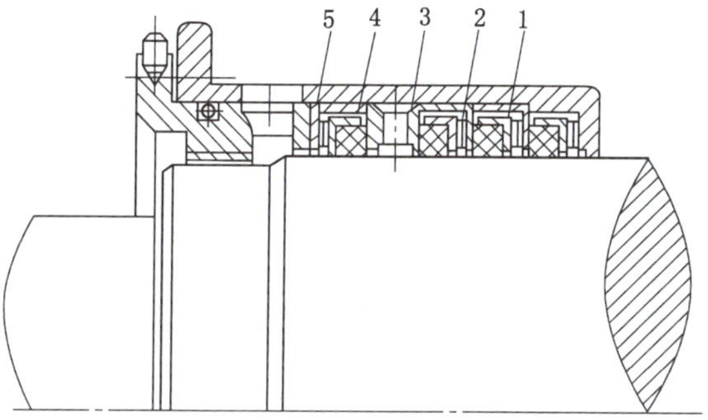

1—保护圈;2—波纹弹簧;3—引气环;4—整圈石墨环;5—密封盒。

图 4-21　石墨环式轴封

侧面泄漏。当轴的旋转中心发生变化时,借助于弹簧的作用,石墨环也移动到新的位置并保持在这一位置,从而防止了磨损现象的产生。

图 4-22 所示为无油螺杆式空压机中采用的迷宫式轴封。在这种轴封中,密封齿和密封面之间有很小的间隙,并形成曲折的流道,使气体从高压侧流向低压侧时产生很大的阻力,以阻止气体的泄漏。密封齿是加工在一个轴套上的,当密封齿损坏时可以更换。

在无油螺杆式空压机中,无论采用石墨环式轴封还是迷宫式轴封,都可用压力稍高于压缩机内压力的惰性气体充入轴封内,以阻止高压气体向外泄漏。

当无油螺杆式空压机的转速较低时,还可以采用如图 4-23 所示的有油润滑的机械式密封。

5. 同步齿轮

在无油螺杆式空压机中,转子间的间隙调整和驱动靠同步齿轮来实现。同步齿轮有可调式和不可调式两种结构,通常采用可调式结构。如图 4-24 所示,小齿圈及大齿圈都套在轮毂上,调整小齿圈,使它与大齿圈错开一个微小角度,就可减少与主动齿轮之间的啮合间隙。间隙调整适当后,将小齿圈、大齿圈与轮毂用圆锥销定位,再用螺栓固定。为防止螺母松动,每两个螺母之间用防松垫片连接。

三、调节装置

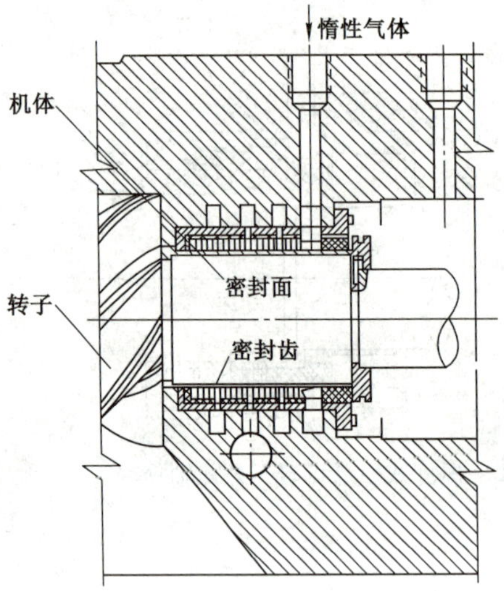

图 4-22　迷宫式轴封

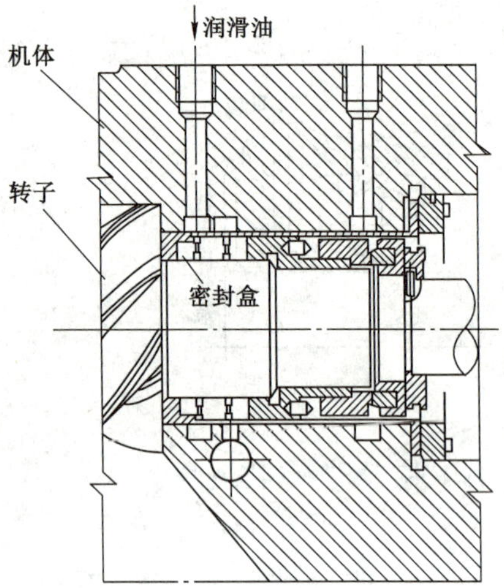

图 4-23　机械式轴封

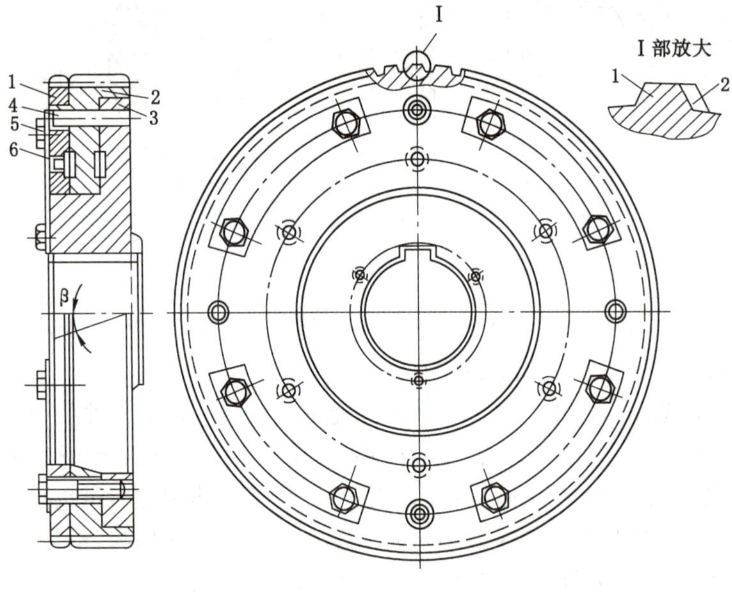

1—小齿圈；2—大齿圈；3—轮毂；4—圆锥销；5—螺母；6—防松垫片。

图 4-24　可调式同步齿轮

1. 进气阀结构

进气阀结构如图 4-25 所示，由阀体、蝶阀、回转式止回阀和控制汽缸组成。回转式止回阀自带配重和氟橡胶密封圈，开机时压缩机主机吸气，由于压差的原因，止回阀迅速打开；当停机时，压差失去后，受配重控制，止回阀能及时迅速关闭，确保没有停机吐油的现象。蝶阀的开启和关闭受控制汽缸控制，根据控制汽缸的活塞杆伸出长短，蝶阀打开或者关闭，从而调节压缩机进气量。

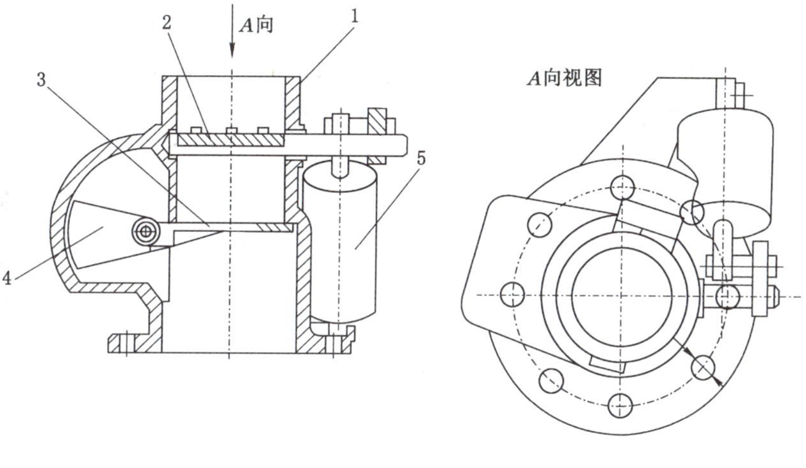

1—阀体；2—蝶阀；3—止回阀；4—配重；5—控制汽缸。

图 4-25　进气阀结构

2. 温控阀

温控阀

温控阀主要用于调节控制从油气分离器出来的油的流向，从而控制进入螺杆式空压机主机的润滑油温度，防止过高温度的油进入主机润滑系统，其结构如图 4-26 所示。当油温低于设定最低温度时，温控阀控制杆不膨胀，阀芯处于图示位置，从油气分离器来的油经阀口直接流向螺杆式空压机的主机；当油温在高于设定最低温度、低于设定最高温度时，温控阀控制杆膨胀，推动阀芯向右移动，使油气分离器来的热油一部分流向冷却器，剩下部分和冷却器返回的冷油混合后流向螺杆式空压机的主机；当油温高于设定最高温度时，温控阀控制杆使阀芯右移到底，使油气分离器来的热油全部流向冷却器。温控阀设定最低温度 60 ℃，最高温度 75 ℃，油温达到设定最低温度时，阀芯开始向右移动，达到设定最高温度时，阀芯向右运动到底。

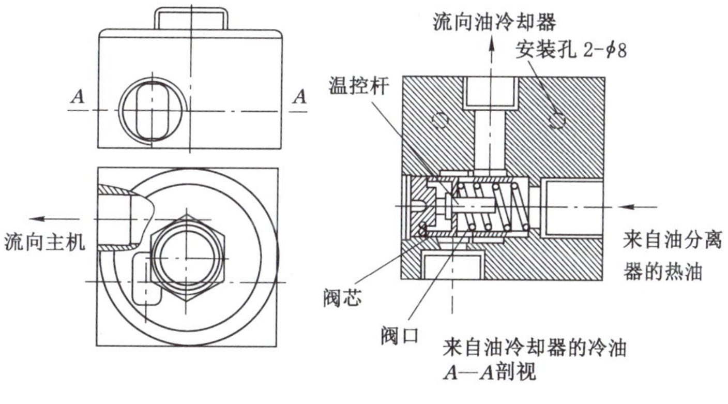

图 4-26　温控阀结构

四、保护装置

1. 安全阀

安全阀安装在油气分离器上，对空压机进行限压保护，其结构如图 4-27 所示，为弹簧微启式。当油气分离器罐内压力低于安全阀调定值时，阀芯在弹簧作用下处于关闭状态。当油气分离器罐内压力高于安全阀调定值时，阀芯在气体压力作用下处于开启状态。罐内气体经安全阀口排入大气。

2. 最小压力阀

最小压力阀位于油气分离器的顶盖上，其作用是确保油气分离器中的压力不低于 0.4 MPa，使润滑油能够在管路中正常流动。此外，当压缩机卸载或停机时，最小压力阀还可阻止管网中的气体倒流。

最小压力阀

最小压力阀的结构如图 4-28 所示，由阀体、止回阀芯、主阀芯、止回阀弹簧、主阀弹簧、调压螺母等组成。

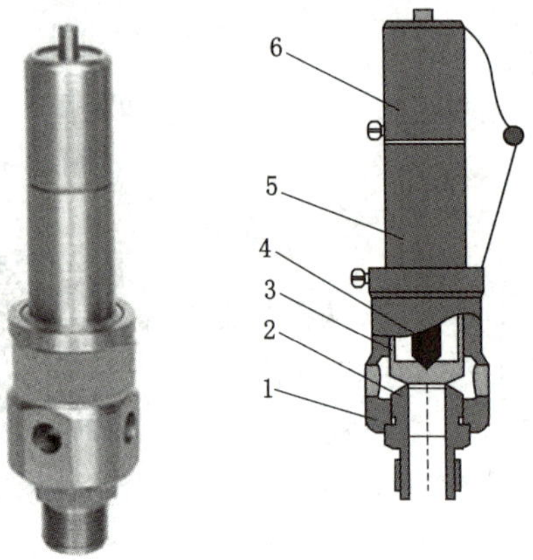

1—阀体；2—阀座；3—阀瓣；
4—阀杆；5—阀盖；
6—阀帽。

图 4-27　安全阀结构

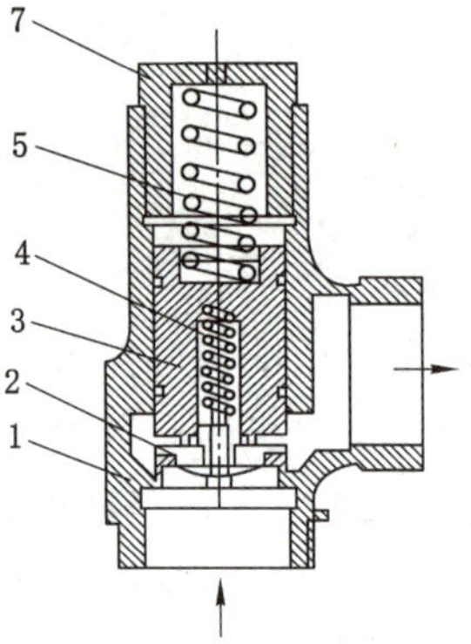

1—阀体；2—止回阀芯；3—主阀芯；
4—止回阀弹簧；5—主阀弹簧；
6—调压螺母。

图 4-28　最小压力阀结构

经油气分离器分离后的压缩空气从最小压力阀下部进入，作用在阀芯上。当压力大于主阀弹簧调定值时，止回阀芯及主阀芯上移，打开排气口，压缩空气流出；当压力小于主阀弹簧调定值时，止回阀芯及主阀芯下移，关闭排气口。

五、辅助装置

1. 空气过滤器

空气过滤器的主要功能是过滤空气中的尘埃和杂质，其结构如图 4-29 所示，由消声帽、出气管、过滤网、滤网架、旋流板、内筒、进气管、外筒等组成。

空气沿切线方向进入外筒，并在外筒内高速旋转，气流中的尘粒在离心力作用下被分离出来，撞击外筒壁而坠入油池。气流掠过油面时产生波动，夹带部分油液随气流旋转，在内筒壁上形成油膜。气流中的尘粒粘在油膜上，再次被分离，得到二次净化。油膜沿内筒壁向下流动，形成油幕，空气在穿过时受到油浴，使部分尘粒被分离。气流在内筒旋转上升，穿过旋流板后加速旋转，将气流中夹带的油滴一部分甩入油槽中通过回油管流入筒底，一部分沿

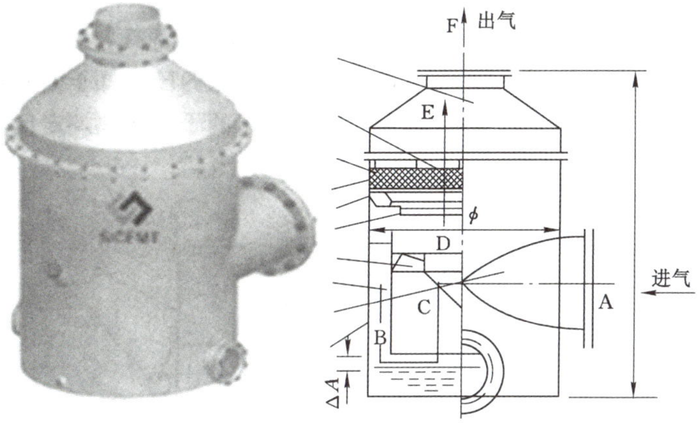

1—消声帽；2—出气管；3—压圈；4—过滤网；5—滤网架；6—挡圈；
7—旋流板；8—内筒；9—进气管；10—外筒。
图 4-29　组合式空气消声过滤器

内筒壁回流，冲洗筒壁上的油膜，将捕集的粉尘冲入筒底并产生新油膜，气流最后通过过滤网滤去较小尘粒和油滴，从而达到净化的目的。气流如图中 A→B→C→D→E→F 路线流动。

2. 油气分离器

油气分离器用于喷油螺杆式空压机中，其作用是把压缩空气中所含雾状的油分离出来，将压缩空气的含油量控制在 3～5 ppm 以下。其结构如图 4-30 所示，由壳体、初级滤芯、次级滤芯、最小压力阀等组成。从螺杆式空压机排出的压缩空气由进气管进入油气分离器，先用旋风分离的方法粗分离出大部分油，剩余的油经初级滤芯、次级滤芯做进一步精分离而沉降在滤芯底部，滤芯底部的油利用压差经回油管引入压缩机进行润滑。在油气分离器上装有油位视镜、最小压力阀和安全阀。油气分离器也兼作油箱和储气罐。

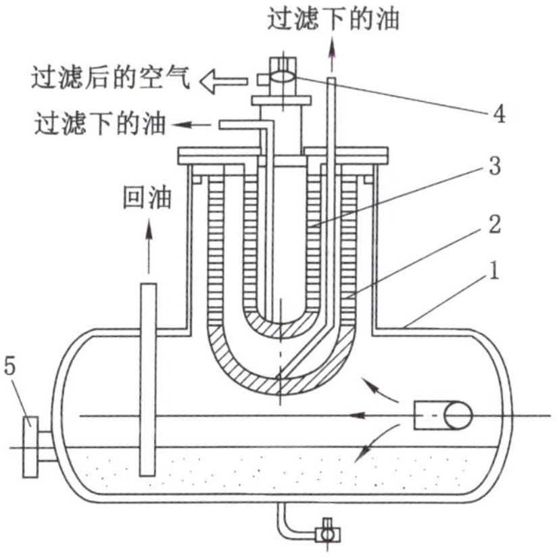

1—壳体；2—初级滤芯；3—次级滤芯；4—最小压力阀；5—油位视镜。
图 4-30　油气分离器结构

3. 油过滤器

油过滤器的作用是对进入螺杆式空压机的润滑油进行过滤。其结构如图 4-31 所示，由上盖、滤芯、壳体、排水阀等组成。从油冷却器（或温控阀）来的润滑油进入油过滤器，经滤芯过滤后流出。滤下的水和杂质落入壳体下部的金属杯内，定期清洗时由排水阀排出。

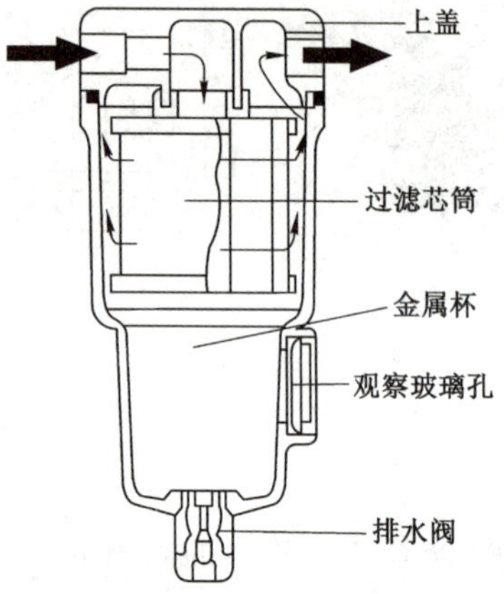

图 4-31 油过滤器结构

任务实施

一、螺杆式空压机的日常维护保养

1. 准备工作

为确保机组正常运行和延长使用寿命，良好的维护保养是关键。因此，必须认真地执行维护保养规程。在着手进行维护之前，应做好以下准备工作：

① 切断主机电源并在电源开关处挂上标志。

② 关闭通向供气系统的截止阀，以防压缩空气倒流回被检修的部分，不要依靠单向阀来隔离供气系统。

③ 打开手动放空阀，排空系统内的压力，保持放空阀处于开启状态。

④ 对于水冷机器，必须关闭供水系统，释放水管压力。

⑤ 确保压缩机组已冷却，防止烫伤、灼伤。

⑥ 擦净地面油痕、水迹，以防滑倒。

2. 日常维护的主要内容

(1) 每天保养内容

① 检查滤芯和冷却剂液位。

② 检查软管和所有管接头是否有泄漏情况。

③ 检查易耗件情况，已经到了更换周期的必须停机予以更换。

④ 检查主机排气温度，达到或接近 98 ℃，必须清洗油冷却器。

⑤ 检查分离器压差，达到 0.06 MPa 以上（极限 0.1 MPa）时应停机更换分离滤芯。

⑥ 检查冷凝水排放情况，若发现排水量太小或没有冷凝水排放，必须停机清洗水分离器。

⑦ 检查空压机是否有不正常响声。

（2）每月保养内容

① 检查冷却器，必要时予以清洗。

② 检查所有电线连接情况并予以紧固。

③ 检查交流接触器触头。

④ 清洁电机风扇吸风口表面和壳体表面的灰尘。

⑤ 清洗回油过滤器。

（3）每季度保养内容

① 清洁主电机和风扇电机。

② 更换油过滤芯。

③ 清洁冷却器。

④ 检查最小压力阀、安全阀。

⑤ 检查传感器。

（4）每年保养内容

① 更换润滑油及油气分离器滤芯。

② 更换空气过滤器滤芯、油过滤器滤芯。

③ 安全阀校准。

④ 检查弹性联轴器连接情况。

⑤ 检查冷却风扇。

⑥ 清洗自动排污阀。

⑦ 补充或更换电机润滑油脂。

⑧ 检查、更换润滑油。

润滑油对喷油螺杆式空压机的性能具有决定性的影响，若使用不当则会导致压缩机体的严重损坏。润滑油的更换必须及时，否则油品的品质下降、润滑性能不佳，容易造成高温跳闸现象，同时因为油品的燃点下降，也易形成油品自燃而使空压机烧毁。

换油时应在机组尚热、油气分离器卸压后进行。先放完油气分离器中的油，再将新油注入油气分离器内，待液位计的油位高于“70”处后，旋紧加油塞。注意不要注油太多，否则多余的油会被气带走。换油时应同时更换油过滤器。更换油过滤器时，在新油过滤器的橡胶密封圈上涂上一层油，旋紧即可。

通常矿物型润滑油在累计运行 2 500 h 后换油，但是在一年中如果运行时间不足 2 500 h，一年后也必须换油。排放润滑油应在压缩机停车之后立即进行，这样可使悬浮在油中的微小颗粒随着润滑油一起排到机外。

空压机常见故障及排除方法

二、螺杆式空压机的常见故障分析及处理

螺杆式空压机常见故障有压缩机不加载、超温停车等，其故障原因及排除方法详见表 4-4。

表 4-4　螺杆式空压机常见故障、故障原因及排除方法

故障现象	可能引起的原因分析	排除方法
无法启动（电气故障灯亮）	保险丝开路或烧毁	请电气人员检修更换
	保护继电器动作	请电气人员检修更换
	启动继电器故障	请电气人员检修更换
	启动按钮接触不良	请电气人员检修更换
	电压过低	请电气人员检修更换
	电机故障	请电气人员检修更换
	压缩机体故障	手动机体，若无法转动时，联络服务单位
	缺相保护继电器动作	检查电源线及各接点
运行电流高，压缩机自动停机（故障灯亮）	电网电压过低	请电气人员检修更换
	排气压力过高	查看实际压力值，如超过设定压力，检查设定值及压力传感器
	润滑油规格不正确	确认油品规格型号，更换专用润滑油
	皮带传动松	检查张力并调整
	油气分离器堵塞（系统内部压力过高）	更换油气分离器
	压缩机本体故障	用手转动机体，若无法转动或转动不顺畅时，请联络相应服务单位
运转电流低于正常值	空气消耗量太大（实际压力小于设定值运转）	检查排气消耗量，必要时增加压缩机
	空气过滤器堵塞	清洁或更换
	进气阀动作不良（蝶型阀卡住不动作）	拆卸清洗并加注润滑油脂或更换
	气量调节阀（比例阀）调整不当	重新调整
排气温度低于正常值（低于 75 ℃）	冷却水量太大	调整冷却水出口阀。如风冷式冷却器，可减少冷却器的散热面积
	环境温度过低	调整冷却水出口阀。如风冷式冷却器，可减少冷却器的散热面积
	无负荷太久	重新设定压力和停车时间
	温度传感器显示有偏差	更换温度传感器
	温控阀故障	更换温控阀或阀芯

表 4-4(续)

故障现象	可能引起的原因分析	排除方法
排气温度高,空压机自动停机,故障显示排气高温(运行实际超过设定值 110 ℃)	润滑油量不足	检查油面若低于“L”时请停车加油至“H”
	冷却水量不足	检查进、出水管温差
	冷却水温变高	检查进水温度
	环境温度高	增加排风,降低室温
	油冷却器堵塞	检查进、出水管温差,正常温差约为 20 ℃,如低于 20 ℃,可能油冷却器阻塞,拆下用药剂清洗
	润滑油规格不正确	检查油号,更换油品
	温控阀故障	检查油是否经过油冷却器冷却,若无则更换温控阀
	空气滤清器不清洁	以低压空气清洁空气滤清器
	油过滤器阻塞	更换油过滤器
	冷却风扇故障	更换冷却风扇
空气中含油分高,冷却液添加周期减短,卸载时空压机冒烟	油面太高	检查油面并排放至“H”与“L”之间
	回油管限流孔阻塞	拆卸清洁
	排气压力低	检查排气压力,必要时调整
	进气阀止回功能失效	检查进气阀,必要时更换
	油气分离器破损	更换新品
	压力维持阀弹簧疲劳	更新弹簧
	回油止回阀故障	更换新品
	润滑油规格不正确	检查油品规格,更换专用润滑油
无法全载运转	压力传感器故障	更换新品
	三相电磁阀故障	更换新品
	控制器故障	更换新品
	延时继电器故障	请电气人员检修更换
	进气阀动作不良	拆卸清洗后加注润滑油脂
	压力维持阀动作不良	拆卸后检查阀座及止回阀片是否磨损,如磨损则需更换
	比例阀故障	检查喷嘴及比例阀是否堵塞
	进气阀伺服汽缸堵塞	检查,拆卸清洗
	控制管路泄漏	检查泄漏位置并锁紧
无法空车,空车时表压力仍保持工作压力或继续上升,安全阀动作	压力传感器失效	检查,必要时更换
	进气阀动作不良	拆卸清洗后加注润滑油脂
	泄放电磁阀失效(线圈烧损)	检修,必要时更换
	气量调节膜片破损	检修更换
	泄放限流孔太小	适度加大孔径

表 4-4(续)

故障现象	可能引起的原因分析	排除方法
压缩机风量低于正常值	空气过滤器堵塞	清洁或更换
	进气阀动作不良	拆卸清洗后加注润滑油脂
	压力维持阀动作不良	拆卸后检查阀座及阀片是否磨损,如磨损则需更换,如弹簧疲劳也需更换
	油气分离器滤芯堵塞	检修,必要时更换
	泄放阀泄漏	检修,必要时更换
	进气比例阀设置有误	检查,必要时更换
空、重车频繁	管路泄漏	检查泄漏位置并锁紧
	压差设置太小	重新设定(一般压差为 0.1 MPa)
	空气消耗量不稳定	增加储气罐容量
停机时油雾从空气过滤器冒出	进气阀泄漏	检修,必要时更换
	重车停机	检查进气阀是否卡住,如卡住,拆卸清洁后加润滑油脂
	三相电磁阀动作不良	检查,必要时更换
	电气线路错误	请电气人员检修更换
	压力维持阀泄漏	检修,必要时更换
	泄放阀未泄放	检查泄放阀,必要时更换

1. 机组排气温度高

① 机组润滑油液位太低,造成排气温度过高。解决办法:加注适量润滑油到规定的刻度,通过润滑油的冷却作用降低通过气体的温度。

② 油冷却器脏,造成油冷却效果差。解决办法:采用专门清洗剂进行除垢处理,保证油冷却器的冷却效果。

③ 油过滤器芯堵塞。解决办法:更换油过滤器芯。

④ 温控阀故障,导致高温润滑油不经过冷却器直接进入油过滤器,进而进入压缩机导致排气温度高。解决办法:维修或更换温控阀。

⑤ 温度传感器故障,不能准确检测温度。解决办法:维修或更换传感器。

2. 机组油耗大或压缩空气含油量大

① 由于加注润滑油量太多,导致机组油耗大、压缩后的空气含油量大。解决办法:在润滑油加注过程中,严格按照规定要求,油位不高于总量的一半。

② 回油管堵塞,导致油不能回到螺杆主机。解决办法:畅通回油管。

③ 油气分离器芯破裂。解决办法:维修或更换油气分离器芯。

④ 润滑油变质或超期使用。解决办法:按照规定更换合适的润滑油。

3. 其他常见故障分析及排除方法

其他常见故障分析及排除方法见表 4-4。

任务考评

任务考评的内容及评分标准见表4-5。

表4-5　任务考评的内容及评分标准

序号	考评内容	考评项目	配分	评分标准	得分
1	螺杆式空压机的结构	四大机构的结构关系	40	错一项扣5分	
2	螺杆式空压机的日常维护	日常维护的内容	25	错一项扣5分	
3	螺杆式空压机的故障分析与处理	故障分析与处理	25	错一项扣2分	
4	遵章守纪，文明操作	遵章守纪，文明操作	10	错一项扣5分	
合计					

复习思考题

1. 螺杆式空压机的主机部分结构、原理如何？
2. 螺杆式空压机的调节部分结构、原理如何？
3. 螺杆式空压机的安全保护部分结构、原理如何？
4. 螺杆式空压机的辅助部分结构、原理如何？
5. 螺杆式空压机的日常维护有哪些内容？
6. 螺杆式空压机的故障分析处理方法如何？

任务四　压气设备选型设计

【知识要点】 压气设备选型计算的相关规定。

【技能目标】 掌握压气设备选型设计的步骤和方法。

任务描述

选择矿山压气设备的原则是必须保证能在整个矿井服务期限内，在用气量最多、输送距离最远的情况下，供给风动工具足够数量和压力的压缩空气。同时，在发生矿难时能保证压风自救系统的用气需要以及初期投资和运转费用之和最少。

任务分析

一、选型设计时必需的资料

① 风动工具的台数、型号、使用地点和距离。

② 井下最大作业班人数。

③ 巷道开拓系统图和地面工业广场布置图。

④ 井口及各开采水平标高，最远采区的距离。

⑤ 矿井年产量和服务年限。

二、选型设计的主要任务

① 选择空压机的形式和确定所需的台数。

② 选择电机、电控设备和附属装置。

③ 确定压气管道。

④ 提出主要技术经济指标。

⑤ 绘制空压机站的布置图和管道布置图。

由于我国的空压机是成套产品，因此空压机一经选定，则电机、电控设备和附属装置也就随机配套供应了。所以，本任务只介绍空压机的选择计算方法。

任务实施

一、确定空压机站必需的供气量

1. 正常生产所需压气量

正常生产所需压气量是由风动工具的耗气量决定的。常用风动工具的耗气量见表4-6。但风动工具日久磨损后，耗气量将会有所增加，同时风动工具一般都是间歇性工作，因此在确定风动工具的总耗气量时，必须考虑到各种风动工具的间歇工作使总耗气量减少以及沿途泄漏使总耗气量增加等因素。

表 4-6　煤矿常用风动工具型号规格表

名称及型号	工作压力(表压)/(10^5 N/m^2)	耗气量/(m^3/min)
03-11 型风镐	3.924	1
YT-18 型风钻	4.905	2.5
YT-25 型风钻	4.905	2.6
YT-26G 型风钻	4.905	4.5
7655 型风钻	4.905	3.2
东风-1 型风动装岩机	3.434～4.905	4.8～9.5
IR-50 型锻钎机	4.905～6.867	3～4
HP2-5 型锚喷机	2.943～3.924	6

正常生产所需压气量(m^3/min)可按下式计算：

$$Q_1 = a_1 a_2 a_3 \sum n_i q_i k_i \tag{4-1}$$

式中　a_1——沿管路全长的漏风系数，它与管路的连接方法、接头数量、衬垫种类、管道直径和管压力大小有关。在设计时，一般依管路的长度进行估算。a_1 的值可按表4-7 选取。

a_2——机械磨损使压气消耗量增加系数，$a_2=1.1\sim1.15$。

a_3——海拔高度修正系数：当海拔高度不大于 1 000 m 时应取 1；当海拔高度大于 1 000 m 时，每增高 100 m 系数应增加 1%。

n_i——同型号风动工具同时使用台数。

q_i——每台风动工具的耗气量,m^3/min。

k_i——风钻、风镐的同时使用系数,见表 4-8。

表 4-7 沿管路全长的漏气系数

管路全长/km	<1	1～2	>3
a_1	1.1	1.15	1.2

表 4-8 风钻、风镐的同时使用系数

同型号风动工具同时使用台数	≤10	11～30	31～60
k_i	1.00～0.85	0.84～0.75	0.74～0.65

近年来,由于井下巷道采用锚喷支护,混凝土喷射机使用增加。因喷射机自身耗气量较大,计算时应考虑与其他风动工具的同时使用率问题,并尽量避开生产用气高峰时间在检修班内使用。混凝土喷射机同时使用台数应符合表 4-9 的规定。

表 4-9 混凝土喷射机的同时使用台数

使用台数	同时使用台数
≤3	1～2
4～7	2～3
8～11	3～4

2. 启动压风自救系统时所需压气量

根据《煤矿井下安全避险“六大系统”建设完善基本规范》的规定,当井下发生灾害需要启动压风自救系统时,压风自救系统的供风量按每人每分钟不低于 0.3 m^3 计,则:

$$Q_2 = 0.3 a_1 z \tag{4-2}$$

式中 z——井下最大作业班人数;

其余符号意义同前。

当井下发生事故,需要启动压风自救系统时,停止生产用气。故空压机站的供气能力应能满足压风自救或正常生产用气中的大者即可。

二、估算空压机必需的出口压力

1. 正常生产时空压机必需的出口压力

空压机的出口压力,除了应保证工作地点的压力比风动工具的工作压力大 0.981×10^5 N/m^2 外,尚需考虑管路的最大压力损失 $\sum\Delta p_i$ 。因此,正常生产时空压机必需的出口压力应按下式计算:

$$p = p_g + \sum\Delta p_i + 0.981\times10^5 \tag{4-3}$$

式中 p_i——压气管路中,最远一条管路的压力损失之和,可按每千米管路损失$(0.3\sim0.6)\times10^5$ N/m^2 进行估算;

p——空压机的出口压力，N/m^2；

p_g——风动工具的工作压力，N/m^2；

0.981×10^5——考虑到橡胶软管、旧管和上下山的影响而增加的压力值，N/m^2。

2. 启动压风自救系统时空压机必需的出口压力

根据《煤矿井下安全避险“六大系统”建设完善基本规范》的规定，压风自救系统的出口压力应在$(1\sim3)\times0.981\times10^5$ N/m^2 之间。因此，启动压风自救系统时空压机必需的出口压力应按下式计算：

$$p=(1\sim3)\times0.981\times10^5+\sum\Delta p_i \tag{4-4}$$

式中 Δp_i——启动压风自救系统时管路中的最大压力损失。启动压风自救系统时，停止生产用气，此时压风管路中的输气量为压风自救用气。

空压机必需的出口压力应按式(4-3)和式(4-4)中大的计。

三、确定空压机的形式和台数

空压机站一般设于地面，站内空压机的台数一般不超过 5 台。为便于维修和管理，应尽量选用同一型号、同一厂家的产品。备用空压机一般为一台，备用风量为总风量的 20%～50%。如果选用不同型号的空压机时，其备用量应按最大一台检修外，其余各台的总供气量按仍能满足所需耗气量的原则来确定。

根据计算的空压机站必需的排气量 Q 和出口压力 p，从空压机技术规格表中选择空压机。在决定选用何种型号及相应台数时，应进行技术经济比较。

四、压气管路直径的计算

1. 按正常生产用气确定管径

根据管路布置和各用气点的耗气量，确定出通过每一段管路的流量 Q_i 后，再按下式计算各段管路的直径 d_i'：

$$d_i'=20\sqrt{Q_i} \tag{4-5}$$

式中 d_i'——某段管子的计算直径，mm；

Q_i——通过该段管子的压气量，m^3/min。

压气管路一般选用钢管，所以在求得 d_i 后，可由查表选取标准管径 d_i。

2. 按启动压风自救系统确定管径

根据《煤矿井下安全避险“六大系统”建设完善基本规范》的规定，压风自救系统的管路规格应按矿井需风量、供风距离、阻力损失等参数计算确定，但主管路直径不小于 100 mm，采掘工作面管路直径不小于 50 mm。

最终确定的管路应能同时满足正常生产供气和启动压风自救系统的供气所需。

五、最后确定空压机的出口压力

按式(4-5)计算并初步确定了管径后，还要分别按正常生产用气和启动压风自救系统用气计算压气管网中各趟管路的压力损失 $\sum\Delta p_i$，从中找出 $\sum\Delta p_{max}$，并将 $\sum\Delta p_{max}$ 代入式(4-3) 或式(4-4) 中，以最后确定空压机的出口压力 p。

通常，输送距离最远、用气又最多的一路，其压力损失也最大。

各段管路的压力损失(N/m^2)可按下式计算：

$$\Delta p_i=10^{-6}\times\frac{L_i'}{d_i^5}\times Q_i^{1.85} \tag{4-6}$$

式中　L_i'——某段管路的计算长度(包括局部损失的当量长度15%在内)，$L_i=1.15L_i$，L_i为某段管路的实际长度，m；

d_i——某段管路的标准管径，m；

Q_i——通过某段管路的压气量，m^3/min。

若确定最后的 p 大于空压机的工作压力，则应适当增加管径，减少管路附件和泄漏，尽量使管路按最捷路线布置。

六、耗电量的计算

1. 空压机全年耗电量(kW·h/a)的计算

$$W=k_f\frac{zNtb}{\eta_c\eta_d\eta_w}+0.2(1-k_f)\frac{zNtb}{\eta_c\eta_d\eta_w}=(0.8k_f+0.2)\frac{zNtb}{\eta_c\eta_d\eta_w} \tag{4-7}$$

式中　K_f——空压机的负荷系数，它等于空压机的实际排气量与额定排气量之比，一般 k_f 取0.75～0.85；

0.2——空压机的空载功率系数；

z——同型号空压机的工作台数；

t——空压机站一昼夜工作小时数，根据实际工作情况可按16～21 h考虑；

b——一年内，空压机站工作天数，按300天计；

η_c——传动效率，三角皮带传动时 $\eta_c=0.95$，直接传动时 $\eta_c=1$；

η_d——电机效率，可查电机手册或取 $\eta_d=0.85\sim0.9$；

η_w——电网效率，$\eta_w=0.95\sim0.98$；

N——空压机的轴功率(kW)，可按下式计算：

$$N=11.666\frac{Qp_1}{\lambda\eta_m}\times\left[\frac{k}{k-1}(\varepsilon^{\frac{k-1}{k}}-1)\right] \tag{4-8}$$

式中　Q——空压机的排气量，m^3/min；

p_1——空压机的吸气压力，Pa；

ε——螺杆式空压机的压缩比，$\varepsilon=p_2/p_1$；

η_m——螺杆式空压机的机械效率，$\eta_m=0.95\sim0.98$；

λ——螺杆式空压机的排气系数，对于喷油式常取0.75～0.9，对于风冷式常取0.8～0.95；

k——绝热指数，对于空气 k 取1.4；

其他符号意义同前。

2. 吨煤压气耗电量的计算

$$W_{dm}=\frac{W}{A} \tag{4-9}$$

式中　A——矿井年产量，t。

七、空压机经济性的验算

空压机的经济性用比功率评价。所谓比功率[kW/(m³/min)]，是指在一定排气压力下，空压机单位排气量所消耗的功率，即：

$$N_b=\frac{N}{Q} \tag{4-10}$$

为使空压机经济运行，空压机的比功率应小于5.9 kW/(m³/min)。

【例 4-1】 某矿年产量为 90 万 t，井口标高为＋400 m。压气管路系统如图 4-32 所示，在采区Ⅰ、Ⅱ、Ⅲ和Ⅰ′、Ⅱ′、Ⅲ′处各配备 7655 型风钻 3 台，HP2-5 型锚喷机 1 台，井下最大作业班人数 96 人。试选择空压机并确定各段管子的直径。

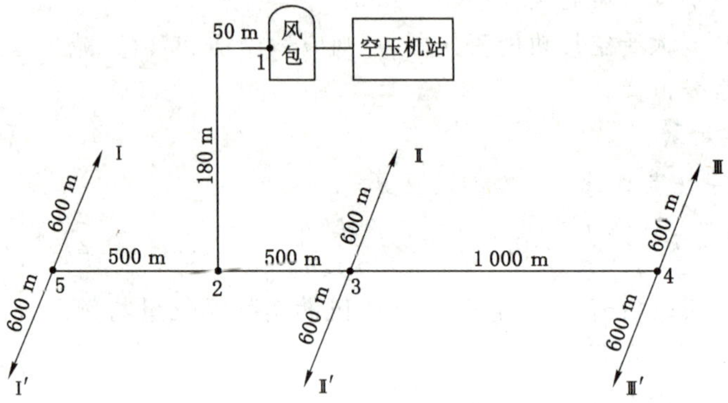

图 4-32　例 4-1 图

解　(1) 确定空压机站必需的排气量

① 正常生产所需压气量：

由于风钻与锚喷机不同时使用，故正常生产所需压气量按风钻和锚喷机用气量大者确定。风钻的耗气量见表 4-10。

表 4-10　风钻的耗气量

风动工具	工作压力 p_g /(10^5 N/m^2)	耗气量 q_i /(m^3/min)	总台数 n_i	同时使用系数 k_i	$n_i q_i k_i$
7655 型风钻	4.905	3.2	18	0.8	46.08

因管路全长超过 2 km，所以取 $a_1=1.2$，并取 $a_2=1.15$。因海拔高度小于 1 000 m(海拔高度 400 m)，则 $a_3=1$，则风钻的耗气量为：

$$Q_1 = a_1 a_2 a_3 \sum n_i q_i k_i = 1.2 \times 1.15 \times 1 \times 46.08 = 63.59\ (\mathrm{m^3/min})$$

锚喷机总计 6 台，查表 4-9，按 3 台考虑(因 6 台计 3 台，故同时使用系数 k_i 不再另行考虑，也就是取 $k_i=1$)，则锚喷机的耗气量为：

$$Q_1 = a_1 a_2 a_3 \sum n_i q_i k_i = 1.2 \times 1.15 \times 3 \times 6 = 24.84\ (\mathrm{m^3/min})$$

因风钻的耗气量大于锚喷机的耗气量，故正常生产所需压气量取 63.59 m^3/min。

② 启动压风自救系统的耗气量：

$$Q_2 = 0.3 a_1 z = 0.3 \times 1.2 \times 96 = 34.56\ (\mathrm{m^3/min})$$

由于正常生产用气量大于压风自救系统的用气量，故空压机站必需的排气量确定为 63.59 m^3/min。

(2) 估算空压机必需的出口压力

① 正常生产用气时空压机必需的出口压力：

从图 4-32 中可以看出，1234Ⅲ和 1234Ⅲ′的管路最长，均为 2 330 m，又因每一采区的耗气量相同，则最大压力损失必然发生在上述两趟管路中。若取每千米压降为 0.45×10^5 N/m^2，则压力损失为：

$$p = p_g + 0.981\times10^5 + \sum\Delta p_i = (4.09 + 0.981 + 1.05)\times10^5 = 6.94\times10^5\ (N/m^2)$$

正常生产用气时空压机必需的出口压力为：

$$p = p_g + 0.981\times10^5 + \sum\Delta p_i = (4.09 + 0.981 + 1.05)\times10^5 = 6.94\times10^5\ (N/m^2)$$

② 启动压风自救系统时空压机必需的出口压力：

$$p = 3\times0.981\times10^5 + \sum\Delta p_i = 3\times0.981\times10^5 + 1.05\times10^5 = 3.99\times10^5\ (N/m^2)$$

由于正常生产用气时所需的压力大于压风自救系统所需的压力，故空压机站必需的出口压力确定为 6.94×10^5 N/m^2。

(3) 确定空压机的台数和形式

根据计算所得的 Q、p 值，从表 4-1 中选取 SA-185W 型螺杆式空压机 3 台，其中 2 台工作，1 台备用。该机的冷却方式为风冷，额定排气量为 32 m^3/min，排气压力为 7.5×10^5 N/m^2，电机功率 185 kW，电压 380 V，转速 1 480 r/min。

(4) 压气管路的直径计算及选择

① 1—2 段压气管路的直径：

空压机站所供给的全部压气均通过该段管路流向各采区，即 $Q_{1-2}=63.59$ m^3/min。由式(4-5)可求得该段管路的直径 d'_{1-2}：

$$d'_{1-2} = 20\sqrt{Q_{1-2}} = 20\times\sqrt{63.59} = 159.49\ (mm)$$

查表 2-12，确定选用 $\phi169\times5$ 的无缝钢管，管子实际内径 $d_{1-2}=159$ mm。

② 其余各段管子的计算直径、选用的管子规格及通过的压气量均见表 4-11，计算过程从略。

表 4-11　各段管子的计算直径、选用的管子规格及通过的压气量

管段代号	管段实际长度/m	通过压气量/(m^3/min)	按生产用气量计算管径/mm	考虑压风自救系统用气确定的管径/mm	选用管子规格/mm	压力损失/(10^5 N/m^2)
1—2	230	63.59	159.49	159	$\phi169\times5$	0.056
2—3	500	43.45	131.83	132	$\phi146\times4.5$	0.128
3—4	1 000	23.85	97.67	100	$\phi108\times4$	0.406
4—Ⅲ	600	12.58	70.93	71	$\phi83\times4$	0.315
4—Ⅲ′	600	12.58	70.93	71	$\phi83\times4$	0.315
3—Ⅱ	600	12.58	70.93	71	$\phi83\times4$	0.315
3—Ⅱ′	600	12.58	70.93	71	$\phi83\times4$	0.315

表 4-11(续)

管段代号	管段实际长度/m	通过压气量/(m^3/min)	按生产用气量计算管径/mm	考虑压风自救系统用气确定的管径/mm	选用管子规格/mm	压力损失/(10^5 N/m^2)
2—5	500	23.85	97.67	100	$\phi108\times4$	0.204
5—Ⅰ	600	12.58	70.93	71	$\phi83\times4$	0.315
5—Ⅰ′	600	12.58	70.93	71	$\phi83\times4$	0.315

(5) 最后确定空压机的出口压力

① 计算压力损失：

由式(4-6)可知，1—2 段管子的压力损失为：

$$\Delta p_i = 10^{-6}\times\frac{L'_{1-2}}{d_{1-2}^5}Q_{1-2}^{1.85} = 10^{-6}\times\frac{1.15\times230}{0.159^5}\times63.59^{1.85} = 0.056\times10^5\ (\mathrm{N/m^2})$$

其余各段管子的压力损失见表 4-11。

② 最后确定空压机的出口压力：

a. 按正常生产用气确定空压机的出口压力。

由表 4-11 可知，正常生产用气时，压气管路 1234Ⅲ和 1234Ⅲ′的压力损失最大，其最大的压力损失为：

$$\begin{aligned}\sum\Delta p_{\max} &= \Delta p_{1-2}+\Delta p_{2-3}+\Delta p_{3-4}+\Delta p_{4-\text{Ⅲ}}\\ &= (0.056+0.128+0.406+0.315)\times10^5\\ &= 0.905\times10^5\ (\mathrm{N/m^2})\end{aligned}$$

则空压机的出口压力为：

$$\begin{aligned}p &= p_0+\sum\Delta p_{\max}+0.981\times10^5\\ &= (4.905+0.905+0.981)\times10^5\\ &= 6.791\times10^5\ (\mathrm{N/m^2})\end{aligned}$$

b. 按压风自救用气确定空压机的出口压力。

启动压风自救系统时，管路的最大压力损失为：

$$\begin{aligned}\sum\Delta p_{\max} &= \Delta p_{1-2}+\Delta p_{2-3}+\Delta p_{3-4}+\Delta p_{4-\text{Ⅲ}}\\ &= 10^{-6}\left(\frac{L'_{1-2}}{d_{1-2}^5}+\frac{L'_{2-3}}{d_{2-3}^5}+\frac{L'_{3-4}}{d_{3-4}^5}+\frac{L'_{4-\text{Ⅲ}}}{d_{4-\text{Ⅲ}}^5}\right)Q^{1.85}\\ &= 10^{-6}\times1.15\times\left(\frac{230}{0.159^5}+\frac{500}{0.137^5}+\frac{1\,000}{0.1^5}+\frac{600}{0.075^5}\right)\times34.56^{1.85}\\ &= 2.951\times10^5\ (\mathrm{N/m^2})\end{aligned}$$

则空压机的出口压力为：

$$\begin{aligned}p &= 3\times0.981\times10^5+\sum\Delta p_i\\ &= 3\times0.981\times10^5+2.951\times10^5\\ &= 5.894\times10^5\ (\mathrm{N/m^2})\end{aligned}$$

c. 最后确定空压机的出口压力。

因正常生产用气时的空压机出口压力大于启动压风自救系统时的空压机出口压力，故按正常生产用气时所需的压力来最后确定空压机的出口压力，即空压机的出口压力最后确定为 $6.791\times10^5\ N/m^2$。

所选用的 SA-185W 型螺杆式空压机的排气压力为 $7.5\times10^5\ N/m^2$，大于需要的 $6.791\times10^5\ N/m^2$，满足要求。

(6) 耗电量的计算

① 空压机轴功率的计算：

$$N=1.666\frac{QP_1}{\lambda\eta_m}\times\left[\frac{k}{k-1}(\varepsilon^{\frac{k-1}{k}}-1)\right]$$

$$=1.666\times\frac{32\times0.981}{0.9\times0.96}\times\frac{1.4}{1.4-1}\left[\left(\frac{0.791}{0.981}\right)^{\frac{1.4-1}{1.4}}-1\right]$$

$$=156.37\ (kW)$$

② 年压气电耗的计算：

$$W=(0.8k_f+0.2)\frac{zNtb}{\eta_c\eta_d\eta_w}$$

因为 $k_f=(63.52/2)/32=0.993$，$z=2$ 台，$t=21$ h，$b=300$ d，$\eta_c=1$，$\eta_d=0.9$，$\eta_w=0.95$，所以：

$$W=(0.8\times0.993+0.2)\times\frac{2\times156.37\times21\times300}{1\times0.9\times0.95}=2\ 291\ 495\ (kW\cdot h/a)$$

③ 吨煤压气耗电量的计算：

$$W_{dm}=\frac{W}{A}=\frac{2\ 291\ 495}{900\ 000}=2.546\ (kW\cdot h/t)$$

(7) 空压机经济性验算

$$N_b=\frac{N}{Q}=\frac{156.37}{63.52/2}=4.92\ [kW/(m^3/min)]$$

该空压机的比功率为 $4.92\ kW/(m^3/min)$，小于 $5.9\ kW/(m^3/min)$，满足要求。

任务考评

任务考评的内容及评分标准见表 4-12。

表 4-12　任务考评的内容及评分标准

序号	考核内容	考核项目	配分	评分标准	得分
1	空压机选型设计的步骤和方法	空压机选型设计的步骤和方法	70	错一大项扣 10 分； 错一小项扣 2 分	
2	设计时的相关规定	设计时的相关规定	30	错一大项扣 10 分； 错一小项扣 2 分	
合计					

复习思考题

1. 选择矿山压气设备的原则是什么？
2. 空压机站必需的排气量与哪些因素有关？
3. 确定空压机形式和台数的原则是什么？

项目五　瓦斯抽采设备的操作与维护

任务一　水环式真空泵的操作

【知识要点】 水环式真空泵的作用及组成；水环式真空泵的工作原理。

【技能目标】 熟悉水环式真空泵的操作。

任务描述

水环式真空泵是用来产生真空，抽吸或压送空气和其他无腐蚀性、不溶于水、不含有固体颗粒的各种气体的设备。由于该类泵在工作过程中需把液体（通常为水或油）抛向泵壳，形成与泵壳同心的液环，液环同转子叶片间形成容积周期变化的数个密封小容积，故称为水环式真空泵。该类泵允许吸入或压送的气体中含有少量液体，且在工作过程中对气体的压缩是在等温状态下进行的，因此在抽吸或压送易燃、易爆的气体时，不易发生危险，所以广泛应用于机械、石油、化工、制药、食品、陶瓷、制糖、印染、冶金、环保及电子等行业，在煤矿中主要用于瓦斯的抽采，也称为瓦斯泵。本任务就是要学习掌握水环式真空泵的组成、工作原理以及操作方法。

任务分析

一、水环式真空泵的组成及工作原理

图 5-1 所示为水环式真空泵的工作原理。水环式真空泵由叶轮、泵体、配气圆盘（图中未画出）、水在泵体内壁形成的水环、吸气口、排气口、辅助排气阀等组成。叶轮被偏心地安装在泵体中，启动时向泵内注入一定高度的水作为工作液，当叶轮按顺时针方向旋转时，由于离心力的作用，装入水环式真空泵泵体的水被叶轮抛向四周，形成了一个与泵腔形状相似的等厚度的封闭水环。水环的上部内圆表面恰好与叶轮轮毂相切，水环的下部内圆表面刚好与叶片顶端接触（实际上，叶片在水环内有一定的插入深度）。这样，叶轮轮毂与水环之间形成了一个月牙形空间，而这一空间又被叶轮分成与叶片数目相等的若干个小腔。

当叶轮旋转时，叶轮竖直中心线右侧小腔的容积逐渐由小变大，压强不断地降低，且与吸、排气盘上的吸气口相通，当小腔空间内的压强低于被抽气体的压强时，根据气体压强平衡的原理，被抽的气体不断地被抽进小腔，此时处于吸气过程，当吸气完成时与吸气口隔绝。叶轮竖直中心线左侧小腔的容积逐渐由大变小，小腔压力不断地增大，此时处于压缩过程，当压缩的气体提前达到排气压力时，可从辅助排气球阀处提前部分排气。随着小腔容积进一步地减小，压强进一步升高，当气体的压强大于排气压强时，被压缩的气体从排气口被排

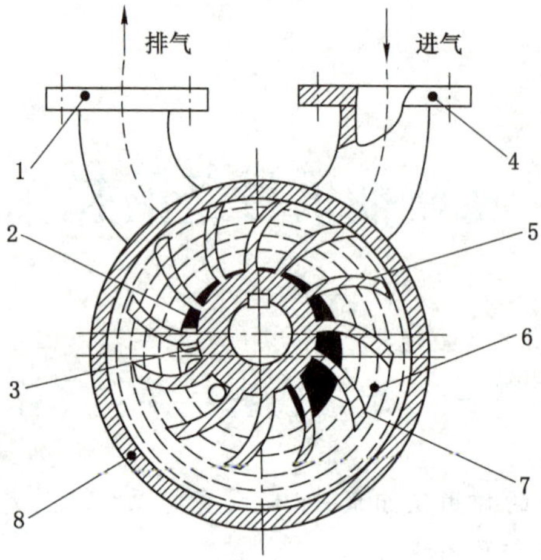

1—排气口；2—排气孔；3—球阀孔；4—进气口；5—叶轮；6—水环；7—吸气孔；8—泵体。

图 5-1 水环式真空泵的组成及工作原理示意图

出。在泵的连续运转过程中，每个小腔不断地进行着吸气、压缩、排气过程，从而达到连续抽气的目的。

在水环式真空泵中，辅助排气阀的作用是消除泵在运转过程中产生的过压缩与压缩不足的现象，这两种现象都会引起过多的功率消耗。因为水环式真空泵没有直接的排气阀，其压缩比决定于进气口的终止位置和排气口的起始位置，而这两个位置是固定的，因而其排气压力始终是固定的，不适应吸气压力变化的需要。为解决这个问题，一般是在排气口下方设置橡皮球阀，当泵腔内压力过早达到排气压力时，球阀自动打开，气体排出，消除了过压缩现象。一般在设计水环泵时都以最低吸入压力来确定压缩比，以此来确定排气口的起始位置，这样就解决了压缩不足的问题。

二、水环式真空泵的种类及型号

目前我国生产使用的水环式真空泵种类很多，有单级的、双级的，各厂家标注的型号意义也各不相同，因此在选用时应向厂家查询清楚。

根据中华人民共和国机械行业标准 JB/T 7673—2011 的规定，国产各种真空泵的型号由基本型号和辅助型号两部分组成，两者中间为一短横线。其表达形式为□□□-□□□。前三格中字母表示基本型号，后三格中字母表示辅助型号。

国产真空泵的型号通常以表 5-1 中的汉语拼音字母来表示。若在拼音字母前冠以“2”字，则表示泵在结构上为双级泵。

表 5-1 常用真空泵的汉语拼音代号及名称

代号	名称	代号	名称
W	往复真空泵	Z	油扩散喷射泵（油增压泵）
D	定片真空泵	S	升华泵
X	旋片真空泵	LF	复合式离子泵

表 5-1(续)

代号	名称	代号	名称
H	滑阀真空泵	GL	锆铝吸气剂泵
ZJ	罗茨真空泵(机械增压泵)	DZ	制冷机低温泵
YZ	余摆线真空泵	DG	灌注式低温泵
L	溅射离子泵	IF	分子筛吸附泵
XD	单级多旋片式真空泵	SZ	水环泵
F	分子泵	PS	水喷射泵
K	油扩散真空泵	P	水蒸气喷射泵

某些真空泵系列则以其抽气速率来分级，其单位是“L/S”，共分 18 个等级，分别为 0.2、0.5、1、2、4、8、15、30、70、150、300、600、1 200、2 500、5 000、10 000、20 000、40 000。真空泵系列有时也可用泵的入口尺寸来表示，其单位是“mm”。由于泵的种类较多，选用时应参阅不同生产厂家的产品说明书或样本。

下面介绍几种煤矿常用的水环真空泵的型号意义：

例如 SK-12 型中：SK 表示为水环真空泵；12 表示该泵的最大抽气量为 12 m^3/min。其技术参数见表 5-2。

表 5-2　SK、2SK 系列水环真空泵主要技术参数

型号	最大抽气量/(m^3/min)	极限真空度/MPa	功率/kW				转速/(r/min)	压力/MPa	口径/mm		耗水量/(L/min)
			真空泵		压缩机				进	出	
			SK	2SK	SK	2SK					
SK-1.5	1.5	−0.094	4	4	4	4	1 440	0～0.1	50	50	10～15
SK-3	3	−0.094	5.5	7.5	7.5	—	1 440	0～0.1	50	50	15～20
SK-6	6	−0.094	11	15	15	—	1 440	0～0.1	65	65	20～30
SK-9	9	−0.094	15	18.5	18.5	—	970	0～0.1	80	80	30～40
SK-12	12	−0.094	22	22	30	—	970	0～0.1	80	80	40～50
SK-15	15	−0.094	30	37	45	—	970	0～0.1	80	80	50～60
SK-20	20	−0.094	37	45	55	—	740	0～0.1	150	150	60～80
SK-30	30	−0.094	55	55	75	—	740	0～0.1	150	150	70～100
SK-42	42	−0.094	75	—	—	—	740	0～0.1	150	150	95～130

注：1. 表内数值是在以下条件下得出的：吸入介质为 20 ℃的饱和空气，工作液温度为 15 ℃和出口压力为 1 个标准大气压。

2. 真空度以绝对压强表示，表内性能指标允许偏差±10%。

3. 2SK 除真空度外(可达−0.098 MPa)，其余数据与 SK 基本相同。

该系列泵以 8 位的文字(字母)和数字组合表示其全称：

2BEA-□□ □-□

- □ 最低吸入压力代号
  - 0:可达 3.3×10^{-3} MPa
  - 1:可达 1.6×10^{-3} MPa
- □ 叶轮宽径比代号
  - 1:$B/D=0.5$
  - 2:$B/D=0.75$
  - 3:$B/D=1$
  - 5:$B/D=1.2$
- □□ 叶轮名义直径/cm
- 2BEA 水环真空泵系列名称

例如,2BEA-203-0 型代表叶轮名义直径 200 mm,宽径比 1,最低吸入绝对压力可达 3.3×10^{-3} MPa 的两级水环真空泵。

该系列泵的技术参数见表 5-3。

表 5-3　2BEA 系列水环真空泵主要技术参数

型号	极限压力/MPa	带一级大气喷射器时极限压力/MPa	最大气量/(m³/min)	转速/(r/min)	最大轴功率/kW	配用电机功率/kW	吸入和排出口径
2BEA-103-0	3.3×10^{-3}	1.8×10^{-3}	5	1 300	7	7.5	65
			6	1 450	8	11	
			6.5	1 625	10	11	
			7	1 750	11	15	
2BEA-153-0	3.3×10^{-3}	1.8×10^{-3}	7.5	1 300	11	15	100
			9	1 450	14	15	
			11	1 625	16	18.5	
			12	1 750	19	22	
2BEA-203-0	3.3×10^{-3}	1.8×10^{-3}	16	880	25	30	125
			19	980	30	37	
			21	1 100	36	45	
			22	1 170	40	45	
2BEA-253-0	3.3×10^{-3}	1.8×10^{-3}	30	590	37	45	150
			35	660	45	55	
			40	740	55	75	
			44	820	65	90	
2BEA-303-0	3.3×10^{-3}	1.8×10^{-3}	47	530	58	75	200
			52	590	67	75	
			60	660	80	90	
			64	740	90	110	

表 5-3(续)

型号	极限压力/MPa	带一级大气喷射器时极限压力/MPa	最大气量/(m^3/min)	转速/(r/min)	最大轴功率/kW	配用电机功率/kW	吸入和排出口径
2BEA-353-0	3.3×10^{-3}	1.8×10^{-3}	68	490	91	110	250
			75	530	105	132	
			85	590	126	160	
			95	660	154	185	
2BEA-400-0	3.3×10^{-3}	1.8×10^{-3}	80.8	330	102	132	300
			87.6	372	116	160	
			99.0	420	136.5	185	
			112.3	472	168	200	
			126	530	212	250	
2BEA-420-0	3.3×10^{-3}	1.8×10^{-3}	87.6	372	116	160	300
			99.0	420	136.5	185	
			112.3	472	168	200	
			126	530	212	250	
			140	595	238	280	

注：1. 基本参数是在温度为 20 ℃(空气)，进水温度为 15 ℃，排气压力为一个标准大气压，空气相对湿度为 50%，并在规定转速的条件下测量的值。

2. 每种泵允许有若干种配套转速、抽气量、轴功率与之相对应。

相关知识

一、瓦斯抽采

煤矿术语中的瓦斯是从英语“gas”译音转化而来，往往单指 CH_4(甲烷，也称沼气)。它是植物在成煤过程中生成的大量气体，又称煤层气。腐殖型的有机质被细菌分解，可生成瓦斯；其后随着沉积物埋藏深度增加，在漫长的地质年代中，由于煤层经受高温、高压的作用，进入煤的炭化变质阶段，煤中挥发分解减少，固定碳增加，又生成大量瓦斯，保存在煤层或岩层的孔隙和裂隙内。地下开采时，瓦斯由煤层或岩层内涌出，污染矿内空气。每吨煤(岩)含有的瓦斯量称为煤(岩)的瓦斯含量，主要决定于煤的变质程度、煤层赋存条件、围岩性质、地质构造和水文地质等因素。一般情况下，同一煤层的瓦斯含量随深度而递增。

瓦斯抽采设备概述

瓦斯从煤(岩)层涌出的形式有：

① 缓慢、均匀、持久地从煤(岩)暴露面和采落的煤炭中涌出，是矿内瓦斯的常见来源。

② 在压力状态下的瓦斯大量、迅速地从裂隙中喷出，即瓦斯喷出。

③ 短时间内煤(岩)与瓦斯一起突然由煤层或岩层内喷出，即煤(岩)和瓦斯突出。

单位时间涌出的瓦斯量称绝对涌出量(m^3/min)；平均生产 1 t 煤涌出的瓦斯量称相对涌出量(m^3/t)。

根据《煤矿安全规程》的规定，按照矿井相对瓦斯涌出量、矿井绝对瓦斯涌出量和瓦斯涌出形式，矿井瓦斯等级划分为三类：

① 低瓦斯矿井：矿井相对瓦斯涌出量不大于 10 m^3/t，矿井绝对瓦斯涌出量不大于 40 m^3/min，满足矿井任一掘进工作面绝对瓦斯涌出量不大于 3 m^3/min，且矿井任一采煤工作面绝对瓦斯涌出量不大于 5 m^3/min 的矿井。

② 高瓦斯矿井：矿井相对瓦斯涌出量大于 10 m^3/t，矿井绝对瓦斯涌出量大于 40 m^3/min，或矿井任一掘进工作面绝对瓦斯涌出量大于 3 m^3/min，或矿井任一采煤工作面绝对瓦斯涌出量大于 5 m^3/min 的矿井。

③ 瓦斯突出矿井。

瓦斯涌出量的大小决定于煤(岩)层瓦斯含量和开采技术因素。瓦斯涌出量在同一矿井内随开采深度的增加、开采规模的扩大和机械化程度的提高而增大。

在标准状况下，甲烷至丁烷以气体状态存在，戊烷以上为液体。当其在空气中的浓度超过 55%时，能使人很快窒息死亡，当其浓度在 6%～19%时，如遇明火，即可发生瓦斯爆炸，这是煤矿生产中的主要危害因素，直接威胁着矿工的生命安全。因此，我国对瓦斯的防治十分重视，除采取一些必要的安全措施外，还加强了对瓦斯的抽采，最有效而广泛使用的方法是用管道将瓦斯抽到地面。抽出的甲烷可作工业、民用燃料和化工原料。甲烷燃烧热为 $(3.50\sim4.00)\times10^4$ kJ/m^3，1 m^3 瓦斯约相当于 1.5 kg 烟煤。

二、瓦斯抽采系统

瓦斯抽采系统如图 5-2 所示。从井下抽出的瓦斯气体经抽采管道及流量计进入水环真空泵，然后排出，经气水分离器将气水分离后，送到储气罐储存，最后经防回火装置送至用户，如图 5-2 中黑色线路所示。

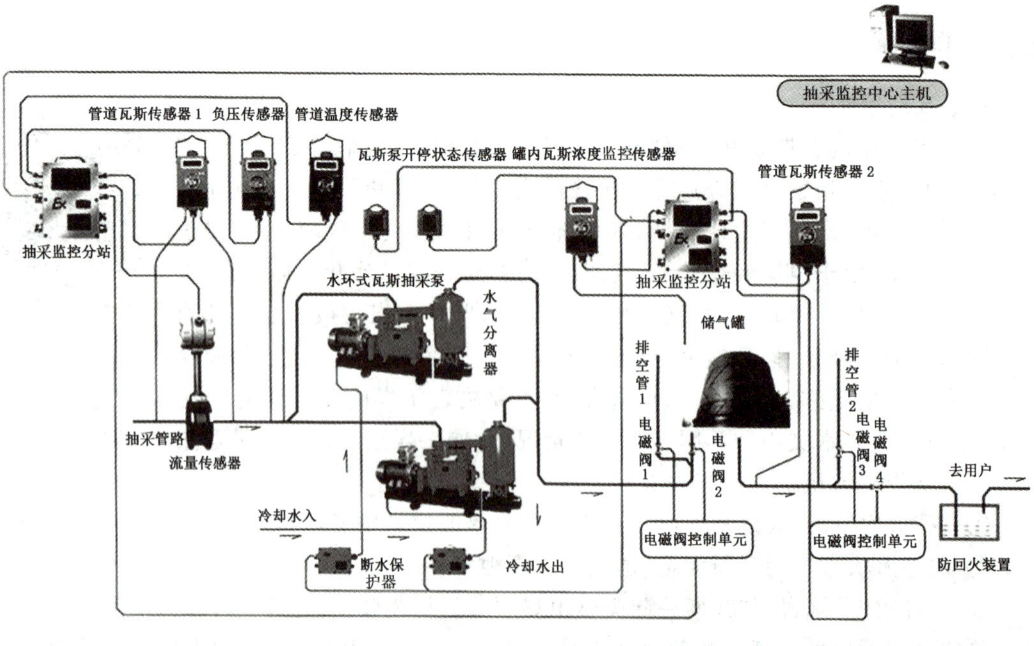

图 5-2 瓦斯抽采系统

在抽采管道上安装了流量传感器、瓦斯传感器、负压传感器、温度传感器，在供气管道上安装了瓦斯传感器、瓦斯浓度传感器，分别检测气体的各项参数，并将其变换为电信号送到抽采监控分站，抽采监控分站输出的信号一路去监控中心站主机，一路去控制 4 个电磁阀的通断。

任务实施

一、水环式真空泵的启动

水环真空泵的操作

1. 启动前的检查

① 检查机械、电气部分连接情况是否牢固，并用手转动泵联轴器盘车数周，以确认泵内无卡住或其他损坏现象后方可启动。启动前还应根据泵上的旋转箭头方向，确认电机的转向是否正确。

② 检查瓦斯含量，不得低于 30%。

③ 检查电压，不得低于额定电压的 5%。

2. 准备工作

① 向气水分离器注水。水位不得低于刻线以下 10 mm。

② 打开排气闸门，关闭进气闸门，打开减压闸门。

3. 启动操作顺序

① 启动电机（首次启动应注意电机的转向是否正确）。若泵为机械密封，应先给机械密封加水后再启动电机。

② 打开供水管路上的阀门，逐渐增加供水量，至达到要求为止。

③ 当泵达到极限真空压力时，关闭减压闸门，逐渐打开进气管路上的闸阀，泵开始正常工作。

④ 在运转过程中，注意调节填料压盖，不能有大量的水往外滴。

⑤ 泵在极限真空压力（<-0.092 MPa）下工作时，泵内可能由于汽蚀作用而发出爆炸声，可调节进气管路上的阀门增加进气量，爆炸声即可消失。若不能消失，且功率消耗增大，则表明泵已发生故障，应立即停车检修。

二、水环式真空泵的停止

停止的操作顺序为：

① 关闭进气管上的阀门（作压缩机使用时应先关闭排气管上的阀门，然后关闭进气阀）。

② 关闭供水管路上的闸阀，停水后，不应立即停泵，应使泵继续运转 1～2 min，排出部分工作液。若泵为机械密封，机械密封的冷却水不能关闭。

③ 关闭电机，再关闭机械密封冷却水。

④ 断开空气开关。

⑤ 如果停车时间超过一天，必须将泵及气水分离器内的水放掉，以防锈蚀。

工作中遇到下列情况时应立即停泵：

① 瓦斯含量低于 30%。

② 机器发现异常振动和声音。

③ 电机过负荷，电流超过额定值，电机轴承超温。

④ 盘根过热，不能消除或断水时。

任务考评

任务考评的内容及评分标准见表 5-4。

表 5-4　任务考评的内容及评分标准

序号	考评内容	考评项目	配分	评分标准	得分
1	水环式真空泵的作用	水环式真空泵的作用	10	错一项扣 5 分	
2	水环式真空泵的组成及原理	水环式真空泵的组成及原理	20	错一项扣 5 分	
3	瓦斯抽采系统	瓦斯抽采系统	20	错一项扣 5 分	
4	水环式真空泵的启动、停止	水环式真空泵的启动、停止	40	错一项扣 5 分	
5	遵守纪律，文明操作	遵守纪律，文明操作	10	错一项扣 5 分	
合计					

复习思考题

1. 水环式真空泵的作用是什么？
2. 水环式真空泵的组成及原理如何？
3. 瓦斯抽采系统的组成及工作过程如何？
4. 水环式真空泵的启动、停止如何操作？

任务二　水环式真空泵的维护与故障处理

【知识要点】 水环式真空泵的结构；水环式真空泵的日常维护。

【技能目标】 掌握水环式真空泵的故障处理方法。

任务描述

由任务一的学习我们知道了水环式真空泵的作用、组成、工作原理，并了解了煤矿瓦斯抽采系统的组成及工作过程，由此可知水环式真空泵是煤矿瓦斯抽采系统中的重要部件，其工作状态的正常与否将直接影响到井下瓦斯的抽采，也直接影响到井下安全生产，因此学习掌握水环式真空泵的结构，做好泵的日常维护工作，确保泵的稳定正常运转是非常重要的。

任务分析

目前，我国煤矿使用的水环式真空泵主要有 SK 系列、SZ 系列、2BE 系列。本任务将学习掌握这几种类型泵的结构、日常维护和故障处理等方面的内容。

水环真空泵的结构

一、地面瓦斯抽采泵轴常用水环式真空泵的结构

1. SK 系列泵的结构

SK 系列泵的结构如图 5-3、图 5-4 所示。

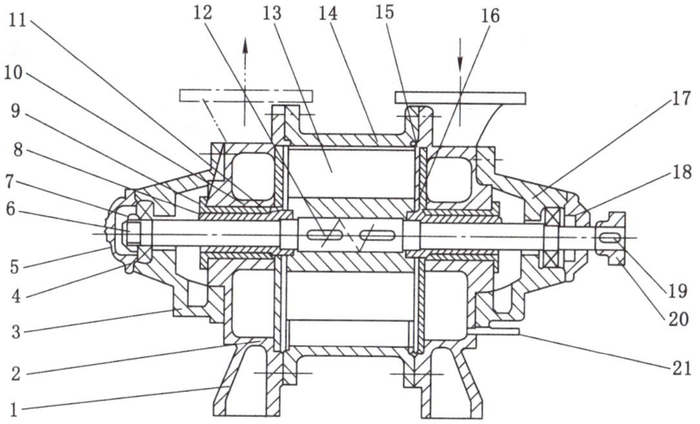

1—端盖;2,15—前、后圆盘;3,17—轴承架;4—轴承;5,18—轴承端盖;6—泵轴;
7—圆螺母;8,16—轴套;9—填料压盖;10—填料环;11—填料;12—平键;13—叶轮;14—泵体;
19—键;20—联轴器;21—进气管。

图 5-3　SK-1.5/3 型水环式真空泵结构图

泵由泵体、端盖、叶轮、轴等零件组成。进气管和排气管通过安装在端盖上的吸、排气圆盘上的吸气孔及排气孔与泵腔相连,叶轮用键固定于轴上,偏心地安装在泵体中。泵两端的总间隙由泵体和圆盘之间的垫圈来调整,叶轮与前、后圆盘之间的间隙由轴套(SK-1.5/3/6 型)或背帽(SK-12/20/30 型)推动叶轮来调整;而 SK-42 型以上轴与叶轮为过盈配合,此间隙由前端定位时确定。SK-42/60/85/120 型无轴套,其余结构与 SK-6/12/20/30型相同。叶轮两端面与前、后圆盘的间隙决定了气体在泵腔内由进气口至排气口流动中损失的大小及其极限压力。

填料安装在两端盖内,密封水经由端盖中的小孔进入填料中,起到冷却填料及加强密封

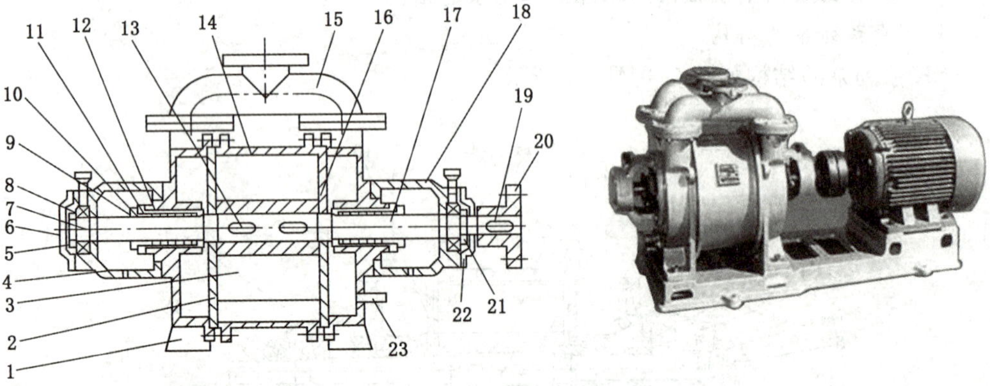

1—端盖；2—后吸、排气圆盘；3—叶轮；4—后轴承架；5，21—圆螺母；6—后轴承压盖；7—轴；8—轴承；9—后轴套；10—填料压盖；11—填料；12—填料压圈；13，19—平键；14—泵体；15—连通管；16—前吸、排气圆盘；17—前轴承；18—前轴承架；20—联轴器；22—前轴承压盖；23—进水管。

图 5-4　SK-6/12/30/42/60/85 型水环式真空泵结构图

效果的作用。叶轮形成水环所需的补充水由供水管供给，供水管可与自来水管连接，也可与气水分离器连在一起循环供水。

如果密封形式采用机械密封时，机械密封安装在填料空腔，无须填料，填料压盖换成机械密封压盖，其余结构相同。轴承由圆螺母固定在轴上。

在端盖上安装有圆盘，圆盘上设有吸、排气孔和橡皮阀，如图 5-5 所示。橡皮阀的作用是当叶轮叶片间的气体压力达到排气压力时，在排气口以前就将气体排出，减少了因气体压力过大而消耗的功率，从而降低了功率消耗。

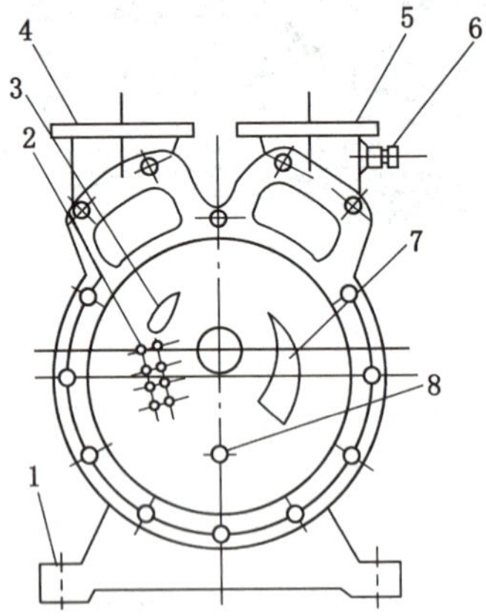

1—地脚螺栓；2—橡皮阀；3—排气孔；4—排气管；5—进气管；6—真空度调节阀门；7—吸气孔；8—进水孔。

图 5-5　配气圆盘结构

SK 系列水环式真空泵系统由真空泵、联轴器、电机、气水分离器及管路组成，如图 5-6 所示。真空泵与气水分离器的工作过程如下：气体由管路经阀门进入真空泵，然后经导气弯管排入气水分离器中，经气水分离器将气、水分离后，气体经排气管、阀门排出，输送到需要气体的系统去，而水则留在气水分离器中，为使气水分离器的水位保持一定而装有自动溢水开关，当水位高于所要求水位时，溢水开关打开，水从溢水管溢出；当水位低于要求水位时，溢水开关关闭，气水分离器中水位上升，达到所要求水位，真空泵内的工作水是由气水分离器供给（也可用自来水）的，供水量的大小直接影响真空泵的性能，因此可由供水管上的阀门来调整。

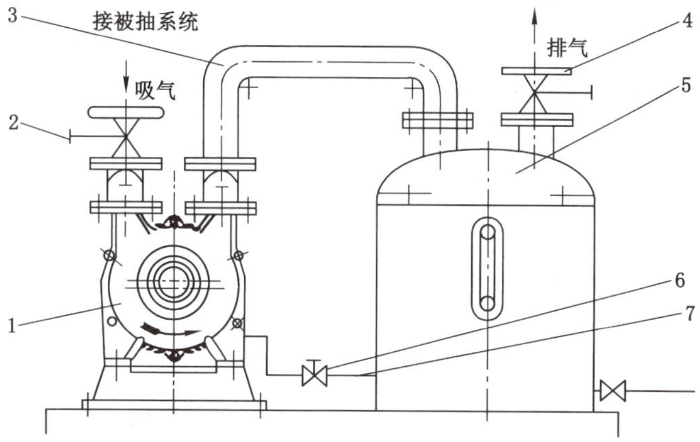

1—水环式真空泵；2—阀门；3—连通管；4—排气阀；
5—气水分离器；6—阀门；7—供水管。
图 5-6　SK 系列水环式真空泵系统示意图

2. SZ 系列泵的结构

SZ 系列泵有 SZ-1、SZ-2、SZ-3 及 SZ-4 四种规格，泵所形成的最大真空度分别在 86%～95%。SZ-1 及 SZ-2 所能形成的最大排气压力为 0.1～0.14 MPa，SZ-3 及 SZ-4 在所配电机功率容许下的最大压力为 0.15 MPa，若增加电机功率，最大排气压力可达 0.2 MPa。泵型号意义为：S——水环式，Z——真空泵，1——泵的序号。

该系列泵的结构如图 5-7、图 5-8 所示。

泵由泵体及两个泵盖组成，泵盖下部有泵脚支撑，上部有进气管和排气管，这两个管子通过侧盖上的吸气孔及排气孔与泵腔相连，泵盖上的进气管及排气管和圆盘上的吸气孔及排气孔相通，轴偏心地安装在泵体中，叶轮用键固定于轴上。叶轮与圆盘之间的间隙，用泵体和泵盖间的垫片来调整，用轴套推动叶轮，从而调整叶轮两端的间隙。此间隙决定气体在泵内由进气口至排气口流动中损失的大小。

3. SZB 系列泵的结构

SZB 系列泵的结构如图 5-9 所示，工作腔由泵盖和泵体构成，泵体上有进、排气口连接法兰，下有放水螺塞，泵盖上有指示旋转方向的箭头，泵体内装有填料函和填料压盖，内装填料密封，泵体侧面的螺丝孔是用来补充水环用水的。叶轮由铸铁制成，有 12 个叶片呈放射状均匀分布，叶轮上有平衡孔（其中两个攻有螺纹供拆卸用）平衡轴向力。叶轮用平键与轴连接，并可沿轴向滑动调节间隙。轴为优质钢制成，支承在托架内的两个滚珠轴承上，右端有弹性联轴器和电机直接连接。托架用铸铁制成，有止口保证与泵体准确连接。两轴承间有空腔，可储存润滑油，润滑油通过托架上的注油孔注入，用润滑油或润滑脂（黄油）润滑均可。

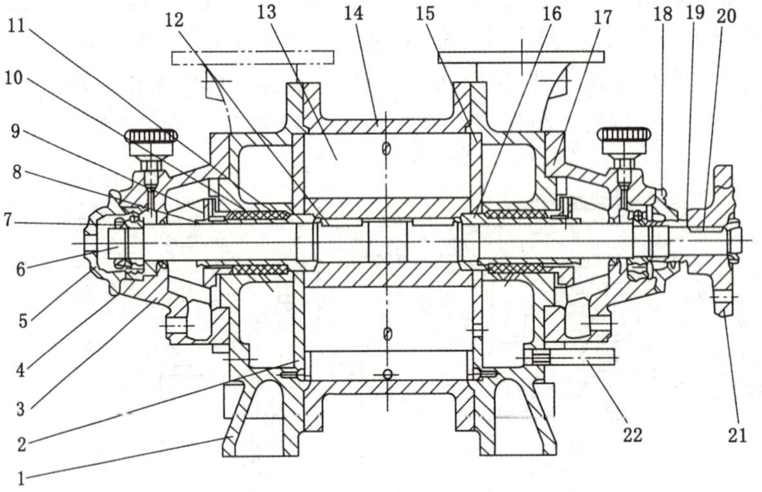

1—泵盖；2，15—前、后圆盘；3，17—轴承架；4—轴承；5，18—轴承端盖；
6—泵轴；7—圆螺母；8，16—轴套；9—填料压盖；10—水封环；11—填料；
12—平键；13—叶轮；14—泵体；19—定位圈；20—键；21—联轴器；22—进水管。

图 5-7　SZ-1/2 型水环泵结构图

从电机方向看，泵轴为逆时针方向旋转（右边法兰为排气口，左边法兰为进气口）。

4．2BE 系列泵的结构

该系列泵采用两侧吸、排气单级作用的对称结构形式，由泵体、叶轮、端盖、轴、前后轴承部件、阀板部件等组成，如图 5-10、图 5-11 所示。轴偏心地安装在泵体中，叶轮与轴为过盈配合，泵两端面的总间隙由泵体和分配器之间的垫来调整，在装配时由前端定位来首先确定单面间隙，叶轮与分配器端面间隙的大小对气体的泄漏（排气腔向吸气腔的泄漏）有较大的影响，因而装配必须予以保证，对于叶轮直径大于 500 mm 的泵，单面间隙应控制在 0.25～0.35 mm，两端总间隙为 0.5～0.7 mm。

填料装在两端盖内，密封液经由端盖中的孔进入填料室，以冷却填料及加强密封效果。当采用机械密封时，机械密封安装在填料室腔内，填料压盖换成机械密封压盖。

在前、后分配器上均设有吸、排气月牙形孔和椭圆形排气孔，并安装有阀板部件，阀板的作用是当叶轮叶片间的气体压力达到排气压力时，在月牙排气口以前就将气体排出，减少了因气体压力过大而加大功率的消耗。

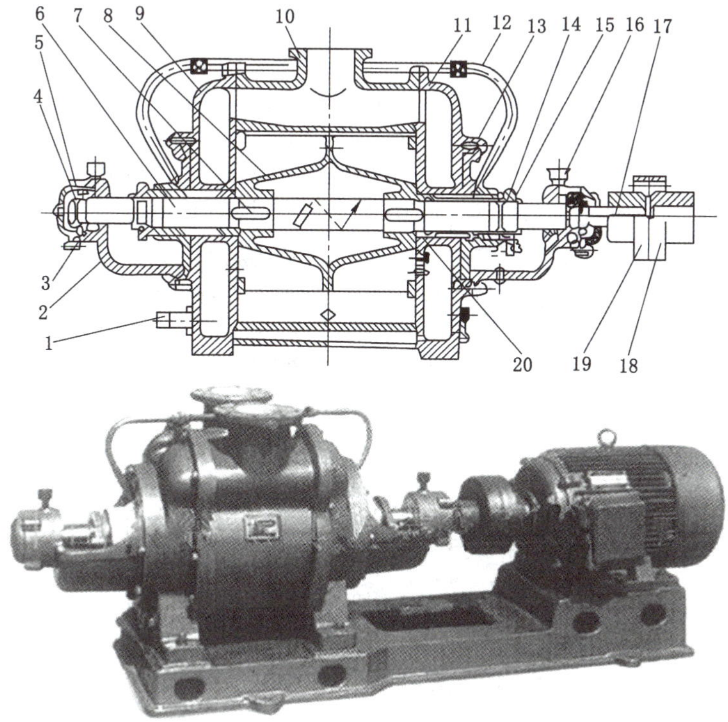

1—进水管；2—轴承架；3—滚珠轴承；4—圆螺母；5—轴承盖；6—泵轴；7—键；
8—叶轮；9—后盖；10—泵体；11—前盖；12—水封管；13—填料函架；14—填料函压盖；
15—轴承螺母；16—油环；17—平键；18—电机联轴器；19—泵轴联轴器；20—轴套。

图 5-8　SZ-3/4 型水环泵结构图

由于该类泵的轴与叶轮孔采用了热装过盈配合，因而具有相当高的可靠性。采用了焊接叶轮，轮毂与叶片全部加工，从根本上解决了动平衡问题，运转平衡、低噪声。

叶片采用钢板一次冲压成形。焊接叶轮整体进行热处理，叶片具有良好的韧性，其抗冲击、抗弯折能力得以根本保证，适应冲击载荷。

由于在泵的两端盖上设置了检查孔（拆下压板即可），因而可方便地查看内部结构或间隙，并可快速而方便地更换排气口阀板。此外，填料的更换也可在不拆泵盖的情况下进行，十分方便。

二、矿用移动式瓦斯抽采泵站的组成及工作原理

ZWY 型矿用移动式瓦斯抽采泵站（以下简称抽采泵站）是中小型矿井井下瓦斯抽采的主要设备，也是大型地面抽采系统的井下辅助抽采设备。可用于井下本煤层、邻近层、采空区及地面钻孔等各种场合的瓦斯抽采。具有结构合理、可移动、易安设、易操作、运行安全可靠等特点，具有环境瓦斯浓度监测及超限报警断电、缺水断电保护功能，可通过孔板流量计测定、计算瓦斯抽采量。

抽采泵站主要由水环真空泵、防爆电机、气水分离消音器、孔板流量计、甲烷传感器、煤矿用固定式甲烷断电仪、矿用电磁启动器及抽采泵站车架、外壳、连接插销等部分组成，如图 5-12 所示。

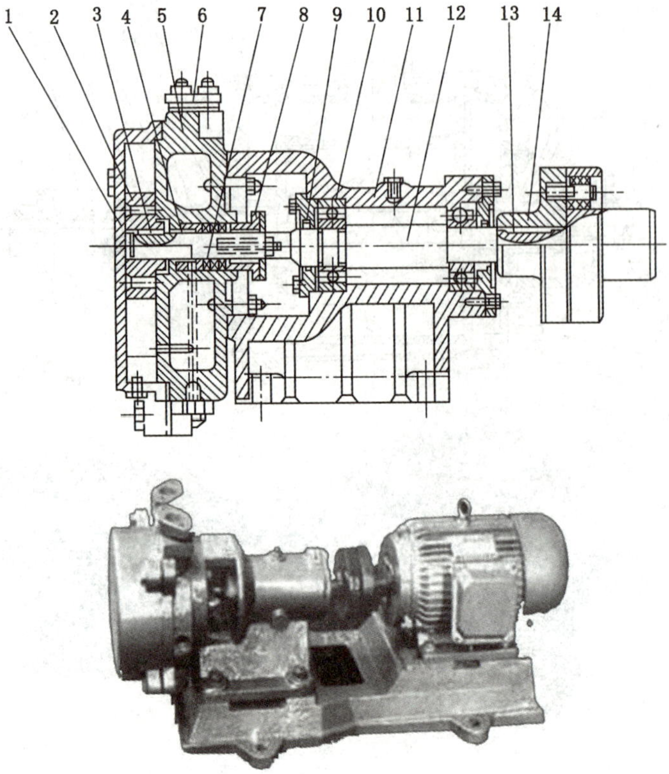

1—泵盖；2—叶轮；3—键；5—泵体；6—连接法兰；7—填料；8—填料压盖；
9—轴承压盖；10—轴承；11—托架；12—轴；13—键；14—联轴器。

图 5-9　SZB 系列水环泵结构图

任务实施

水环真空泵的维护与故障处理

一、地面瓦斯抽采泵站水环式真空泵的保养与维护

① 不得采用人为关小阀门的方法控制抽气率和真空度。

② 经常检查真空度波动和泵体振动情况。

③ 运行中检查填料函是否发热并及时处理。

④ 检查泵运转时有无杂音，发现异常情况应及时处理。

⑤ 检查冷却水是否堵塞，水温不得超过 40 ℃。

⑥ 真空泵安装处保持清洁、干燥、通风良好，注意保持泵体及附件的整洁。

⑦ 检查各部位螺栓与基础的地脚螺栓有无松动，发现松动及时处理。

⑧ 经常调整填料压盖，保证填料室内的滴漏情况正常（以成滴漏为宜）。应定期压紧填料，若填料不能满足密封要求，应及时更换。

⑨ 运行中经常检查滚动轴承温度。轴承温度不能超过环境温度 35 ℃，最高温度不得超过 80 ℃，滚动轴承应润滑良好。

⑩ 定期检查轴套的磨损情况，磨损较大后应及时更换。

⑪ 正常工作时轴承每年装油 3～4 次，每年至少清洗轴承一次，并全部更换润滑油。真

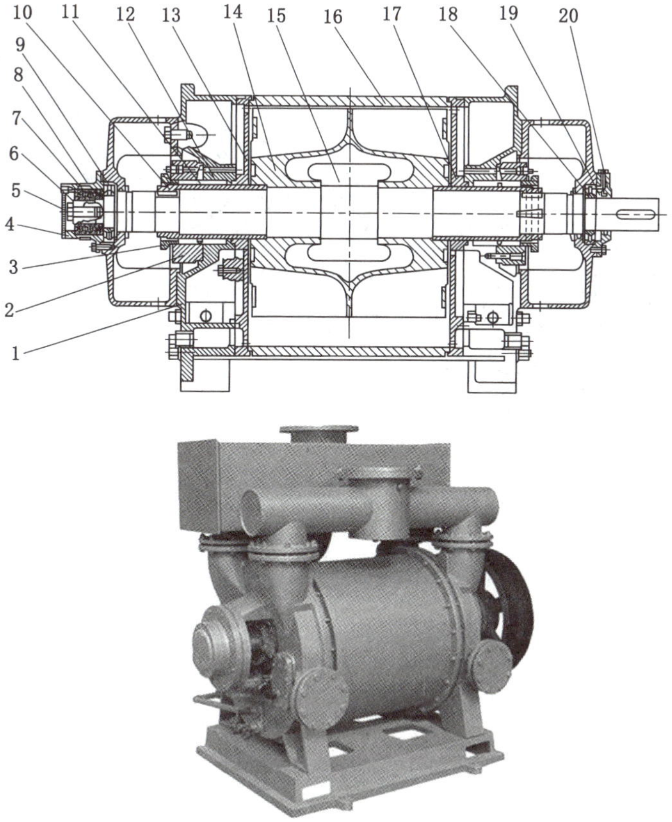

1—泵盖;2—填料函;3—填料压盖;4—轴承架;5—轴承盖;6,19—圆螺母;
7,18—轴承;8—油环;9,20—轴承压盖;10—轴套;11—填料隔圈;12—填料;
13—后分配板;14—叶轮;15—轴;16—泵体;17—前分配板。

图 5-10 2BE 系列水环泵结构图

空泵在工作第一个月内,每 100 h 更换润滑油一次,以后每 500 h 换油一次。

⑫ 真空泵在寒冬季节使用时,停车后需将泵体下部放水螺塞拧开,将介质放净,防止冻裂。若真空泵长期停用,需将泵全部拆开,擦干水,将转动部位及接合处涂以油脂装好,妥善保存。

二、地面瓦斯抽采泵站水环式真空泵的检修内容

1. 小修

小修的内容如下:

① 检查紧固各连接螺栓。

② 检查密封装置,压紧或更换填料。

③ 检查更换润滑油(脂)。

④ 检查更换轴承,调整间隙和调校联轴器同轴度或皮带轮。

⑤ 检查修理或更换易损件。

⑥ 检查补充或更换循环水。

图 5-11 2BE 系列水环泵结构分解图

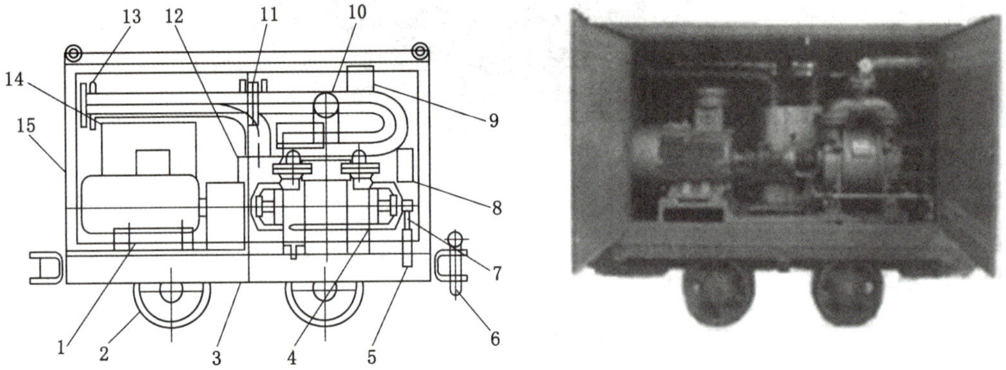

1—隔爆电机;2—轮对;3—车架;4—水环式真空泵;5—进水接管;6—连接插销;
7—真空泵缺水信号开关;8—甲烷断电仪;9—甲烷传感器;10—进气管;
11—孔板流量计;12—气水分离消音器;13—排气管;14—矿用电磁启动器;15—外壳。

图 5-12 ZWY 型矿用移动式瓦斯抽采泵站的组成

2. 大修

大修除包括小修内容外,还包括以下内容:

① 解体检查各零件磨损、腐蚀和冲蚀程度,必要时进行修理或更换。

② 检查泵轴,校验轴的直线度,必要时予以更换。

③ 检查叶轮、叶片的磨损及冲蚀程度,必要时测定叶轮平衡,检修或更换叶轮轴套。

④ 检查、调整叶轮两端与两侧压盖的间隙。

⑤ 测量并调整泵体水平度。

⑥ 按规定检查校验真空表。

⑦ 清洗循环水系统。

⑧ 检查泵体、端盖、隔板的磨损情况，调整、修理或更换。

⑨ 机器表面做除锈、防腐处理。

三、地面瓦斯抽采泵站水环式真空泵的故障分析处理

水环式真空泵的故障分析处理见表 5-5。

表 5-5　水环式真空泵的常见故障与解决方法

故障现象	故障原因	解决方法
抽气量不足	间隙过大	调整间隙
	填料处漏气	压紧或更换填料
	水环温度高	增加供水量，降低供水温度
	管道系统漏气	拧紧法兰螺栓，更换垫片
	进气管道流阻过大	减少弯头数量，更换粗管路
真空度降低	管道系统方面有漏点	清除漏点
	填料漏气	压紧或更换填料
	间隙过大	调整间隙
	水环发热	降低供水温度
	水量不足	增加供水量
	零件摩擦发热造成水环温度升高	调整或重新安装
振动并有响声	地脚螺栓松动	拧紧地脚螺栓
	泵内有异物研磨	停泵检查，取出异物
	汽蚀	打开汽蚀保护管道阀门
	叶轮脱落	更换叶轮
轴承发热	润滑油不足	检查润滑情况，加油
	填料压得过紧	适当松开填料压盖
	密封水供应不足	加量供给密封水
	轴承与轴承架配合过紧	调整轴承与轴承架的配合
	轴承损坏	更换轴承
启动困难	长期停机后泵内生锈	用手或工具转动叶轮数次
	填料过紧	放松填料压盖
	叶轮和泵体之间产生偏磨	调整或重新安装
机械密封漏水	机械密封损坏	更换机械密封
	机械密封弹簧松动	调整机械密封弹簧弹力
	O 形密封圈损坏	更换 O 形密封圈
闷车	叶轮轴向窜动	重新紧固叶轮
	有异物进入叶轮端面导致卡死	清理异物
电机不启动、无声音	电源断线	检查接线
	熔断器熔断	检查熔断器并更换

表 5-5(续)

故障现象	故障原因	解决方法
电机不启动、有嗡嗡声	一根接线断	检查接线
	电机转子堵转	必要时将泵排空并清洁
	叶轮故障	修正叶轮间隙或换叶轮
	电机轴承故障	换轴承
电机开动时,电流断路器跳闸	绕组短路	检查电机绕组
	电机过载	降低工作液流量
	排气压力过高	降低排气压力
	工作液过多	减少工作液
消耗功率过高	产生沉淀	清洁、除掉沉淀
泵不产生真空	无工作液	检查工作液
	系统泄漏严重	修复泄漏处
	旋转方向错误	更换两根导线,改变旋转方向
真空度太低	泵太小	用大一点的泵
	工作液流量太小	加大工作液流量
	工作液温度过高	冷却工作液,加大流量
	零件磨蚀	更换零件
	系统轻度泄漏	修复泄漏处
	密封泄漏	检查密封
尖锐噪声	产生汽蚀	打开汽蚀保护管路阀门
	工作液流量过高	检查工作液,降低流量
泵泄漏	密封垫损坏	检查所有密封面

四、矿用移动式瓦斯抽采泵站的日常维护保养

日常维护保养内容如下:

1. 泵的维护保养

① 泵在装配前,与水接触的非加工表面应涂防锈漆,与水接触的加工表面应涂防锈油脂。

② 泵储存时,吸入口和排出口用法兰盘盖盖住。

③ 泵若较长时间不用,应经常转动联轴器,以防生锈。

④ 每天 24 h 工作的泵,每隔 15 d 应停机一次,用水冲洗泵内各种脏物。

⑤ 定期检查外部零件的完好情况,如密封及填料情况、各种紧固件的紧固情况、联轴器弹性块的弹性情况等。

⑥ 供水水质应无腐蚀,不结垢。如要循环使用,应加冷却装置。

⑦ 每运转 2 000 h,更换一次轴承内的润滑脂。每年至少清洗轴承一次,并将润滑油全部更换,注入润滑脂量充填轴承内空间的 2/3 即可,不宜过多。

⑧ 泵运行一年后,应将泵全部拆开检查。重点检查叶轮、侧盖、气体分配器是否有损伤痕迹,各种配合间隙(特别是叶轮与侧盖间的轴向间隙、叶轮外径和泵体内径间的径向间隙)是否正常,轴承磨损情况等。如有不正常之处,应及时修复或更换。

2. 监测系统维修与保养

① 监测系统应防尘、防水，并定期检查，在井下要绝对避免水直接淋在监测系统的各部件上。

② 各种信号线、电缆应妥善安装与固定，以免损伤。

③ 定期检查各检测器件的紧固情况，如有松动，应将其紧固。

④ 对各检测元器件定期进行检验和校核。

五、矿用移动式瓦斯抽采泵站常见故障的原因及排除方法

常见故障的原因及排除方法见表5-6。

表5-6　水环式真空泵常见故障的原因及排除方法

故障现象	故障原因	排除方法
真空度低	管路系统漏气（法兰连接处漏气、泵连接处漏气、填料处漏气）	拧紧螺栓或更换垫圈
	管道有裂纹	焊补或更换管道
	填料松动或损坏	压紧或更换填料
	密封水管或填料环堵塞	清理水管或填料环
	供水量不足	加大供水量
	水环发热	降低水温
不正常声响	泵内有杂物	停机清理杂物
	叶轮叶片破碎	更换叶轮
轴承发热	润滑油不足或过多	调整润滑油量
	润滑油质量不好	更换润滑油
	轴承内有杂物	用煤油清洗轴承
	轴承安装不正确	重新安装轴承
气水分离效果不好	气水分离消音器内水量过多或过少	调节气水分离消音器的出水阀门
填料压盖发热	填料压得过紧	拧松填料盖
	填料压盖偏斜，与轴发生摩擦	重新安装
	填料材料、尺寸不符合要求，与轴的摩擦系数过大	更换填料
	密封水管或填料环堵塞	清理水管或填料环
泵体发热	供水量太小	增加供水量
	补充水温过高	降低补充水温
振动	叶轮不平衡，偏差大	校正平衡
	泵联轴器与电机联轴器间的同轴度超限	校正联轴器的同轴度
	联轴器部件内的弹性块损坏	更换弹性块
	地脚螺栓松动	拧紧地脚螺栓
	轴承损坏	更换轴承

表 5-6(续)

故障现象	故障原因	排除方法
启动困难或启动电流大	填料压得太紧	拧松填料盖
	两端轴承不同轴	重新调整或安装
	轴承损坏	更换轴承
	长期停机后泵内生锈	用手转动叶轮数次

任务考评

任务考评的内容及评分标准见表 5-7。

表 5-7　任务考评的内容及评分标准

序号	考评内容	考评项目	配分	评分标准	得分
1	地面、井下常用水环式真空泵的结构	常用水环式真空泵的结构	40	错一项扣 5 分	
2	水环式真空泵的日常维护	日常维护的内容	20	错一项扣 5 分	
3	水环式真空泵的故障分析	故障分析及处理	40	错一项扣 5 分	
合计					

复习思考题

1. 常用的水环式真空泵有哪几种型号？其结构如何？
2. 水环式真空泵的日常维护有哪些内容？
3. 水环式真空泵的常见故障有哪些？如何分析处理？

任务三　瓦斯抽采设备选型设计

【知识要点】 瓦斯抽采设备选型计算的相关规定。
【技能目标】 熟悉瓦斯抽采设备选型设计的方法。

任务描述

选择瓦斯抽采设备的原则是必须保证瓦斯抽采设备能将煤层中的瓦斯抽至地面，为煤矿安全生产创造条件，同时保证设备安全、稳定运行。

任务分析

选型设计的主要任务：

① 选择瓦斯泵的形式和确定所需的台数。

② 选择瓦斯管道。

③ 计算瓦斯管路阻力。

任务实施

一、不同瓦斯泵的特点及使用条件

不同类型瓦斯泵的特点不同，应用条件亦不同。

1. 水环泵

水环泵的特点是：负压抽吸能力强（一级泵真空度可达 95%，二级泵可达 98%），所抽吸的瓦斯被水密封且压缩温度低，即使瓦斯浓度达到爆炸限也无爆炸危险，故安全性高，结构简单，工作平稳，流量均匀。但效率低，一般为 30%～50%，最高至 55%，正压输气能力较低。

水环泵适用于煤层透气性低、抽吸负压大及瓦斯浓度经常变化的瓦斯抽采矿井。在同一抽采系统中既能负压抽吸，又可正压输气，但正压输气管路阻力不宜过大。

2. 离心式鼓风机

离心式鼓风机的特点是：转速高（有的用加速器加速，最高转速可达 10 000 r/min）、流量大（可达 25 000 m^3/min）、升压高、排气均匀无脉动，运行稳定可靠、结构简单、效率高（有的可达 80%）。但成本高，小流量和并联运行时性能较差，易出现不稳定运转现象。

离心式鼓风机适用于瓦斯流量大、负压要求不高（4～50 kPa）的瓦斯抽采矿井，既可负压抽吸，又可同时向用户正压输气。

3. 罗茨与叶氏鼓风机

罗茨与叶氏鼓风机的特点是：流量受管道阻力特性变化的影响很小，运行稳定、效率较高、成本低。但检修工艺复杂，运转噪声大，磨损较严重。

罗茨与叶氏鼓风机适用于较大瓦斯流量和较高负压的瓦斯抽采矿井，既能负压抽吸，又能正压输气。但较适应于正压输气，尤其对要求瓦斯流量稳定的用户输气更为适用。

二、瓦斯泵的选型简介

1. 瓦斯管的选择

瓦斯管大致有两类：一类是定型钢管（如焊接钢管和无缝钢管）；另一类是用普通钢板（一般用 3～6 mm 钢板）卷制的瓦斯管。目前，我国在直径为 250 mm 以下时多用定型钢管。

（1）瓦斯管直径计算

瓦斯管直径的确定应以初期投资与运转费用之和最低为原则进行，可用下式计算：

$$d = 0.145\,7\sqrt{\frac{Q}{v}} \tag{5-1}$$

式中　d——瓦斯管内径，m；

Q——管内瓦斯流量，m^3/min；

v——管内瓦斯的平均流速，一般 5 m/s$\leqslant v \leqslant$15 m/s。

（2）瓦斯管壁厚确定

由于瓦斯管路的压力比按强度允许的计算压力小得多，所以对负压管壁厚一般选相应规格中最薄的一级，对正压输气管一般选最薄或较薄一级，但当压力较大(尤其对远距离输气管)时若需验算，可按下式验算壁厚：

$$\delta = \frac{p_0 D}{2[p]} \tag{5-2}$$

式中　δ——瓦斯管壁厚，m；

p_0——瓦斯管路中最大表压力，Pa；

D——瓦斯管外径，m；

$[p]$——管材许用应力，焊接钢管为 60×10^8 Pa，无缝钢管为 80×10^6 Pa。

2. 瓦斯管路阻力计算

(1) 局部阻力计算

瓦斯管路的局部阻力 h_j 可按式(1-50)计算，但在实际中亦可按沿程阻力的 10%～20%估算。

(2) 沿程阻力计算

煤矿瓦斯管路大多数为中、低压管路，其沿程阻力可由下式计算：

$$h_f = 10\frac{Q^2 sL}{kd^5} \tag{5-3}$$

式中　h_f——沿程阻力，Pa；

Q——管内瓦斯流量，m^3/min；

L——管路长度，m；

d——瓦斯管内径，m；

s——瓦斯密度(kg/m^3)，由表 5-8 查取；

k——系数，由表 5-9 查取。

表 5-8　在 0 ℃ 及 1.103×10^5 Pa 时不同浓度瓦斯的密度

瓦斯浓度/%	0	10	20	30	40	50	60	70	80	90	100
瓦斯密度/(kg/m^3)	1	0.955	0.911	0.866	0.822	0.777	0.733	0.688	0.644	0.599	0.554

表 5-9　不同管径的 k 值

公称管径/mm	15	20	25	32	40	50	70	80	100	125	150	150 以上
k 值	0.46	0.47	0.48	0.49	0.50	0.52	0.55	0.57	0.62	0.67	0.70	0.71

3. 瓦斯泵的选择

(1) 瓦斯泵必备流量

瓦斯泵必备流量应当能满足服务年限内抽采系统的最大瓦斯抽采量并有余量，可由下式计算：

$$Q_b = \frac{\sum Q}{x\eta}k_Q \tag{5-4}$$

式中　Q_b——瓦斯泵必备流量，m^3/min；

x——瓦斯泵入口最低瓦斯浓度，$x\geqslant30\%$；

η——瓦斯泵的井下效率，取 $\eta=80\%$；

k_Q——瓦斯抽采综合系数，一般取 1.2；

$\sum Q$——各抽采区在抽采时间内抽采出的最大纯瓦斯量之和，m^3/min。

(2) 瓦斯泵必备压力

瓦斯泵必备压力应当能克服从井下钻孔到瓦斯泵之间负压抽吸管段的全部阻力和从瓦斯泵到用户之间正压输气管段的全部阻力，并能满足服务年限内该抽采系统的最大阻力的要求且有一定的余量。

负压抽吸管段阻力 $p_{抽}$ 包括：

① 最长管路（即最大阻力系统）的沿程摩擦阻力 $p_{抽f}$ 和该管段上的所有局部件阻力之和 $p_{抽j}$。

② 钻场或钻孔口必需的负压 $p_{抽z}$。钻场负压越高，瓦斯抽采量越大。但过高的负压会导致瓦斯浓度降低，管路放水困难，甚至会促使煤的自燃。目前，我国主要矿井钻场负压在高负压抽采时大约在 11～82 kPa 内，中等负压抽采时在 2～77 kPa 内，低负压抽采时约在 2 kPa 以下。一般当煤层透气性低、钻场和钻孔间距大、抽采的允许时间长，封孔质量好，瓦斯浓度高时，负压取大些，反之取小些。

正压输气管段阻力 $p_{压}$ 包括：

① 最长管路（即最大阻力系统）的沿程摩擦阻力 $p_{压f}$ 和该管段上的所有局部阻力之和 $p_{压j}$。

② 瓦斯用户灶前压力 $p_{压c}$，即管路出口所必需的正压。灶前压力过低易回火，过高易离焰甚至脱火，一般 $p_{压c}$ 取 500～1 000 Pa，在此范围内热效率在 51%以上。

综上所述，瓦斯泵应具备的压力 p_b 为：

$$p_b=[p_{抽}+p_{压}]k_p=[(p_{抽f}+p_{抽j}+p_{轴z})+(p_{压f}+p_{压j}+p_{压c})]k_p \tag{5-5}$$

式中　k_p——备用系数，一般取 $k_p=1.2$。

应当指出，瓦斯泵性能表（或曲线）所列参数是指瓦斯泵在特定进口状态（压力、温度）压送特定介质的性能参数。当瓦斯泵的实际使用条件与特定条件不一致时，应进行换算，然后按换算后的性能参数进行选择。

所选瓦斯泵应符合下列条件：

① 矿井瓦斯抽采设备的能力，应满足矿井瓦斯抽采期间或在瓦斯设备服务年限内所达到的开采范围的最大抽采量和最大抽采阻力的要求，且应有不小于 15%的富余能力。矿井抽采系统的总阻力，必须按管网最大阻力计算，瓦斯抽采系统应不出现正压状态。

② 在一个抽采泵站内，瓦斯抽采泵及附属设备只有一套工作时，应备用一套；两套或两套以上工作时，应至少备用一套。

③ 瓦斯泵应有双回供电线路。泵房内电气设备、照明和其他电气、检测仪表均应采用矿用防爆型。

【例 5-1】 某矿历年来总抽出纯瓦斯量稳定在 66 m^3/min 以下，用户要求瓦斯浓度在 45%以上，钻孔负压要求在 8 000 Pa，用户灶前正压要求 1 000 Pa，正压输气管段和负压抽吸管段的阻力变化在 16 000～18 000 Pa 之间，试选瓦斯泵。

解　由于该矿瓦斯抽出量大，且向用户输送，故选离心式鼓风机为宜。

① 瓦斯泵流量计算：

由式(5-4)得：

$$Q_b = \frac{66 \times 1.2}{0.45 \times 0.8} = 220\ (m^3/min)$$

② 瓦斯泵压力计算：

由式(5-5)得：

$$p_b = (18\,000 + 8\,000 + 1\,000) \times 1.2 = 32\,400\ (Pa)$$

由计算结果查相关资料，选用 C250-1.35 型离心式鼓风机。该机额定流量 250 m^3/min 和额定升压 0.35×10^5 Pa 完全合乎要求。

任务考评

任务考评的内容及评分标准见表 5-10。

表 5-10　任务考评的内容及评分标准

序号	考核内容	考核项目	配分	评分标准	得分
1	不同瓦斯泵的特点及使用条件	不同瓦斯泵的特点及使用条件	30	错一项扣 10 分	
2	瓦斯泵的选型	1. 瓦斯泵的选型； 2. 瓦斯管的选择； 3. 瓦斯管路阻力计算	70	错一项扣 20 分	
合计					

参考文献

[1] 郭卫凡,黄文建.矿山流体机械的操作与维护[M].重庆:重庆大学出版社,2010.
[2] 国家安全生产监督管理总局,国家煤矿安全监察局.煤矿安全规程:2016[M].北京:煤炭工业出版社,2016.
[3] 国家煤矿安全监察局.煤矿瓦斯防治标准汇编[M].北京:煤炭工业出版社,2012.
[4] 黄喜贵.瓦斯抽放工[M].北京:煤炭工业出版社,2003.
[5] 刘捷.流体机械[M].北京:煤炭工业出版社,2004.
[6] 庞永杰.矿井水泵工[M].北京:煤炭工业出版社,2004.
[7] 任健旺.通风机司机[M].北京:煤炭工业出版社,2004.
[8] 王振平.矿井通风、排水及压风设备[M].徐州:中国矿业大学出版社,2008.
[9] 张军.空气压缩机司机[M].北京:煤炭工业出版社,2006.
[10] 张书征.矿山流体机械[M].2版.北京:煤炭工业出版社,2016.